AF274879

¿QUÉ HACE UN BOSÓN COMO TÚ EN UN BIG BANG COMO ESTE?

JAVIER SANTAOLALLA

¿QUÉ HACE UN BOSÓN COMO TÚ EN UN BIG BANG COMO ESTE?

Orgías cósmicas, polvo de estrellas y otras locuras cuánticas

la esfera ⊕ de los libros

Primera edición: febrero de 2026

Cualquier forma de reproducción, distribución, comunicación pública o transformación de esta obra solo puede ser realizada con la autorización de sus titulares, salvo excepción prevista por la ley. Diríjase a CEDRO (Centro Español de Derechos Reprográficos) si necesita fotocopiar o escanear algún fragmento de esta obra (*www.conlicencia.com*; 91 702 19 70 / 93 272 04 47).

© Javier Santaolalla Camino, 2026
Publicado mediante acuerdo con VitLic Agencia Literaria
© La Esfera de los Libros, S.L., 2023
Avenida de San Luis, 25
28033 Madrid
Tel.: 91 443 50 00
www.esferalibros.com

ISBN: 978-84-1094-228-8
Depósito legal: M-25636-2025
Fotocomposición: J. A. Diseño Editorial, S.L.
Impresión y encuadernación: Cofás
Impreso en España-*Printed in Spain*

ÍNDICE

A mi madre.

AGRADECIMIENTOS

En un tren con destino Valencia estoy escribiendo las páginas más difíciles del libro. Obviamente tienen una complejidad distinta a la de hablar de la teoría cuántica de campos o de relatividad, pero aun así conviene no bajar la guardia. Por un lado, tengo que comprimir en poco espacio la referencia a todas las personas, momentos e ideas que me han traído hasta aquí durante las varias décadas que ya llevo en esto. Por otro, escribir estas líneas implica mirar atrás y aguantar las emociones que conllevan este ejercicio honesto y tan íntimo y personal. Me he cruzado con tantas personas maravillosas que han dejado su huella en este trabajo que tienes en tus manos, para mí, el mejor de mi vida hasta este momento, lo que me hace difícil contener la emoción. Están en cada página, yo lo siento así. Y empiezo esta tarea sabiendo que no lo voy a conseguir. Siendo honesto, tampoco lucharé contra ello, es el mejor homenaje que puedo hacer a quienes vienen a continuación, cada una ha tenido un papel muy importante y quiero que lo sepan.

Voy a empezar por lo fácil: este libro no habría sido lo mismo sin mi editora, Mónica Liberman, y todo el equipo de La Esfera de los Libros, mi editorial. Ahora es más fácil subirse al carro del «santaolallismo», pero ellos apostaron por mí antes que nadie. *El bosón de Higgs no te va a hacer la cama*, que tanto éxito ha tenido, se publicó en mis primeros compases como divulgador, ¡aún no tenía ni canal de YouTube cuando empecé a escribirlo! También agradezco mucho a mi agente editorial, Víctor Hurtado, por su profesionalidad y el cariño que pone en todo lo que hace.

En ciencia caminamos a hombros de gigantes en un bellísimo vínculo profesor-alumno con el que la humanidad progresa y amplía su conocimiento. De verdad creo en la máxima de hacer que los que vienen detrás de nosotros sean mejores, mejores ciudadanos, mejores personas, mejores profesionales. La buena enseñanza lo consigue. Yo he tenido grandes profesores de quienes he aprendido a amar la ciencia y particularmente la física, y también a amar la educación. Nombraré solo unos pocos, de los que más me han marcado, como Ramón Fernández Álvarez-Estrada o Félix Tobajas. También han sido muy importantes mis tutores, muy en especial para el desarrollo de este libro los que tuve en el doctorado: Juan Alcaraz, Isabel Josa y Begoña de la Cruz. ¡Me enseñaron tantas cosas y con tanta paciencia y generosidad!

Por supuesto, no solo se aprende de los profesores, sino también de los compañeros. Empezando por los compañeros de estudio, como Jesús o David en la carrera, y siguiendo con los de doctorado, Dani o María. También me siento muy agradecido a la institución llamada Universidad, que tanto admiro, y a mi país que me ha proveído de una educación superior de calidad y gratuita, becado durante todos mis estudios. De otra forma no podría haberlo hecho.

En divulgación también he tenido grandes influencias, como Mick Storr, mi gran referente en comunicación y mi primer maestro; mis compañeros de BigVan, Edu, Eli, Santi… todos; mis amigos y compañeros de Scenio, de quienes he aprendido muchísimo y en quienes he encontrado mucho respaldo. Me acuerdo en especial de los que empezamos con ello, Kavy, Guido, Campi… Ha sido un apoyo incondicional en los peores momentos. Y cómo no voy a recordar a esos maestros que se esconden en cada página que he leído. Me enamoré de la física por los libros de divulgación, así que, sin ellos saberlo, Kaku, Greene, Hawking y más tarde Sagan, deGrasse… también marcaron mi camino.

En mis numerosos viajes también he hecho grandes amigos que me han ayudado mucho: Carmen, María Emilia, Felipe y el equipo de la UNAM, Araceli y Laura en FIL, Pablo en Costa Rica, David en Chile, Jorge y Santiago en Colombia... ¡y muchos más!

Agradezco también a todas las personas que han confiado en mí para sus proyectos: marcas, productoras, agencias, canales de televisión y radio. Desde luego que también a Youtube, TikTok y las redes sociales, que han permitido democratizar el conocimiento. Todos han sido fundamentales para hacer esto posible.

Una mención especial merece la Fundación Mapfre Guanarteme, que me becó siendo joven para poder estudiar física. Gracias.

Otro pilar de mi vida son mis amigos. Soy muy afortunado por tener muchos repartidos por el mundo. A todos los hermanos de Leclub, a los amigos de Ratiles, Susana, y, por supuesto, Javi Moreno; a Yoko y Jose les estaré también eternamente agradecido por el trabajo duro y el cariño que juntos le hemos metido a Amautas; Salvi le da nombre al personaje principal y este es solo un pequeño homenaje a alguien que tuvo una gran influencia en mi manera de entender la ciencia y el mundo en la adolescencia.

Esta obra también ha sido revisada desinteresadamente por varios amigos: Jacqueline Morones, Elisa Puertas y Cinzia Mancuzo, que con mucho cariño me dieron su opinión. No sé si fue Giuliana Caussi o Rosita la que me metió tanta caña con el libro, y sé lo difícil que puedo llegar a ser, por testarudo y duro de mollera. Ella me hizo enfrentarme a mí mismo para sacar lo mejor de mí y darle otra dimensión al texto. Yo sé que ella se ve reflejada en muchas de las páginas, y no es una ilusión: ella es uno de los pilares de esta obra.

Dejo para el final al pilar central de mi vida, mi familia. Tengo la gran fortuna de contar con una preciosa familia, muy unida y que siempre está de mi lado. Mis hermanos, que tanto me quieren, mis sobrinos Aurora, Darío y Pablo, que son un amor, y mi madre, sin duda la mejor mujer del mundo. Quiero tener también unas palabras especiales hacia una persona que ha llenado de colores mi trabajo, mi hermana María, que es mi *hermanager*, abogada, asistente, consejera, asesora, salvavidas personal y todo lo que un ser humano puede hacer por otro, ella lo es. Y siempre con una jovialidad, un humor, un cariño y una alegría verdaderamente contagiosa. Una persona que hace ser mejor a todos los que tenemos la suerte de estar cerca de ella. También a mi abuelita, que nos dejó hace poco, tíos, primos y a toda la Bureba. A Cristina, la persona que más me ha acompañado en este trabajo titánico, quien más amor y energía me ha dado y por ser un auténtico ángel. Finalmente a mi padre, que está en todo lo que hago, aunque le toque disfrutar de ello desde el cielo.

Y por supuesto a ti, que igual acabas de comprar este libro porque te ha dado curiosidad, o llevas años apoyándome, animándome a seguir adelante. Este trabajo nace de la idea de transmitir mi pasión por la ciencia y que llegue tan lejos como pueda. Algo totalmente vocacional y en lo que he puesto el corazón en cada cosa que he hecho. Con tus comentarios, tus mensajes o tus bellas palabras cuando nos hemos visto me has dado el impulso necesario para continuar (muy en especial los *hdlgc*, que siempre están ahí). Creo que no se dan cuenta, en una tarea tan intensa y sacrificada como esta, y en la que he puesto literalmente mi vida, lo importante que ha sido cada palabra de aliento, cada abrazo, cada gesto de cariño. Si he seguido adelante ha sido gracias a eso. Todo esto es nuestro, tú formas parte de ello.

Y finalmente, si en *El bosón de Higgs no te va a hacer la cama* hice mención a una persona que no conocía, Pablo Alborán, en este caso quiero acordarme de dos: de Rubén, *el Rubius*, que ha sido una inspiración y un líder para toda una generación de creadores de contenido como yo, y esa admiración por su trabajo se ha plasmado en este libro, como verán, y a Omar Montes, con quien comparto el sueño de viajar al espacio.

Ahora sí, disfruten de este viaje por el cosmos.

Gracias a todos, de verdad, de corazón.

Día 1

1

—Y entonces hubo algo. Es todo lo que se puede decir de ese instante misterioso que separa y distingue la nada del todo, el silencio más absoluto de la mayor explosión concebible, la inexistencia de la existencia. Cuando remontamos las causas sobre los efectos desde este mismo instante hacia el pasado a modo de: «Esto fue causado por esto que fue causado por esto que fue causado por esto», las flechas de causación van convergiendo poco a poco de las causas humanas más mundanas y miserables a las naturales, geológicas, biológicas, químicas hasta remontarnos al mismo nacimiento del mundo hace más de 4.000 millones de años. Pero si seguimos nos vamos adentrando progresivamente en nubes de polvo que se arremolinan, sopas cuánticas y finalmente el silencio. Ese silencio ante el que todo calla.

»No hay descripciones posibles para ese momento, el ser humano no ha encontrado las palabras, si es que existen para narrarlo. Nuestra experiencia diaria palidece en todas sus dimensiones ante algo así: más brillante que mil millones de soles, más energético que mil millones de galaxias, con una expansión en un tiempo tan pequeño que cualquier suceso que pueda registrar el ser humano a su lado parece una eternidad. Quizá no estemos hechos para entenderlo, quizá nuestra naturaleza pertenece a otro dominio, y la misma génesis permanecerá para siempre inalcanzable. Y en medio de todo, de la misma creación, la singularidad.

Donde nuestra razón choca contra el inquebrantable muro del infinito. Ese momento que recoge la esencia de todo misterio: es el momento de la creación, a donde apuntan todas las preguntas. ¿Por qué? ¿Cómo? Quizás incluso, ¿quién?

»Y de esa nada absoluta, la más profunda e impenetrable que puedas imaginar, surgió el todo. En esa tierra tan yerma surgió la semilla de la existencia que brotó para crear la materia que lo forma todo. Cada pedazo de material que te encuentres, hasta el más insulso que puedas imaginar, desde una cuchara hasta un perro, desde un armario, hasta un lindo cabello de tu amada. Todo proviene de ese instante inicial, todo tiene su origen en ese momento y en ese lugar. Todos somos parte de eso, todos somos uno con el universo. Un boli también.

—Señor, en realidad yo solo le pregunté si me podía prestar un boli.

—Ah, cierto. Es verdad, sí —murmuró mientras metía la mano en su mochila sacando un libro viejo y un estuche. Están en una esquina escondida, en la biblioteca. El señor le dio un boli.

—Gracias, se lo devuelvo rápido.

—La materia ni se crea ni se destruye. Espero ese boli de vuelta.

Un montón de respuestas le vinieron a la cabeza: «Vaya tontería», «A que me lo quedo por listo». Al final, solo fue capaz de decir «Hola, gracias». Pero «Hola» no va ahí, se reprochó mientras intentaba fingir con una sonrisa que todo iba bien.

—¿Hola?… bueno, pues, adiós, macarra —dijo el señor, abriendo el viejo libro para comenzar a leer.

—¡Espera! Para. Eso no será… ¿un NFT de Willyrex? ¿Es tuyo?

—Sí, sí, es mi marcapáginas. ¿Por qué tanta sorpresa? Ni que fuera una escama de un dragón.

—Para mí, es mucho más que eso. Mis padres son fans de los *youtubers* de antes, de los comienzos, hace cuarenta años. Imagina cuánto que así me llamaron, Elrubius, todo seguido.

—Oh. Bueno. No está mal —dijo sonriendo—. Yo soy Salvador.

—Salud, Salvador.

—Un gusto, macarra.

El joven se quedó mirando el libro, como absorto, había algo en él que le despertaba una tremenda curiosidad.

—Entonces, ¿de qué es ese libro...? Javier Santaolalla, *El bosón de Higgs y el Big Bang*.

—Shhh, más bajo.

—¿Qué pasa?

—De esto no se habla. No se discute. No se debate. ¿No lo sabías?

—No, nunca oí hablar del bosón...

—Shhh, que no lo digas... ¿quieres que nos encierren?

—Pero si aquí no hay nadie, estamos solos en la biblioteca. ¿Y qué tiene de malo... bosón...?

—¡Para! ¡Para! ¡Para! Mira. Esto es un tema serio. Podrías meternos en problemas.

—¿Pero por qué?

—Porque esto es algo que nadie puede saber. Este es uno de esos libros prohibidos —dijo, mirando a los lados—. Vale. Eres joven, pero hay algo que necesitas saber, el conocimiento es un arma muy poderosa.

—No entiendo cómo una idea puede hacer daño. Es solo un libro. ¿Qué dice el libro que es tan peligroso? ¿Me lo enseñas?

—El libro... nada. Es una simple historia. No tiene más.

—¿Entonces? ¿Me quieres volver loco?

—No seas ingenuo. No te dejes engañar por las apariencias. La esencia a veces está oculta a un ojo que no está entrenado, aunque te lo pasen por las narices. Tienes los ojos bien cerrados, chico. Y el diablo se esconde en los detalles. Hay que leer... entre líneas. Mira. —Se acercó al chico—. He descubierto algo increíble... Estoy muy cerca de cambiar el mundo... para siempre. Será en dos días.

—Es lo más loco que he oído… esta semana. ¿Pero quién querría cambiar el mundo? ¿Para qué? ¿Cómo?

—Son muchas preguntas… Déjame ver. Vale, hagamos un trato, si quieres que te lo cuente, siéntate. —Elrubius accedió, Salvador se acercó a él con confianza—. He creado una máquina de campos cuánticos… bosónica… relativista… Pero no, no podemos empezar por ahí, no vas a entenderlo. Deja que primero piense… es que son muchas cosas las que tienes que saber. —Sacó un papel del bolsillo y un boli para escribir, y comenzó a hacer garabatos con frenesí—. Habría que hablar de relatividad…, pero, para… porque más importante es la cuántica… pero no… física nuclear, formación de estrellas… hay que ir más atrás… La gravedad, eso es lo que tienes que entender primero. ¡La gravedad! Lo tengo. ¿Sabes algo de esto?

—La verdad es que… no, nada, esas cosas ya no se estudian —reconoció, agachando la cabeza.

—No te avergüences admitiéndolo, chico, el conocimiento es una aventura y como toda aventura empieza siempre por el primer paso. Y el primer paso en la aventura del conocimiento es admitir la ignorancia. Solo sé que no sé nada. Será un viaje largo del que volverás con mayor conocimiento… y lleno de dudas.

—Entonces, ¿para qué sirve? ¿Qué sentido tiene aprender solo para sentirte más tonto? Me parece una pérdida de tiempo.

—Te voy a convencer de lo contrario. Y si el primer paso es reconocer la ignorancia, el motor que nos va a impulsar por este camino es la CURIOSIDAD. Es nuestra palabra de hoy y nuestra gasolina. Vamos a remover ese corazón indiferente que tienes para que nos impulse adelante. Necesitas abrir los ojos a un mundo nuevo. Creo que necesitas conocer a un viejo amigo, Isaac Newton. ¿Listo para que te estalle el cerebro?

—Salud.

—Hace mucho tiempo, en una galaxia muy, muy lejana… *chum, chum, churuchum, chum, churuchum, chum, tum, tututu, tum, tuuuuum, turu tu tuuuum tun, turutu, tuuuumm.*

—Viejo, para, ¿estás bien? Baja de la silla. ¿No querías pasar desapercibido? No lo entiendo. ¿No ibas a hablar de un tal Newton, por qué cantas la canción de *Star Wars*?

—Porque vamos a conocer el verdadero lado oscuro de la Fuerza.

Hace mucho tiempo… nació un niño, la Fuerza era muy intensa en él. Fue en una granja en un pueblo a unos 200 kilómetros al norte de Londres. Ese niño estaba llamado a dominar la galaxia, a convertirse en el Jedi más poderoso de la historia, su nombre Isaanakin Newton. Pero ese poder tan especial escondía un lado oscuro… Sí, vale, es Isaac Newton, pero es que era como Anakin Skywalker porque tenía un don, un poder especial, que tenía un lado luminoso, que le daba grandes poderes. Como diría Yoda, «intensa la fuerza es en él», pero venía a un alto precio, una especie de contrapartida, de maldición, un lado oscuro que lo sumía en las sombras. Esa Fuerza era su conocimiento, su cerebro privilegiado. Su lado oscuro, ese mismo cerebro, tan distinto a los demás, que lo fue aislando y secuestrando su personalidad hasta volverse una persona huraña, desconfiada y tremendamente infeliz.

Y en esa dicotomía viviría toda su vida. Yo me imagino a este chico como en *Tom y Jerry*, que aparece a veces un diablillo en el hombro izquierdo y un ángel en el hombro derecho. Uno cuidando de él y echándole un cable cada cierto tiempo, el otro haciéndoselo pasar mal. Eso sería una constante en toda su vida. Toda su vida, literal, pues ese diablillo y ese angelito parece que tenían prisa por salir, porque estuvieron presentes tan pronto como pudieron, desde el mismo momento de la concepción óvulo-espermatozoide ya estaban ahí. Y no lo soltaron nunca, mientras estuvo vivo. Mala y buena estrella, siempre de la mano.

Buena estrella: Isaac nació en el día de Navidad del año 1642, precisamente el mismo año en el que murió otro de los grandes genios de la historia, Galileo Galilei. Y lo hizo en Woolsthorpe, creo que lo he dicho bien, que siempre me lío; bueno, para que te hagas una idea, un pueblecito al norte de Londres, en Inglaterra. Mira, a partir de ahora lo llamaré Albacete, que es más fácil y, total, en otro universo, España habría ganado la batalla de Trafalgar y eso ahora sería español. Isaac no cayó en mala familia, era hijo de los Newton, un clan próspero, con tierras. Como los Starks. Y a pesar de que la suya era una familia sin ninguna educación por parte de padre —ni un solo Newton antes que él fue capaz de escribir su apellido—, la rama materna, los Ayscough, sí eran una familia con reconocimiento social y cierta cultura. Esto le va a venir muy bien a Newton más adelante; por esta parte, era un chico con suerte. El angelito en el hombro derecho está ahí, sonriendo.

Mala estrella: el nacimiento de Newton no pudo ser más accidentado. Nació con unas semanas de antelación, tan pequeño que cabía en una jarra que usaban para bañarlo. Y tan delicado que tenía que usar collarín para ayudar al cuerpo a sostener el peso de su cabeza. Nadie pensó que ese niño tan frágil pudiera sobrevivir, y menos que cambiaría el mundo para siempre. De hecho, en su nacimiento mandaron a las sirvientas de la granja a por agua al pozo, estas ni se dieron prisa, para qué, a la vuelta estaría ya finado. Qué equivocadas estaban, Newton era como una mala hierba, no iba a ser tan fácil acabar con él.

Pero es que lo que vendría después fue aún peor. Su padre murió unos meses antes de nacer él. Su madre, viuda a tan joven edad, decidió rehacer su vida para fortalecer su posición y contrajo matrimonio con un señor mayor, el reverendo Smith, un viudo de sesenta y cinco años y con buen estatus (tenía más de siete mil copas en el Clash Royale y era Gran Maestro en el LOL). Como veis, lo de «a ella le gustan mayores» no lo inventó Becky G. Pero claro, Hannah, la madre de Isaac, venía con una buena mochila, un niño muy pequeño, cosa que al señor Smith no le hacía mucha gracia. Así que, para quitarse de en medio al niño, el reverendo Smith puso como condición para casarse con Hannah, que se mudara a su pueblo… pero sin su hijo. Entonces… su hijo o un

Gran Maestro del LOL... Yo lo veo bastante claro, Hannah también: se fue con el reverendo. El niño se quedaría al cuidado de los abuelos. El diablillo en el hombro izquierdo sonriendo, la jugada le estaba saliendo muy bien.

Así que Newton permaneció con los abuelos en la granja materna. Y si te estás imaginando al feliz niño tirado en el suelo dibujando con lápices de colores mientras los rayos de sol le iluminan la cara, los pájaros en el alféizar canturreando y con un olor a pan recién hecho llegando desde la cocina, muy bien por ti. Yo, que conozco su historia, me lo imagino más como esos niños que en el colegio les piden que dibujen a sus padres y sus hermanos en casa y dibujan una motosierra y sangre por todas partes. Algo así. O como el niño de *Solo en casa*, con sus abuelos siendo los dos ladrones también. No fue una infancia amorosa que digamos. De sus abuelos nunca escribió ni una frase en toda su vida. Del reverendo, sí... una amenaza que les hizo de quemar su casa con ellos dentro. Newton con *vibes* de la niña del meme y la casa ardiendo. ¿Ves ahí al lado oscuro de la Fuerza?

Pero las cosas iban a cambiar. El reverendo murió y Hannah regresó a casa, a su hogar. Pues si antes la casa de Newton era la de *Solo en casa* versión tétrica, ahora iba a ser la de Cenicienta, porque la madre no venía sola, sino con tres mocosos. Así es, tras diez años sin su madre, ahora volvía, pero tenía que compartir sus atenciones con otros tres seres, despreciables, babosos, que soltaban mocos y hacían caca y a los que ahora tenía que llamar «hermanos». Podemos imaginar las emociones, los sentimientos, quizá la ira y la envidia comiendo al pequeño Newton, mientras el lado oscuro se va haciendo más y más fuerte. Esta extraña y poco propicia convivencia duraría poco, por suerte para todos, pues Newton ya tenía edad para iniciar sus estudios, le tocó trasladarse a Grantham, la gran ciudad de la comarca, a 15 kilómetros al norte de Albacete, para asistir a la escuela. «Claro, el chico se puede quedar en mi casa, yo tengo tres hijos, será como un hijo más, verás qué bien lo pasa-

mos, ¿verdad, mozalbete?», dijo el boticario Clark mientras le tira-
ba de los cachetes. Como meter a Nelson a vivir con los Flanders,
pobres diablos, no saben lo que se les viene. Su convivencia con
esta familia no fue fácil, en especial con su hijo mayor, como tampoco lo fue su adaptación a la escuela y, en realidad, para resumir y
no aburrirte demasiado se llevó mal con *. * que diría un infor-
mático, con todo lo que hay. No se pudo adaptar a ningún entorno que implicara un mínimo de interacción con cualquier ser plu-
ricelular. Ni al parchís podía jugar este chico. Podéis ver ya un
patrón quizá, sí, los adjetivos de inadaptado, incomprendido, insoportable empiezan a encajar con Isaac. Las relaciones sociales claramente no eran lo suyo.

Y en clase no iba mejor la cosa. Era un estudiante vago, terco
y no especialmente talentoso. Alguien que no servía para nada y
no tenía ningún futuro. O eso pensaban sus compañeros de clase.
Pero es Newton, el más poderoso Jedi de la galaxia, quien aún no
lo sabe. Y ahora, aunque el angelito del hombro derecho está vapuleado, ya empieza a despertar. Y comienza a hacer de las suyas. Mira
este detalle. Es verdad que no se relacionaba muy bien, no le gustaba jugar con niños, pero sí con niñas. Y en vez de juegos brutos,
prefería las manualidades y era verdaderamente talentoso y tenaz
con ello. A las chicas, él les hacía casas para sus muñecas, un carrito
de paseo, molinos… La de *bullying* que le harían al pobre en un
instituto español si estuviera en el siglo XXI. Pero ojo con el detalle,
lo importante, Newton estaba mostrando una soltura manual, una
habilidad para el diseño que luego sería fundamental para el desarrollo de sus experimentos, uno de los sellos distintivos de su trabajo. La Fuerza empezaba a manifestarse.

No solo eso, a esa edad ya empezaba a mostrar inquietud
por el mundo que le rodea y por, de alguna forma, llegar a entenderlo. Estaba naciendo su espíritu inquisidor de la naturaleza, su
alma experimental, sus ansias de conocer. Y así tuvo lugar su primer experimento, que muestra claramente uno de sus rasgos más

significativos: su tenacidad y su empeño. Y lo raro que era el niño este, también, por Higgs. A ver, ahí va un pequeño cuestionario, un test de newtondad para ver tu compatibilidad con Isaac, y ver si estás a la altura. Estás en la calle, hace frío, y llega una tormenta. Viento y mucha lluvia. Puedes hacer: a) salir corriendo a resguardarte y comerte un *hot dog* cocinado por J. Balvin, b) ponerte algo encima para cubrirte de la lluvia y mientras aprovechas para capturar algún pokémon o c) ponerte a saltar a favor y contra el viento de manera alterna durante la tormenta, mientras llueve y truena, y tomar medidas de cada salto, y luego hacer lo mismo un día sin tormenta para comparar ambos resultados y con esto calcular la fuerza del viento. Tú y yo habríamos elegido a) o b), Newton eligió c). Por eso tú y yo no somos Newton. Pero así no se vive tan mal, ¿eh? Y no nos mojamos.

—Yo la a), comer siempre es la mejor opción —dijo el joven.

—Ya. Pues yo la b), que seguro que en Woolsthorpe hay pokémons legendarios.

—Pero qué raro era este chico, ¿no? Como yo.

—Bueno, raros somos todos.

Pero el tiempo pasa, también por este joven maldito, y esa fase de estudios llegó a su ocaso, era el momento de volver a casa, tenía diecisiete años. Estaba en la flor de la vida. Y con los rayos de la primavera de su existencia llegó un nuevo aire, fresco y renovado, una brisa fresca que hubo de transformar su carácter para siempre. Se volvió una persona afable, cercana, sonriente, amable y amistosa, incluso divertida. Me quedo corto. Iba canturreando por el pueblo y dando los buenos días a todos sus vecinos. Era simpático, ameno y muy carismático, se ganó el cariño de todos y un mote: «Newton el gracioso», porque era el que mejores chistes contaba en el pueblo. Todos lo buscaban para estar con él y ganarse su amistad. Bueno, no, al menos en este universo, no. Es mentira. Seguía igual, mismo carácter y misma relación odiosa con su madre. Insoportable, insociable y solitario.

Pero lo más divertido, al menos para nosotros, fue lo que le iban a deparar esos años, ante el choque de los planes que tendría su madre para él con los suyos propios. Estaba ella pensando: «Por un lado, necesito a alguien que cuide de la granja familiar y, por otro, tengo a mi hijo mayor, el primogénito, desocupado, ¿qué mejor idea que dejar que sea él el encargado de cuidar la granja?». Hay *match*. Ahí lo tenéis, su gran plan, poner a una persona terca, olvidadiza y con problemas de relaciones sociales al cuidado de sus tierras. Una persona con temperamento rebelde e irascible con los otros criados y trabajadores de la granja, con una falta de interés absoluto por los asuntos del campo y la gerencia de las fincas, pero además con una imaginación y una ensoñación constantes por el mundo y la naturaleza, con una curiosidad sobre el funcionamiento del planeta y sus ganas de experimentarlo que hacían que estuviera en cualquier lugar del espacio-tiempo, menos en ese mismo que tenía ante sus narices. No, definitivamente hay ideas malas, muy malas, volver dos veces con tu ex, y luego está esa. Ahora, con perspectiva histórica, parece cómico; imaginarlo es divertido, el mayor genio de todos los tiempos con un universo propio en expansión dentro de su cabeza, confinado al cuidado de unas tierras y animales domésticos.

Pues de esta época y del carácter ensimismado del joven Newton se cuentan muchas y divertidas anécdotas que muestran esa mente ensoñadora y cavilante, con desenlaces cómicos que nos recuerdan que tal vez la serie *The Big Bang Theory* no sea tan, tan, tan exagerada. Bueno, esta es mi favorita. Para llegar en caballo a su casa había que recorrer varios kilómetros. En ese camino había una parte en la que Isaac tenía que subir un repecho que requería que se bajara del caballo y caminar sujetándolo de las riendas para luego volver a subir a su montura. No se sabe bien qué pasó, ni cómo ni por qué, pero se supone que el caballo se deshizo de las riendas en algún momento en este proceso y el joven Newton ni se inmutó, ni se enteró, ¡no se dio cuenta! Llegó más tarde a casa caminando, por supuesto que sin caballo alguno y con las riendas en la mano. Sí, se trataba de una persona tremendamente despistada y ensoñadora.

Ahora ya os he convencido de que no se trataba posiblemente de la mejor persona para gestionar una granja. De hecho, os podéis imaginar los estragos que alguien así puede causar a su hacienda. De este modo, ante varios sucesos de esta índole, donde su madre tenía que pagar por los desastres de su hijo y los desperfectos o daños causados, al poco tiempo, ella finalmente se convenció de que la prometedora carrera de su hijo como granjero había acabado. Quizá encajaría mejor en otra parte, en otro entorno, quizás en Francia, no, más lejos, ¿Colombia? ¿las antípodas? Más lejos, ¿Hogwarts? ¿Asgard? ¿El País de Nunca Jamás? Bueno, no exageremos, pero sí, Hannah había decidido que igual el lugar para su hijo estaba en otro lado, física y metafóricamente, quizás encontraría su sitio en los libros, en los estudios. Sea como fuere, la realidad es que este nuevo rumbo devolvería a Newton a su senda, donde todos queremos verle, en los estudios, su medio natural, su hábitat. Isaac hizo de nuevo las maletas, volvió a Grantham. El propósito era prepararse para los exámenes de ingreso a la Universidad de Cambridge, una de las universidades más importantes del mundo, el Real Madrid de las universidades, a 100 kilómetros al sur de su granja de Albacete. Serían solo nueve meses, seguro que se decían los Clark para sí mientras temblaban. Nueve meses y se va. Nueve meses pasan volando, ni te enteras... Son solo nueve meses... Pues esos nueve meses fueron, nuevamente, un infierno.

Y este Anakin también tuvo su Obi-Wan Kenobi haciendo de ángel de la guarda protector. El reverendo Ayscough, el reverendo bueno, hermano de Hannah y antiguo alumno de Cambridge, insistía en que el chico tenía que estudiar, y encima usó sus influencias para colarle en la universidad. Qué ojo tenía este reverendo, qué bien visto, qué olfato, era el Roberto de Oliver Atom, el Satoshi Nakamoto del bitcoin, el mismísimo Obi-Wan Kenobi de la física.

Bien, de vuelta a Grantham, el mismo drama con sus compañeros, mismas riñas con los hijos del boticario, misma sensación de inadaptación y exclusión social, mismo niño insufrible, insoportable, un infierno en la Tierra. Pero ahora tenemos una gran novedad. Ese niño terco y ensimismado, vago y sin talento, comenzó a sobresalir en los estudios, ¡y de qué forma! Se convirtió en el primero de la clase. El genio de Newton empezó a asomar y ya no habría vuelta atrás. La FUERZA había vuelto al joven Isaanakin. Y que sirva esta anécdota, que pone verdaderamente los pelos de punta, como muestra de ello. En 1661 un Newton ya formado se despide de la escuela de Grantham con el trabajo acabado; lo ha logrado, va camino de Cambridge. El profesor, el señor Stokes, en pie ante todos los alumnos, sus compañeros, rinde un homenaje al que muestra como un alumno ejemplar. Ahora sí, ese es nuestro genio. Así es como empieza su andadura, en el prestigioso Trinity College de Cambridge, donde es admitido gracias a su tío, el reverendo bueno.

—Me da tristeza imaginarlo. Una persona que no se adapta, aislada, solitaria, abriéndose al mundo. Empezando de cero otra vez, solo. A mí me daría miedo.

—El miedo es una emoción válida. Todos lo hemos sentido alguna vez. Y más a esa edad, donde intentamos encontrar nuestro hueco, y a muchos nos da vértigo.

—A mí me pasa. Me cuesta mucho encajar y me siento muy solo. Me han hecho mucho *bullying* también. Por eso odio los cambios.

—No todos tenemos que ser iguales, ni disfrutar de las mismas cosas. Yo disfruto mucho de la soledad.

—Sí, pero estar solo, encerrado, ¿qué sentido tiene? Sentido... de vida. ¿Para qué esforzarse?

—Igual entender un poco más la vida de Newton te da una idea.

Newton encontró su lugar en los libros. Aunque no lo tendría nada fácil. Fue admitido en el Trinity como lo que se conocía como *subsizar*. Lo que viene a ser, el *pringao* de toda la vida, la ameba en la cadena trófica, el último mono. *Subsizar* era la escala más baja de los estudiantes del Trinity College. Una categoría para personas sin recursos, y en ella le tocaba servir al resto en todo tipo de cosas, desde las más sencillas, como atenderles en la comida, peinarles, hasta las más repugnantes como vaciarles el orinal. Esa situación desagradable solo exacerbó sus rasgos de individualista y solitario. Y en su soledad vemos la esencia de este genio, Isaac Newton.

De aquí viene el más puro Newton, un genio obsesivo. Qué buena excusa para pasarse el día entero estudiando, su mayor placer, que ser un completo malnacido. Yo sé que a ti seguramente te cuesta concentrarte durante más de media hora seguida, tú sí que cumples el efecto mariposa, el aleteo de una mariposa en Tokio es capaz de desconcentrarte, y has adquirido la rutina de levantarte de la silla, ir a la nevera, abrirla mientras te rascas al culo, solo para volver a cerrarla y regresar a tu silla y pensar, ¿qué estaba buscando? Y sé que puedes hacer eso cuatro o cinco veces en una tarde de estudio. Newton no era así. Newton era capaz de, literal, pasar días enteros sin levantar los ojos de los libros, olvidándose, también literal, hasta de comer y de dormir. O sea, literal, no hay aquí exageraciones ni esas cosas que llaman hipérboles. No, sé que para ti es algo impensable, no tiene sentido. No puedes asimilarlo, no lo conceptualizas, no representa una realidad posible. Tú te puedes olvidar de ir a comprar yogures, regar las orquídeas, de la cita con el dentista o el cumpleaños de tu amigo como mucho, pero es Newton, hablamos de otro ser, de otra especie: Newton se olvidaba de comer o de dormir. Aquello que da sentido a nuestra vida, comer, y da sentido a nuestras noches, dormir. Los dos mayores placeres no obscenos del planeta, pues Newton los OLVIDABA. Es muy loco, lo sé. Pero es que Newton era un genio obsesivo.

Y no solo podía estudiar sin interrupciones, sin que entrara otro compañero del Trinity en su cuarto y le dijera de echar unas partidas de mus en la cafetería —las cafeterías de las universidades,

el agujero negro de los estudiantes; si no existieran ahora viviría-
mos en el 2150—, es que ni siquiera sus profesores o la propia universidad le molestaban. Era como si no existiera. Newton era un
fantasma. Podía ir a su ritmo, a su aire, de independiente. Y esto
estaba muy bien para él. Y es que, aun siendo Cambridge cuna del
conocimiento en esa época, era un lugar un tanto atrasado intelectualmente. Se enseñaba principalmente filosofía platónica y aristotélica, es decir, conocimientos clásicos, y se veía muy poco o nada
de las nuevas ideas que estaban recorriendo Europa en este despertar intelectual, de las que Newton quería mamar. Recuerda que el
mundo ya había visto nacer y morir a genios como Galileo, Kepler,
Copérnico o Francis Bacon. Aunque ninguno de ellos tuvo tanto
efecto en Newton como un filósofo y matemático francés: René
Descartes. Por suerte para Newton, Cambridge tiene ese aire de
libertad intelectual que permite a un genio solitario, y un poco
imbécil también, todo sea dicho, ir por su cuenta sin necesidad de
participar en los planes lectivos, sin hacer tareas de clase, sin ir a
tutorías, sin aguantar a los típicos compañeros insoportables de los
trabajos en grupo.

Pues así es como Newton estableció su propio plan de estudio, a su manera, a su ritmo, como el genio solitario que era, guiado exclusivamente por su propia curiosidad y su naturaleza. Estaba
fundando la Newton Academy. Créeme que no te gustaría estudiar
ahí. Así, durante dos años, se ocupó de empaparse, de forma auto-
didacta, de todas las matemáticas conocidas de la época, de manera
compulsiva, encerrado en su cuarto, con nula interacción social y
con una técnica que después veremos resulta ser muy newtoniana,
copiando a mano como un autómata todos los libros habidos y
por haber. Newton engulle, traga, deglute, todo el conocimiento
avanzado de su época. Es una bestia. Y lo hace en *mute*, sin que
nadie se diera cuenta, encerrado en su cuarto, sin molestar a nadie.
En silencio, se estaba convirtiendo en el mejor matemático de toda
Europa.

Era obsesivo y muy implicado, su pasión era desbordante. Llegaba a tal punto su compromiso con el conocimiento como para poner su físico en juego. El físico del físico... disculpa por esta broma. Pero también era esto literal. Volvamos a hacer el test de tu newtondad: quieres saber cómo funciona el ojo para crear una teoría de los colores, puedes a) leer libros de anatomistas y otros expertos, que descargas en PDF, claro, porque eres, además de vago, pobre, b) mirarlo en la Wikipedia y dedicar el tiempo sobrante a ver toda la saga de Marvel en diferente orden para comparar la experiencia y decidir si es mejor el orden cronológico o por sagas o c) clavarte un punzón entre tu ojo y el hueso del ojo, tan cerca de la parte posterior del ojo como se puede para alterar la curvatura de la retina y así poder observar unos círculos coloreados que aparecen al presionar y con ello poder completar la teoría. Si has dicho la a) tienes -1 punto de newtondad, si has dicho la b) tienes -2 puntos de newtondad, si has dicho la c) deberías consultar con tu psicólogo. Sí, tú y yo habríamos dicho la a) o la b). Newton eligió la c). Por eso no somos Newton. Pero tú y yo vemos bien y gracias a eso podemos seguir yendo al cine a ver las de Marvel.

Newton dedicó años completos a las matemáticas, encerrado en su cuarto del Trinity. Sin relación con nadie, su único compromiso era con el conocimiento. Pero es que ni para reír tenía tiempo. ¡Era un consumo absurdo de energía sin aplicación práctica! Se sabe que su compañero del Trinity, Humphry Newton, lo más parecido a un amigo que en estos años tuvo (y que, por si te lo preguntabas, no era familiar suyo), comentó que solo le vio reír una vez en cinco años. Obvio, fue una anécdota sobre Euclides lo que le causó la risa.

—¿De verdad no tenía amigos? ¿Nadie?

—Pues sí; de hecho, tres. O, como escribió, «Platón es mi amigo, Aristóteles es mi amigo, pero mi mejor amiga es la verdad».

—Vaya. Dos estaban muertos y el otro es de los que si te ven hablando con él te acaban encerrando con una camisa de fuerza.

—Tienes que ver más allá de lo evidente. Él estaba encontrando su hueco, a su manera, su sentido de la vida era el estudio, lo que le hacía feliz era buscar la verdad. Recuerda que la palabra de hoy, amigo, es CURIOSIDAD.

Pero las cosas iban a cambiar de forma repentina y muy caprichosa. Hablábamos al principio de la mala y la buena estrella y de cómo el destino puede virar sin previo aviso. Y cómo algo *a priori* malo puede convertirse en una bendición. Así es en este caso. Después del 2020 pocos situarían el comienzo de una horrible pandemia como el inicio de una bella historia. Pero con Newton fue así. En 1665 se desató una epidemia de peste negra en Europa y en Cambridge decidieron echar el cerrojo y dispersar a los alumnos. Así que a Newton no le quedó más remedio que volver a su tierra natal, a la granja de Albacete, que había sido escenario de tan trágicas escenas. Allí permanecería encerrado durante dos años. Vale, sé que ahora podemos hacer un test de newtondad y comparar lo que hizo alguien ese 2020 encerrado con lo que hizo Newton, pero no lo voy a hacer por piedad. Y ya sé que, al menos en España, la gente se dedicó a hacer bailes, a jugar con el papel higiénico, a hornear pan y a aplaudir a las 8 pm, en punto, que si te retrasabas podías ser acusado de traición por el alto comisionado internacional de las viejas del visillo. Pero Newton no hizo eso. Hizo muchas cosas, pero ninguna de esas. Newton hizo ciencia, y mucha. Es más, es tal el avance de la ciencia, los logros acumulados por este joven genio en este corto plazo de tiempo de pandemia que el lapso transcurrido entre 1665 y 1666 se tiene como uno de los más fértiles de la historia de la ciencia, al punto de convertirse en símbolo de nuestro campo, de la física; son los *anni mirabiles* de Newton, los años milagrosos, su encierro en la granja en época de pandemia. Y aquí la gente paseando a su pez.

Para Newton, la soledad de su granja fue la chispa que detonó todo el conocimiento que había adquirido en sus años de aislamiento de estudio en Cambridge y fruto de su excelencia como matemático y como experimental durante ese año creó una revolución en ciencia que no tiene parangón en la historia de la raza humana. Apunta. En solo dos años y a la joven edad de los veintitrés lanzó su teoría general sobre la luz, desarrolló su teoría sobre el movimiento, la ley de la gravitación universal, y claro, como le sobraba tiempo y para hacerlo necesitaba herramientas matemáticas nuevas, que entonces no existían, pues él las crea. ¿Que no hay derivadas e integrales? No pasa nada, yo las invento. Con ello nació el cálculo integral y diferencial. Eso que te explican en la carrera con veintitrés años que te cuesta meses enteros entender... él, con la misma edad que tú, lo inventó. La Fuerza era intensa en el joven Isaanakin.

Repito, por si no ha quedado suficientemente claro. Newton, en su granja, sin la ayuda de nadie y con solo veintitrés años, crea el cálculo, toda una rama de las matemáticas que los estudiantes modernos sufren para entender y manejar en los primeros años de carrera, él no es que la entienda, es que la crea de cero; su teoría de la composición de la luz en colores con uno de los experimentos más bellos y elegantes de la historia que iba a cambiar completamente la concepción de la luz; y aplica todo su genio matemático y físico y las nuevas matemáticas del cálculo que él mismo había desarrollado para crear toda una teoría del movimiento de los cuerpos que, por un lado, rompería con toda la tradición aristotélica y, por otro, fundaría otra nueva rama de la física, la dinámica, la ley de gravitación universal y sus tres leyes del movimiento... Veintitrés añitos tenía el fiera.

Es de esta época lo de la manzana, justo es en estos dos años 1665 y 1666. La leyenda dice que estaba sentado bajo un árbol una tarde de primavera cuando, de repente, le cayó una manzana en la cabeza, se agitó ligeramente, recuperó la compostura y enunció en voz alta: «Claro, cualesquiera dos cuerpos en el universo sufren una fuerza de atracción mutua que es directamente proporcional al producto de sus masas e inversamente proporcional al cuadrado de la distancia que las separa». Tú, que cuando te das un golpe, dices: Ñeeeeeeee. Y te rascas la cabeza. Pues hasta en eso nos gana el tío. Vamos, se da dos golpes más y te unifica la gravedad con la cuántica mientras resuelve el problema de la información en los agujeros negros, resuelve la crisis del cambio climático y te hace compota de manzana. A mí me hace gracia imaginar el mundo antes de que la manzana le diera el golpe en la cabeza con la gente flotando, no había descubierto aún la gravedad. En realidad, esta es una anécdota rara a la que yo no le haría mucho caso. Primero, es que todo lo que se sabe de ella es lo que él mismo contó en sus últimos años de vida. Seguramente sea todo un mito, una historia que quiso él promulgar para agrandar su leyenda o vete a saber los motivos que tendría este viejo sabroso para publicitarlo al final de su vida. Pero, en especial, porque es una anécdota engañosa y puede confundir mucho. La ley de la gravitación universal no fue fruto de un golpe de suerte, un impulso creativo, una iluminación caprichosa, un momento de inspiración que disparó el golpe de una manzana. Para nada. Newton llevaba dándole vueltas a esto mucho tiempo, años. De hecho, con lo de los *anni mirabiles* y su encierro de dos años en la granja, muchas veces se ignora que posiblemente sus últimos años en Cambridge, principalmente el año 1664, donde desarrolló su primera obra escrita, las *Cuestiones*, fueron incluso más importantes y relevantes en estos primeros trabajos de Newton que sus años en la granja. Sus éxitos son los de un hombre concienzudo, meditabundo, sumido en sus pensamientos, perseverante, metódico…

—Ah, justo como me dijiste. ¿La curiosidad era lo que le daba sentido a su vida?

—Imagínalo saltando contra el viento en una tormenta. Esa es la esencia de Newton. Aquí está haciendo lo mismo, con un rayo de luz, con una manzana que cae, con los números. El asombro ante lo que observa del mundo lo transforma en conocimiento con su curiosidad. Igual eso daba sentido a su vida, la búsqueda de la verdad. En esos años, había un universo naciendo dentro de él que se expandía sin límite. Había abierto los ojos a un nuevo mundo.

Así que un joven desconocido, desde una granja en medio de la nada, estaba revolucionando la física y las matemáticas a espaldas del resto de Europa. Estaba cambiando el mundo para siempre, pero en silencio. Por desgracia, el joven Newton, ya lo sabemos, era independiente y solitario, pero, ojo, también tenía algo de inseguro y nada de lo que pasaba por ese prodigioso cerebro vio la luz. Había decidido quedarse sus grandes ideas para sí.

Tras la pandemia, volvió a Cambridge, y de nuevo gracias a sus influencias, consiguió hacerlo por todo lo alto, con un puesto como catedrático, ¡y tan joven! Sería el segundo de una larga estirpe de la que también formarían luego parte Paul Dirac y Stephen Hawking: es la cátedra lucasiana de la Universidad de Cambridge, donde daría clases. Existen muchos tipos de tortura, las ruedas con clavos, el garrote vil, herramientas genitales... y las clases de Newton. Pobres chicos, imagina tener un profesor así. Las clases eran absolutamente aburridas e ininteligibles, imposibles de seguir, y así durante veintiocho años. Imagina los exámenes...

Y por si guardas todavía alguna esperanza... me encargo de romperla. No, su carácter no había cambiado. Solitario, huraño, neurótico, obsesivo... Cualquier práctica diferente del estudio era considerada para él una pérdida de tiempo, incluido comer o dormir. Qué horror. Newton no tenía distracciones o pasatiempos, ni siquiera una partidita al Clash Royale desde el trono, tampoco, ni eso. Y seguía acumulando anécdotas sobre lo terriblemente despistado y raro que era. Aquí otra más, muy divertida: una vez tenía visita, fue a su habitación a por una cosa, se le ocurrió una idea y se puso a trabajar en ella, durante horas. Se había olvidado de que su visita estaba ahí, aguardando. Olvidado, literal, como cuando no se acordaba de comer, aunque olvidarse de comer es peor, en especial si hay tortilla de patatas. Así era Newton.

Pero suponemos que ese universo que estaba naciendo en su interior y que crecía sin límite generaba una presión en él que en algún momento debería estallar. Es en esos años que Newton finalmente se atrevió a romper el cascarón, tímidamente, y darse a conocer al mundo. Y no lo haría con ninguno de los desarrollos anteriores, que guardó celosamente para sí, sino con algo más mundano, pero no menos relevante; había desarrollado un nuevo telescopio que suponía una gran mejora respecto a su predecesor, el telescopio reflector: es el telescopio refractor o de Newton. Gracias a su idea brillante, con este nuevo telescopio se conseguía eliminar uno de los problemas más molestos del telescopio reflector de la época, la aberración cromática. Newton expone sus principios y sus ventajas frente a la elitista Royal Society, un grupo de *supernerds* de la época, como un club formado por los amigos de Dexter, pero con dinero, y luego lo dan a conocer al resto de Europa. En la época solo aristócratas, nobles y personas de alto nivel social se podían permitir el lujo de dedicar tiempo al pensamiento filosófico, conformando este tipo de sociedades, como clubs elitistas, donde se hacían experimentos, se debatían observaciones y se mantenían informados sobre los avances de la ciencia en toda Europa. Un club de pijos empollones, para entendernos.

Newton, al fin, se había abierto al mundo. Pero solo parcialmente; gran parte de su trabajo, quizá lo más valioso, lo seguía guardando celosamente para sí. La principal razón era la desconfianza. Él no se sentía feliz mostrando sus averiguaciones públicamente, debido a su inseguridad y por su miedo a la confrontación. Ese universo seguía creciendo en su interior. A la vez, él, que no era tonto, era consciente de su superioridad intelectual. Imagino que mirar a los demás le podía hacer sentir lo mismo que siento yo cuando miro a una hormiga, pero guardaba miedo al rechazo. Sin embargo, parece que este pequeño éxito le dio alas y en 1672 acumuló suficiente confianza como para presentar sus trabajos sobre la luz, lo que él consideraba uno de los mayores logros de la historia, con una descripción completamente nueva de este fenómeno.

Estamos hablando, sin duda, de uno de los experimentos más bellos de la historia, por simple, elegante, profundo y relevante. Con qué pocos elementos fue capaz Newton de revolucionar un conocimiento que llevaba enquistado más de un milenio. Todo lo que necesitó fueron dos prismas de cristal y un cuarto oscuro. Esto es lo que hizo. Dejó pasar un solo rayo de luz por un peque-ño agujero en su ventana dentro de este cuarto. Tomó el prisma y lo hizo atravesar por el rayo de luz. Entonces se genera el arcoíris, el del disco de Pink Floyd. Hasta aquí todo normal. Según el conocimiento de la época era el prisma el que estaba coloreando la luz blanca del Sol. Era lo que pensaban. Pero Newton se pre-guntaba si esto sería verdad, así que quiso probar. Tomó una panta-lla con un orificio y la puso delante del arcoíris, de modo que solo pudiera atravesar la pantalla un color, por ejemplo, el rojo. ¿Qué pasa si ahora hago pasar este rayo rojo por un segundo prisma? Si es el prisma quien colorea los rayos debería tomar el rayo rojo y convertirlo en un arcoíris. ¿No? Pero no fue así, el rayo entró y salió rojo del prisma. Con lo que Newton concluyó que los colo-res son una propiedad del rayo de luz. Un rayo blanco es un rayo mezcla de todos los colores del arcoíris. El prisma tiene la capaci-dad de dirigirlos en diferentes direcciones, separando el rayo blan-co en sus colores originales.

Era contundente, incontestable. Simple, profundo y bello. ¡Y qué capacidad experimental! Newton transformó un prisma de cristal, que en esos tiempos se usaba como un juguete, en un ele-mento de laboratorio para desvelar uno de los secretos más intri-gantes sobre la naturaleza de la luz que andaba en suspenso duran-te siglos.

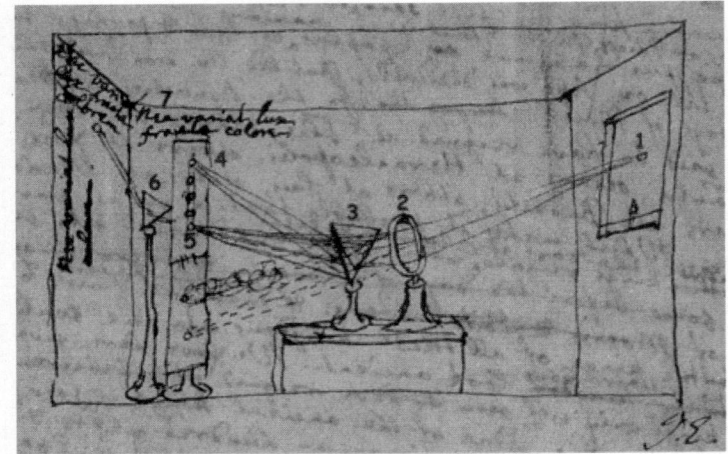

Reproducción del experimento de Newton para estudiar la naturaleza de la luz.
La clave está en el punto 6, el segundo prisma; demuestra que el prisma
no colorea la luz, es una propiedad de la misma luz.

Pero había un problema, que no es menor y es a lo que vamos. Su teoría, que había demostrado experimentalmente de forma contundente, iba totalmente en contra de los saberes de la época, en escritos y desarrollos de científicos muy reconocidos como Huygens, Descartes, pero en especial el inglés Robert Hooke, un investigador muy dotado y con un importante peso en la Royal Society, que además tenía un carácter áspero y le gustaba la guerra. Era el Roncero del Chiringuito, la Belén Esteban de Tele 5. Había lío.

Newton se enzarzó con Hooke, que haría las veces de antihéroe, al que acabó detestando. Fruto de esta confrontación son innumerables las cartas agrias que se dedicaron; de hecho, es de una de ellas de donde surge el famoso «camino a hombros de gigantes», que aunque hoy se suele interpretar como una alabanza al trabajo científico y al progreso, al avance del conocimiento como una labor colectiva, una oda al esfuerzo coral del desarrollo intelectual de la raza humana, es muy posible que fuera más bien un comentario ácido y mordaz con el que Newton quería menospreciar a su oponente, Hooke, y quitarle mérito. Hooke como villano se parecía menos a Thanos o a Galactus y un poco más al Pingüino de Batman, era pequeño, feo y jorobado. Y quería parte del reconocimiento del trabajo de Newton. Newton se lo quitó de encima de esta forma, él caminó a hombros de gigantes, no del jorobado de Notre-Dame. Newton se sabía intelectualmente superior, y lo era, y le hundía el rechazo a sus ideas que estaba sufriendo. Él sabía que era injusto, sus ideas eran correctas. Hakuna Matata, vive y deja vivir. Hakuna Matata, vive y sé feelizzzzzzzzzz.

—Pero baja de la silla, y deja de cantar, que haces el ridículo, ¿qué pasa contigo?

—Escucha —dijo, recobrando la compostura—. Hooke, como Scar, se acercó a Newton y le dijo: «Huye, Newton, huye lejos y no regreses».

—¿Qué dices?

—Y Newton huye, se encuentra un jabalí que se tira pedos y un suricato que habla, que serían la alquimia y la teología, se come un gusano «viscoso, pero sabroso» y se esconde en la selva del resto del planeta. Allí escondido estaría a salvo, en su propio mundo.

—¿Cómo? ¿Te has vuelto loco?

—Pues sí, digo no, bueno… da igual. Lo importante es que Isaanakin desapareció, huyó. Cayó en una crisis personal lo que le llevó a una decisión firme, la de no volver a publicar sus estudios. Newton se encerró de nuevo en sí mismo e hizo lo que mejor sabía, investigar, y que nadie le tocara. ¡No tocar! Y leer y copiar, leer y copiar, en bucle. Aunque ahora se metería con temas completamente diferentes, la alquimia y la teología. Se volvió a intensificar su lado oscuro.

Durante esta década, Newton se dedicaría con la misma entrega e intensidad con la que lo hizo con las matemáticas a la alquimia, sí, una protociencia, mezcla de conocimientos sobre la materia, las reacciones, transformaciones, con algo de magia, quizá también superstición, con toques filosóficos y artísticos, y que se considera como la precursora de la química (de hecho, el nombre de química viene de ahí, de alquimia). La alquimia en tiempos de Newton estaba protegida por un gran hermetismo, consistía en textos oscuros, códigos, anagramas, grupos clandestinos y prácticas secretas. Como siempre hizo, Newton tomó todo libro que estuvo a su alcance, lo copió minuciosamente, experimentó y se devanó los sesos por intentar entender el arte de la alquimia. Ahí, en la oscuridad, Newton, a su manera, sería feliz.

La otra pasión de Newton durante esos largos años tendría que ver, cómo no, con los estudios, a estas alturas no te vayas a pensar que se iba a poner a hacer pilates, yoga o quinestesia. Pero, en este caso, su afición era un poco más peligrosa: se metió con la teología, la lectura e interpretación de las Escrituras. Que dirás tú: «Qué peligro, ni que diosito te fuera a castigar con tres padrenuestros». Bueno, no era tan así. Newton era muy religioso, pero se debía a la verdad, y en los textos encontró una verdad diferente a las creencias comunes. Así que se rebeló contra ellas, abrazando el arrianismo, una herejía según la cual Jesús era un mero profeta. Algo que consiguió mantener en absoluto secreto durante toda su vida. Y eso tenía más peligro que ser un edamame en una convención de veganos. Una vez más, Newton era feliz en su completo aislamiento. Estaba cayendo en el lado oscuro. *Zasssssssssss.*

—*Aaaaaaahhhhhhhhhh*. ¿Por qué me pegas?

—No, no. Tienes que decir: «¿Por qué hiciste eso?». Y entonces yo digo: «No importa, está en el pasado»; ahora tú replicas: «Pero duele». Y yo: «El pasado puede doler, pero tal y como yo lo veo, puedes huir de él o aprender».

—Ya sé. Eso es de *El rey león* otra vez.

—Escucha con detenimiento esas palabras, macarra. Eres tú quien decide qué haces con los golpes de la vida. Todos sentimos miedo, pero qué haces con él es lo que te define como persona.

Simba decidió aprender. Newton hizo lo mismo. Es la elección más sabia. Porque, aunque Newton, como Simba, llevaba diez años apartado huyendo del pasado, había llegado el momento de sacarlo de ahí y devolverlo a su lugar, su trono. Llega el Rafiki de Newton-Simba, su nombre Edmond Halley. Así es esta bella historia.

En esa época se sabía que todos los cuerpos que giran alrededor del Sol, como los planetas, lo hacían siguiendo trayectorias elípticas, que es un círculo espachurrado. Sí, Pitágoras ahora está retorciéndose en su tumba, pero creo que con «círculo espachurrado» se entiende mejor que si pongo la descripción matemática de la elipse en coordenadas cartesianas. Pues esto de las elipses era básicamente una de las leyes de Kepler, que había descubierto tras estudiar durante años de forma compulsiva los datos del movimiento de los planetas en el cielo tomados por su mentor Tycho Brahe, que le fueron cedidos tras su muerte (salseo, Kepler es uno de los sospechosos homicidas). Y era maravilloso, porque gracias a esta ley ahora sí el sistema heliocéntrico de Copérnico tenía más sentido.

El problema es ahora explicar estas órbitas espachurradas. ¿Pero por qué? ¿Qué hacía que los planetas siguieran esas elipses alrededor del Sol? ¿Qué producía ese movimiento? Algunos como Hooke o el mismo Kepler pensaban que podría deberse a una fuerza, o algo similar, pero eran solo intuiciones y no conseguían una buena explicación. Hooke, que además de jorobado era un poco fantasma, decía que sabía demostrarlo, pero acababa cambiando de tema a cada oportunidad que tenía. «Vaya, cómo está el clima en Londres estos días», decía. «Parece que va a chispear». Y seguía a lo suyo. Pero ante tremenda desfachatez, Newton no podía permanecer impasible. Había llegado su momento. Decidió dejar la alquimia y la teología de lado y entrar en acción. El gran genio había vuelto. Era hora de que el rey tomara su trono. A tomar por saco.

Y en esta determinación tiene mucho que ver un joven astrónomo aficionado, Edmund Halley, el Rafiki de Simba. Virtuoso hombre de gran talento que nos dejó no pocos avances, pero que siempre será recordado, como el gran logro de su vida, por aguantar al imbécil de Newton. Que no era poco. Y sacarlo de su letargo, del modo avión en que había entrado, y hacerle emprender la mayor obra de la historia. Te cuento, porque el relato no tiene desperdicio.

En una quedada de Halley con otros miembros de la Royal Society, como Christopher Wren, arquitecto de la catedral de San Pablo en Londres, y el mismo Robert Hooke, este fantasma volvió a presumir de tener la solución a este enigma, las órbitas elípticas en el sistema solar, pero, como de costumbre, se fue por la tangente, cambió de tema, se puso a hablar de la Kardashian y su nuevo corte de pelo. Halley, que no se creía nada de este fanfarrón, decidió ir a Cambridge a visitar a un extraño hombre que vivía recluido y que muchos tenían como el mejor matemático de todos los tiempos, Isaac Newton, para zanjar la cuestión.

El encuentro entre Halley y Newton fue al nivel de las conversaciones de *First Dates*. Halley le pregunta a Newton por la relación entre las elipses planetarias de Kepler y la fuerza de atracción entre cuerpos. Newton le responde: «Pero si es muy fácil». Parece ser que es un cálculo que Newton había hecho hace ya muchos años, así, en un rato tonto. Un cálculo tan simple que lo podría hacer un mono disléxico, tan básico que lo hizo por aburrimiento y ni sabe dónde está: «Seguro que lo tengo tirado por ahí entre mis papeles, pero, como soy un imbécil, pues no se lo he dicho a nadie». O algo así, ya sabes que en esa época no había micrófonos. Halley no lo podía creer, ese hombre huraño y misterioso había guardado durante largos años para sí uno de los resultados más increíbles sobre el funcionamiento del mundo, al que no le daba la menor importancia, y no contento con esto lo tenía perdido entre sus papeles, como si fuera la lista de la compra, la factura de la luz o cuando te llaman por teléfono y es una llamada muy larga que te pones a dibujar en la parte de atrás de un sobre cosas superlocas, medio psicodélicas, como cuadrados dentro de círculos. Algo así. «Lo tengo por ahí», dijo, como si Leonardo da Vinci hubiera guardado la *Mona Lisa* en el paragüero o Shakespeare hubiera usado el texto de Hamlet para que no cojeara la mesilla de noche. Yo me imagino ese papel tirado por ahí, arrugado y manchado de café. Por desgracia, buscando de forma improvisada en su cuarto, Newton no encontró ese desarrollo, así que se despidieron con una promesa, Newton le entregaría los cálculos a Halley en cuanto pudiera y Halley lo publicaría.

Newton se puso en marcha de forma febril, claro; es lo que pasa cuando tocas la fibra sensible a una persona obsesiva. No solo estaba en juego su palabra, también la prioridad en tan notable descubrimiento. Pero, ante todo, una determinación: que no se adelantara Hooke, el jorobado de Notre-Dame. Dicho y hecho, no tardaría Halley en tener sobre su mesa una obra singular, *De motu*, de manos de Newton, con las bases de la dinámica y la gravitación universal y la demostración de las leyes de Kepler. Newton sería un insoportable, y mucho, pero no era fantasma, sabía lo que hacía y de lo que hablaba, nada de lo que dijo era inventado, tenía ante sus manos algo que cambiaría el mundo para siempre, la obra que había desarrollado esos dos años mágicos para la ciencia encerrado en su granja de Albacete.

Estos fueron solo los cimientos de una obra mayor con la que soñaba Halley. Aunque seguramente nunca imaginó lo duro que sería conseguir llevarlo a cabo. Tal vez si hubiera hablado con el boticario Clark, o con los empleados de la granja de la madre de Newton, o con cualquiera que lo conocía... le habrían advertido. «No lo hagas, de ninguna manera, huye, cambia de casa, de nombre, borra todo tu pasado, quema toda tu ropa, ponte un bigote postizo, gorra y gafas de sol, corre todo lo que puedas y sin mirar atrás», le habrían dicho. Porque trabajar con este genio obsesivo, neurótico, quisquilloso, soberbio, rencoroso y atormentado, que siente la amenaza de todos los seres inferiores que quieren apropiarse de su ingenio y talento no creo que sea fácil en ninguno de los universos que uno puede considerar.

Fueron dos años que sin duda a Halley se le antojaron una eternidad, y es que todo parecía estar en su contra. Encontró oposición en la Royal Society, el club de frikis, que no veía la obra con buenos ojos. Además, esta sociedad nerd andaba escasa de fondos, así que tuvo que poner incluso su puesto en riesgo y financiar la obra de su bolsillo, recibiendo a cambio copias en *stock* de un fascinante libro ilustrado… sobre peces. Que no lo compró ni la madre del autor. Esto sin olvidar cómo Newton se hacía más y más insoportable en su correspondencia —si algo así es posible—, molesto, principalmente por la intromisión de Hooke, quien clamaba su parte de mérito en los desarrollos de Newton. Para Newton tampoco debió de ser fácil, sumido en constantes depresiones y crisis emocionales que le deparaban su carácter tan puñetero.

Finalmente, en 1686, el texto vio la luz en forma de tres tomos y con el nombre de *Philosophiae Naturalis Principia Mathematica*, o como se conocen más popularmente, los *Principia*, posiblemente el tratado científico más relevante de la historia. Halley podía respirar. Lo había conseguido. Y al contrario de lo que ocurre con algunas de las obras más importantes de la humanidad, esta no cayó en el ostracismo. El texto fue un tremendo éxito y se extendió rápidamente por toda Europa, ni *Harry Potter y la piedra filosofal*, convirtiendo a Newton en el científico más famoso del mundo. El Justin Bieber de la física. Cebras, gacelas, jirafas lo celebran. El rey, con su gran melena, ha vuelto a su piedra. Que, si lo piensas, es muy loco que una cebra se alegre de que un león vuelva. No tiene sentido, es como la expresión del canto en los dientes. Esa sí que no tiene sentido.

Y, mientras, siguen las peleas. Ahora era con el matemático y filósofo alemán Leibniz sobre la paternidad del método de cálculo diferencial. Newton, por supuesto, clamaba la prioridad en el descubrimiento, lo había desarrollado en sus años en la granja, aunque no lo hubiera publicado. Así que Leibniz era otro infame que le quería quitar su mérito. También le hizo la vida imposible al astrónomo John Flamsteed. En realidad, lo repitió con cualquiera que se le opusiera. Y porque no le alcanzó la vida, que, si no, seguro que seguiría ahora molestando.

El Newton de después de los *Principia* es una persona diferente. Consciente de su trascendencia y con renovadas confianzas, dejó la alquimia y la teología y dedicó todo su esfuerzo, que sabemos ya que no era poco, con la misma diligencia, rotundidad y perseverancia con las que emprendía cada tarea, a defender su trabajo, su obra, y lo hizo sin miramientos ni concesiones, con todas las armas de las que podía disponer, determinado a imponer su ley, su verdad. Estaba construyendo su Estrella de la Muerte. Son largos años en los que se entregó completamente a la ciencia; los dedicó a atar cabos sueltos de su investigación en gravitación y óptica y a darle una forma final a sus teorías.

Y así seguiría hasta que sucumbió víctima de su mayor debilidad, su talón de Aquiles: su carácter enfermizo. En 1693 sufrió un colapso en forma de crisis nerviosa y abandonó toda investigación para siempre. Dedicará sus últimos treinta años de vida —vivió hasta pasados los ochenta— simplemente a consolidar su obra para conquistar la galaxia, a hablar con esa voz metálica, a decir «Yo soy tu padre» y abatir a los rebeldes. Y a dar por saco. Mientras él vivió, nadie a su alrededor pudo gozar de tranquilidad. Se había convertido en Darth Newton. Y seguía siendo un tipo muy raro, eso no iba a cambiar. Como anécdota de esa época, fue elegido miembro del Parlamento británico. Durante años, en su cargo solo se registró una intervención: «Señor, ¿podría cerrar la ventana?».

Darth Newton permaneció en pleno uso de sus capacidades hasta el mismo día de su muerte y se mantuvo activo hasta entonces, principalmente con la teología, cuidando su dinero y sus amigos, y martirizando a sus enemigos. También muy involucrado en una actividad que le iba al dedillo, trabajando en la casa de la moneda, para salvaguardar el valor de la economía. Darth Newton se lo pasó muy bien mandando ejecutar a falsificadores y ladronzuelos. Murió el 23 de marzo de 1726 a la edad de ochenta y cuatro años como uno de los hombres más importantes del mundo y legando una gran riqueza.

El legado de Newton es inabarcable. Antes de él había sombras y oscuridad; tras él, un mundo nuevo. Nadie en la historia le aguanta la comparación. Una sola persona dominó la parte experimental —algunos de los experimentos más bellos y profundos de la historia son de él—, la parte teórica —la gravitación universal es solo un ejemplo— y la matemática —es el padre de toda un área, el cálculo—: esto es absolutamente inédito en la historia. Y por su contexto, Newton vivió en un mundo precientífico, dominado por la brujería, la magia y la superstición, prueba de ello es la alquimia, a la que él mismo dedicó más de una década. Otros científicos más adelante contarían con otro contexto, como con los beneficios de vivir en un mundo previamente iluminado por, entre otros, la gran luz que emanaba del trabajo de Newton. Es verdaderamente imposible hacer tanto con tan poco.

Pero Newton es mucho más que esto. Él nos ha legado una forma de entender el mundo, eso que más tarde llamarían «un paradigma». Empezando por conceptos básicos que tenemos totalmente integrados en nuestro cerebro, seamos o no científicos, como el tiempo o el espacio; nosotros los concebimos de forma intuitiva según la visión newtoniana: el tiempo no es algo cíclico, como lo veían tantas civilizaciones antiguas, sino que lo entendemos como un reloj universal que fluye constantemente hacia el futuro, como un río; el espacio lo consideramos como un escenario pasivo donde sucede el drama (o la comedia, según el día) de la vida. Pero también la visión matemática que tenemos del mundo y que ha adoptado esta sociedad científica viene de él, ese mundo mecánico que se rige por unas leyes precisas, es pura mentalidad newtoniana que nace precisamente con él. Buena parte de nuestra forma de comprender el mundo tal y como lo tenemos configurado en nuestros cerebros, tal y como se enseña en todas las escuelas de primaria del mundo, se lo debemos a él.

Y culminando su gran obra, ese texto, los *Principia*. Su impacto se observa incluso hoy mismo, con solo abrir los ojos y mirar a tu alrededor. No exagero nada, es más, es probable que me esté quedando corto. Edificios, puentes, carreteras, todos se construyen apoyados fielmente en las leyes de Newton. Barcos, aviones, trenes, coches, cohetes son fieles esclavos de la dinámica newtoniana. Las leyes de Newton han permitido domesticar las fuerzas que mueven el mundo, en particular la gravedad, para ponerlas al servicio de la humanidad. Nuestra sociedad, nuestras ciudades y nuestras industrias se asientan firmemente sobre el trabajo de Newton. No es de extrañar entonces que cualquier alumno de ingeniería, arquitectura o física que se precie haya probado las mieles del genio inglés. No hay escapatoria, no se puede huir, sus leyes son la Biblia de la física. O la «fiblia». Así la llamo yo.

—Pero ¿y la gravedad? ¿No es lo que me ibas a explicar?

—Sí, a eso vamos.

—Porque eso está relacionado con el bosón de Higgs, ¿no es así?

—Shhhh, no digas ese nombre tan alto... más bajito.

Si fuera necesario asociar una sola palabra a la obra de Newton, esta sería seguramente esa: «gravedad». Una acción que a todos nos parece natural, intuitiva, pero a la que Newton puso nombre, identidad, la cargó de dirección y sentido, la caracterizó por completo, poniendo orden donde hasta entonces dominaba el caos. Y lo digo casi literalmente, Newton veía en la acción de la gravedad en el orden cósmico la mano de un dios diseñador, amante de la armonía. Todos esos movimientos errantes de los planetas (de hecho, la palabra planeta viene del griego y significa errante), de repente, a la luz de la gravitación, cobran sentido. El mundo se mueve como un reloj, de forma constante, irremisible y precisa.

Y la gravedad, en la obra de Newton, como ves, tiene un lugar especial, es la fuerza universal atractiva que conecta a todo cuerpo en el universo por el mero hecho de existir y poseer con ello una propiedad que llama masa. Dos cuerpos en el escenario del cosmos solo por la virtud de su propia existencia van a sentir una fuerza mutua, que tenderá a acercarlos, que es la fuerza universal de la gravedad, y será mayor cuanta más cantidad de materia tengan estos cuerpos (más masa) y cuanto más cerca se encuentren, cayendo esta fuerza en la distancia según el cuadrado de esta magnitud. O como escribimos matemáticamente así:

$$F = \frac{G\,Mm}{r^2}$$

Donde la G es la constante de la gravitación universal, o por homenajear a su creador, la constante de Newton.

El éxito de esta descripción está en sus efectos. Desarrollada esta ley matemáticamente, junto con las leyes de la dinámica, en particular, ese famoso $F = ma$, llegamos a las órbitas de los planetas y en particular a las tres leyes de Kepler, que pueden ser perfectamente deducidas aplicando sin más este procedimiento. El movimiento de los astros en el cielo, ese baile cósmico acompasado que vemos en los cielos, la salida diaria del Sol y su puesta en el ocaso, las estrellas y la Luna… todo guiado por un simple principio de movimiento, una ley que rige en todo el cosmos, la ley universal de gravitación de Newton. Aquí, en la Luna, en Plutón, en el centro de la vía Láctea, en la lejana nebulosa del cangrejo o en Narnia, en todos los sitios gobiernan las mismas leyes: las recogidas en los *Principia* de Newton.

Es normal que Newton y sus sucesores se sintieran poderosos, ya nada de lo que ocurría en los cielos era un misterio. Todo lo que sucedía tenía una razón y se podía no solo usar esta ley para explicar lo que ocurría, sino también para predecir el futuro. De hecho, el primer gran éxito de esta teoría fue cuando Halley —Rafiki— ató cabos y vio en el registro del paso de tres cometas en la historia —de 1531, 1607 y 1682— un mismo sello. ¿Sería el mismo cometa? Usó los datos que tenía y las leyes de Newton para hacer una predicción: si era así, volvería a hacer su aparición en 1758. No vivió para ver cumplida su profecía cuando en la Navidad de ese año el cometa apareció en el cielo. Hermoso. Hoy, a este singular cometa, que nos visita más o menos una vez por siglo, lo llamamos así, en su honor: cometa Halley.

Y no solo en los cielos, la ley regía también en la Tierra. Lo ilustra muy bien la historia de la manzana. ¿Qué hace que caiga? Newton respondió: la misma fuerza que hace que la Luna gire. Esta no cae por la inercia de su movimiento, es como si lanzaras una bala de cañón desde una montaña. La bala irá cada vez más lejos, y todavía más a medida que la lances con más energía. Hasta que llega un momento en que la bala dará la vuelta debido a su inercia: has conseguido poner en órbita la bala. La Luna cae igual que cae la manzana, pero debido a su inercia de movimiento lo hace continuamente, sin límite, lo que le obliga a describir una órbita. Newton no solo había descubierto el mecanismo del movimiento de los cielos, sino también de la Tierra, en una de las más profundas unificaciones de la historia. Y no es poco. Que las mismas leyes manden en el cielo que en el suelo es un gran salto conceptual, y un buen baño de humildad y razón a una humanidad que seguía concediendo a los cielos al ámbito divino. No, Aristóteles no tenía razón, cielo y tierra estaban en pie de igualdad. Newton describía el mundo como una obra desplegada en el teatro cósmico, espacio y tiempo como el escenario inamovible donde se desarrolla el drama, tú y yo como los actores y la gravedad como nexo de la trama. Así era el mundo de Newton.

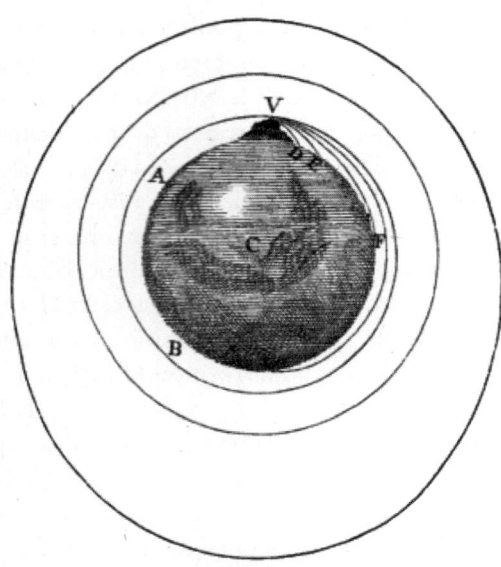

Dibujo de Newton que explica la relación entre la gravedad y el movimiento orbital (por ejemplo de la Luna) si lanzas una bala desde V (una montaña). Según aumentes la velocidad de lanzamiento llegará más lejos. A una cierta velocidad la bala se pone en órbita.

Y el resto es historia. Sus sucesores, embriagados de ese nuevo poder y este espíritu transformador, se lanzaron a explorar sus posibilidades y a revolucionar el mundo. Tres siglos después SpaceX, la NASA y Calatrava le rinden homenaje a su obra y a su visión. El mundo sigue las leyes de Newton.

—Todo muy bien, me gusta. Las cosas se atraen por gravedad. Pero a mí esto se me hace muy raro. Que las cosas se atraigan sin más, sin motivo, como por arte de magia. ¿Y cómo se transmite la fuerza? ¿Quién empuja? ¿Cómo sabe la Luna que está ahí la Tierra? ¿Qué sentido tiene todo? ¿Por qué es así y no de otra manera?

—Me gusta, empiezas a abrir los ojos tú también. Tu propia curiosidad guía nuevas preguntas, ese es el espíritu científico, lo que nos saca de la ignorancia. ¡Genial! Ya se está calentando ese frío corazón. Y, felicidades, porque esas eran las preguntas que justo se hacía Newton. Y en ellas había ciertamente algo que le inquietaba. Él mismo sabía, mientras era celebrado por el resto, que el trabajo no estaba terminado. Vas por muy buen camino, joven Padawan.

Si hay algo que admiro de Newton por encima del resto que ya sabemos, de su talento, su capacidad, su ingenio, de sus miras... es cómo, estando en la cúspide del conocimiento, celebrado como un héroe por la mitad del mundo civilizado, aclamado como guía de la humanidad, no se dejó engañar por las apariencias, no se deleitó con su éxito, regodeado en el halago y la victoria y a pesar del reconocimiento unánime no sucumbió de ceguera ante su propia obra. Su creación maestra no le nubló la razón. Él sabía que, aunque brillantes, sus teorías no eran perfectas. Y era consciente, mejor que nadie, de que el trabajo que había hecho era incompleto. Hacía falta mucha inteligencia, mucho conocimiento y también mucha humildad y valentía para verlo. Newton los tenía.

Newton conocía estos problemas y no se escondía. En la segunda edición de sus *Principia* de 1713, añadía como un «escolio general»:

> No he sido capaz de descubrir la razón de estas propiedades de la gravedad desde los fenómenos y no hago ninguna hipótesis. Ya que lo que sea que no es deducido de los fenómenos debe ser llamado hipótesis; y las hipótesis, ya sean físicas o metafísicas, o basadas en cualidades ocultas, o mecánicas, no tienen lugar en la filosofía experimental. En esta filosofía las proposiciones particulares son inferidas desde los fenómenos y después se hacen generales por inducción.

Del que se extrae el simbólico y ya mítico «*hypotheses non fingo*» o no hago hipótesis, que ya se ha convertido en emblema del pensamiento científico. El «no hace hipótesis» se podría traducir como que simplemente no sabe, y esa es su respuesta a la crítica sobre las causas del movimiento. Y si Newton no sabía...

Pero hay más. Según las leyes de Newton, dos cuerpos con masa cualesquiera en cualquier lugar del universo ejercen una mutua fuerza atractiva que actúa de forma inmediata, instantánea, no importa lo lejos que estén. Esto a él le molestaba. En una carta a al académico Richard Bently en enero de 1693, Newton decía:

> […] Es inconcebible que una materia bruta inanimada, sin la mediación de algo más que no es material afecte a otra materia y actúe sobre ella sin que exista contacto mutuo. Que la gravedad sea innata, inherente y esencial para la materia, de tal modo que un cuerpo pueda actuar sobre otro a distancia a través del vacío sin la mediación de ninguna otra cosa por la cual a través de la cual se pueda transmitir la acción y la fuerza de estos cuerpos, del uno al otro, es para mí algo tan absurdo que creo que no puede acostumbrarse a ello ningún ser humano, aunque tenga una facultad competente para pensar en cuestiones filosóficas. Debe existir un agente que cause la gravedad actuando constantemente de acuerdo con ciertas leyes, pero dejo a la consideración de mis lectores el hecho de si este agente ha de ser material o inmaterial.

Vamos, que lo deja como tarea para casa. La situación era preocupante, más aún cuando empezaron a surgir las primeras paradojas. Míralo así, tenemos una fuerza que está actuando siempre y, en todo caso, es atractiva entre toda la materia del universo. Esto solo podía dar lugar a un derrumbe colectivo, la implosión conjunta de toda la materia. Bently se lo había hecho ver:

> A mí me parece que, si la materia del Sol y los planetas y toda la materia del universo estuviera esparcida por igual en el cielo, y cada partícula sintiera la fuerza de la gravedad hacia el resto y el universo fuera finito, la materia en el espacio tendería, por gravedad, a caer hacia la materia en el centro y en consecuencia componer una única gran masa esférica.

Newton era consciente de este hecho, aunque encontró una escapatoria. Si el universo fuera infinito y la materia estuviera distribuida de forma uniforme, entonces no habría centro al que caer, toda la materia sentiría un empuje de igual magnitud en todas las direcciones y se mantendría estable.

Pero Newton era suficientemente inteligente para saber que su solución solo era engañosamente satisfactoria, puesto que, en realidad, daría lugar a un estado metaestable: cualquier mínima diferencia, fallo en la uniformidad, o no homogeneidad... cualquier desequilibrio haría que el universo entero se derrumbara. Como él mismo escribió: «Se necesita un milagro continuo para impedir que el Sol y las estrellas fijas se precipiten a través de la gravedad».

Sí, Newton nos dejó grandes cosas. Su visión del mundo al que miraba desde el umbral de la ciencia fue luz en la oscuridad, máximo exponente del método científico, la experimentación y el rigor. Una vida dedicada a la búsqueda de la verdad. O como él mismo narraba:

No sé qué podré parecerle yo al mundo, pero tengo para mí que no he sido sino un muchacho que juega a la orilla del mar, que se distrae de cuando en cuando al encontrar un guijarro más liso o una concha más bella que las habituales, mientras el gran océano de la verdad se extendía ante mí aún por descubrir.

Y con ello nos legó el cálculo, los fundamentos de la óptica y la ley de la gravitación universal, una ley aplicable a todo el cosmos y que marcaba una nueva era, la del universo mecanicista. El universo era un reloj y Dios le había dado cuerda. Newton fue su mejor relojero.

O como dijo el poeta Alexander Pope: «La Naturaleza y sus leyes estaban escondidas y ocultas por la oscuridad de la noche. Hasta que Dios dijo: "Hágase Newton", y se hizo la luz».

—Vaya —Elrubius no salía de su asombro.

—Pero Newton dejó su trabajo inacabado con una pregunta que tardaría siglos en resolverse y para lo que se requeriría una nueva revolución que trajera una comprensión más profunda de la naturaleza de la gravedad: ¿cómo funciona la gravedad? ¿Qué la produce? Se buscaba su sucesor, alguien que estuviera a la altura de un genio como el de Newton y ampliara su obra. Y no llegaría hasta cien años más tarde, en 1879 nacía en la ciudad de Ulm, Alemania, un niño torpe, al que le costaba aprender y que no conseguía encajar en clase, su nombre era Albert Einstein. Einstein habría de transformar nuestra forma de entender el espacio, la materia y el tiempo, allanando el camino a la comprensión última de la gravedad y la masa, por la acción del campo de... —su voz se convirtió en un susurro—... Higgs.

—Vale, pero, ¿y qué pasó con Einstein? ¿Y con Higgs? ¿Y cómo funciona la gravedad?

—Así funciona el conocimiento. Por cada pregunta respondida se abren tres nuevas. «Daría todo lo que sé por la mitad de lo que ignoro», dijo Descartes. Y sabía lo que decía. Estás comenzando a andar.

—Sí, bueno, será verdad. Aunque mi curiosidad viene porque es una historia divertida, pero nada más. Sigo pensando que todo esto no sirve para nada, en el fondo qué más da cómo es la gravedad. Mi vida seguirá siendo la misma. Al final, llegaré a casa y me encerraré en mí mismo y en mis cosas.

—Aprender, buscar, descubrir, no es solo una forma de pasar el tiempo, de entretenernos, es una manera de entender quiénes somos. Esto es alimento para el alma, joven. Newton estaba leyendo el libro de la naturaleza, nosotros somos parte de ella, así que descubriendo el universo estamos aprendiendo sobre nosotros mismos. Quizá dejar de mirar el suelo y levantar más la vista al cielo te traiga respuestas, nuestro lugar está en las estrellas.

—No lo entiendes. A mí las estrellas me dan igual, mis problemas están aquí en la Tierra, no en el cielo. Además, siento que todo me aburre, todo me parece vacío, solo me apetece encerrarme en mi cuarto y jugar a videojuegos.

—Intentas dar sentido a tu vida desde fuera sin saber qué está ocurriendo dentro. No puedes saber quién eres sin entender de dónde vienes. Tu percepción subjetiva de la realidad te está cegando ante un mundo mucho más grande. El universo se expande hacia el infinito en el espacio y el tiempo, macarra. No puedes entender tu lugar en la Tierra si no entiendes antes el lugar de la Tierra en el universo y el del ser humano en el tiempo. Estás intentando construir la casa por el tejado.

—No entiendo qué tiene que ver eso conmigo.

—¿Cómo vas a saber a dónde ir si ni siquiera sabes dónde estás? Nos preguntamos por el cosmos no solo porque hacerlo nos entretiene, al buscar fuera estamos encontrando dentro. En las estrellas está la respuesta a quiénes somos, porque venimos de ellas. Tampoco intentes resolver el mundo en un día. Hay cosas que lleva tiempo entender.

—Bueno, acepto, entonces. ¿Qué más hay?

—Vale, mira —dijo, sacando su papel garabateado—, con la gravedad estamos haciendo un viaje desde Newton al presente, un viaje en dirección al futuro. Para entender bien en qué consiste la teoría del campo de Higgs hay que hacer otro viaje en dirección contraria. Hay que recorrer atrás en el tiempo hacia el Big Bang. Para ello… tengo que presentarte a un americano un poco fantasma que cambió la forma en que vemos el universo, contarte una de las peleas más importantes de la historia y uno de los descubrimientos más locos de todos los tiempos. *You are going to flipate*, tío.

—Salud.

2

—¿Sabes una cosa que me cuesta mucho llevar y que envidio de Newton? Yo odio el cambio, no sé por qué las cosas tienen que cambiar.

—¿Puedes parar un río a patadas?

—No, claro que no.

—Puedes agotar todas tus energías intentándolo, pero no va a servir de nada. Usa la energía del río a tu favor. No puedes evitar que las cosas cambien, ni los golpes de la vida, un accidente, una pandemia mundial… Lo que sí puedes hacer es dirigirlos y canalizarlos.

—Es fácil de decir; desde que murió mi madre de cáncer, ya nada es igual en casa… Ahora los cambios me dan miedo.

—Es normal que sientas miedo. El mundo moderno evoluciona a una velocidad para la que no estamos biológicamente preparados. Nuestra reacción instintiva es el miedo, es un arma biológica muy inteligente y muy útil. Lo importante aquí es qué haces con él. El miedo te bloquea y te incapacita o te hace estar alerta y vigilante.

—Yo nunca sé qué es lo que tengo que hacer.

—Nadie lo sabe. Esto no es como un examen que tiene una solución correcta. La que elijas, sea la que sea, será correcta para ti en ese momento, aunque te equivoques, porque te hará aprender. Por lo pronto, el primer paso no es negar el cambio, o pelearse con él, es abrazarlo, luchar contra él no sirve de nada. Todo cambia, siempre, nada es eterno. Recuerda, una persona no cruza dos veces el mismo río, porque ni es la misma persona ni es el mismo río. Y ahora… ¿de qué te ríes?

—Durante un segundo he pensado y me ha parecido todo muy absurdo. Llegas aquí, apareces en mi vida, contándome historias, dándome consejos… y te veo y me digo, pero ¿cómo? ¿De dónde vienes? Pareces salido de otro mundo… Es como si te hubieran congelado en el tiempo. Por cómo hablas, las expresiones… ¡tu forma de vestir!

—Como Newton, todos necesitamos nuestro tiempo. —Se acercó para susurrar—: Vale, te lo voy a confesar. Llevo cuarenta años encerrado, estudiando, investigando, aislado del mundo. Realmente nadie sabe que existo. Y nadie debe saberlo.

—Otra vez con eso… pero dime ya, ¿por qué?

—Porque nadie debe saber lo que yo hago, lo que yo digo, pero, en especial, lo que yo pienso, lo que yo sé… Recuerda, el conocimiento es un arma muy poderosa… pero ha llegado el día. Por eso he decidido volver. Estoy a punto de conseguirlo. Sé lo que no querían que supiera. Y faltan solo dos días…

—¿El bosón de Higgs?

—Calla… silencio… no lo grites… con cuidado, siempre con cuidado. No vayas a estropearlo todo.

—No, no. Yo no. Gracias. Gracias no va, no sé, da igual… Entonces… ¿vamos al Big Bang? Creo que no voy a entender nada.

—Ya sabemos que reconocer la ignorancia es algo positivo, y sabemos que la curiosidad es nuestra gasolina para avanzar, pero no te pongas límites tú, no antepongas barreras. Estoy seguro de que te sorprenderás a ti mismo. Además, hay también algo mágico en no entender algo, algo adictivo que te lleva a buscar más y más, nútrete de ello. Transforma esa frustración en curiosidad. A mí me encanta saborear ese momento en que algo no lo he entendido completamente, me hace sentir bien, vivo, y me lleva a buscar más.

Y, en definitiva, no es fácil aprender cosas nuevas, pero precisamente por eso es tan maravilloso, tan poderoso, tan reconfortante. Esa energía es la que nos lleva a persistir. Por eso la palabra de este capítulo de la historia es esa: DETERMINACIÓN, nos empuja a vencer el miedo, el bloqueo, la frustración. Es lo que necesitas para cruzar ese puente que va de la ignorancia al conocimiento. Atreverse a vencer ese miedo implica gran valentía, pero eso te fortalece, anímicamente, emocionalmente. Recuerda, determinación. Y esta palabra la personifica a la perfección un astrónomo muy peculiar, el norteamericano Edwin Hubble, el protagonista de esta historia. Vamos a despegar... Ya viajamos de Newton al futuro con la gravedad, nuestra primera parada, ahora toca viajar al pasado, justo eso, hacia el Big Bang, la segunda. Vamos a subirnos en nuestra nave y recorrer el cosmos con una máquina del tiempo. ¿Listo para que te estalle el cerebro?

—Listo —asintió el chico.

—Toca entonces viajar... al pasado. Pero antes... —dijo, poniéndose en pie sobre la silla y poniendo voz solemne—, tendremos que estar bien preparados. Ser uno de ellos. Habrá que llevar una chaqueta al uso de principios de siglo XX y ropa de época, impecable, claro está. Ni una arruga ni una mancha. Ropa con estilo, ah y con una boina. Un bastón, un reloj de bolsillo. Pero espera. Eso no es suficiente. Hagamos desaparecer de nuestro alrededor cualquier seña de modernidad, tecnología, progreso moderno... fuera relojes, móviles, aparatos de cualquier tipo...

—Baja de ahí, me estás dando vergüenza ajena.

—¡Somos caballeros de principios de siglo XX!

—Ya, ¿pero qué andas haciendo? ¿Por qué hay que hacer esto?

—Cuando uno viaja a un hecho histórico se tiene que vestir de gala, no de cualquier manera. Hay que meterse en la piel —dijo, levantando la mano al aire, y la voz—. Pero, en especial... en el cerebro. —Luego se sentó, recuperando la compostura—. Esto es lo verdaderamente importante, lo que te tienes que meter en tu cabecita. Saca las teorías modernas, lo que has aprendido en clase o en un canal cualquiera de YouTube. Es imposible entender el pasado con los ojos del presente. Deja de lado todos tus prejuicios, elimínalos, pósate, asiéntate, armoniza con ellos. No juzgues, la historia se construye del pasado al futuro, no al revés. Cualquier vista atrás es privilegiada y por lo tanto confusa, engañosa y traicionera. Si quieres entender bien lo que pasó, tenemos que «sentirnos» como ellos. Física y mentalmente. Es importante que te pongas en su lugar, que seamos uno más. ¿Somos ellos?

—Lo somos —afirmó el chico, entre convencido y confundido.

—Vale. Ahora sí, eres un joven promedio de principios de siglo xx. Y como tal... es importante que sepas las cosas que sabes, pero también las que te quedan por saber.

Sí, ya sabes que la Tierra no es el centro del universo, eso ya estaba superado, varios siglos después de Copérnico, Galileo y Newton. Darwin y Wallace ya habían propuesto un mecanismo para la aparición de especies complejas sin necesidad de invocar a un Dios creador. La mentalidad de la gente estaba cambiando, y también sus vidas, la máquina de vapor y los estudios de termodinámica multiplicaron la fuerza humana y la electrificación de las ciudades puso luz y energía en la oscuridad, el ser humano se sentía capaz de todo. Es más, una persona especialmente curiosa e informada habría oído hablar de la revolucionaria forma de entender el espacio y el tiempo de Einstein, la radiactividad en los átomos en los afortunados experimentos de Becquerel, los rayos X de Roentgen o la deriva continental de Wegener. Por supuesto que sabían que la Tierra no es plana, por suerte para ellos no había internet, ni terraplastas. Pero estamos en una época muy bonita para la ciencia. Había muchos cambios. Y llegaban a todos los lados, incluso a la misma percepción de sí mismo, el ser humano, y su relación con lo sobrenatural. Estamos entrando en el imperio de la razón. Nada escapaba de esos cambios. Aguanta el vértigo Elrubius, a principios de siglo xx todo se movía a velocidad endiablada.

En todo… menos en los cielos, ¿qué se sabía de los cielos? Muy poco. Todo lo que se había aprendido mirando arriba, a las estrellas, desde la Antigüedad: los planetas y satélites que forman el sistema solar, con el Sol en el centro; las miles de estrellas que se pueden ver a simple vista y que se agrupan desde los tiempos ancestrales en constelaciones; y algunas distancias, al Sol, a Marte y estrellas cercanas, que indicaban un sistema solar muy grande, amplio y vacío. Más allá de eso, el cielo era eterno e inmutable, un testigo de lujo de nuestros dramas y dominado por una galaxia, la única de todo el cosmos, la Vía Láctea, ese camino de «leche» que se ve en las noches claras. Como Thomas Wright lo describió en su obra de 1750, *Una teoría original o nueva hipótesis acerca del universo*: un conjunto de estrellas cuyo centro estaba integrado por una fuente de energía, bondad, moralidad y sabiduría, con el Sol en el centro, o cerca de él. Y no habría nada más, eso sería todo lo que hay. ¿Ves? ¿Elrubius? Un cielo inmutable, eterno. En las estrellas habíamos grabado nuestro miedo al cambio. El ser humano muere, pero las estrellas siempre viven, hay algo que queda y nos sobrevive, algo que guarda el recuerdo de que existimos. Está lo corruptible, lo efímero, nosotros; y lo incorruptible, lo eterno, las estrellas. Sentir que hay algo que existirá por siempre nos reconforta. No eres el único que tiene miedo al cambio.

Del resto… no se sabía nada de nada: el Big Bang, la expansión del universo, nada sobre tipos de estrellas ni su composición, ni la energía que las hace brillar. Desde luego que tampoco nada de agujeros negros ni jets de partículas, nada de energía oscura o materia oscura. Nada de nada. No existían. Y aquí hay que tener cuidado para no caer en la condescendencia ni la arrogancia; se hacía lo que se podía con lo que se tenía. El mundo de la electricidad, el magnetismo, la termodinámica o, ya puestos, la biología y la geología estaba a tu alcance y podías coger un escarabajo con tus manos —¡carajo!— o chupar piedras —qué asco—, como les gusta hacer a los geólogos. Pero las estrellas… ni tocar ni chupar.

—Evidentemente.

—«Claro, las estrellas queman, no puedes cogerlas» —dijo, poniendo voces—. «Pues vas de noche…», «Gracias, genio». No. Estudiar el universo es diferente. Porque todo está muy lejos y porque solo hay uno. Tan, tan, tan lejos… que ¿qué opciones tiene un simple *Homo sapiens* de llegar a entenderlo? De hecho, el filósofo francés Auguste Compte hizo algo que nunca se debería hacer, conjeturó que nunca se llegaría a entender de qué están hechas las estrellas. *Spoiler*, se equivocaba. Pero no es difícil ponerse en su lugar, el mundo de los cielos nos es ajeno, no solo porque parece que forma parte de otra esfera de realidad, es que todo está pinchemente lejos. Y mientras que, para estudiar, por ejemplo, el cuerpo humano cuentas con bisturís, pinzas y un largo arsenal de herramientas a las que se añadía en aquellos tiempos tecnologías como el microscopio, para estudiar las estrellas… solo tienes tus ojos, con un poco de suerte un telescopio y mucha imaginación. Esto es todo.

Y si de verdad se querían comprender los cielos había que empezar por lo más simple: medirlos, entender la escala, las distancias. Necesitas medir el cielo para saber qué lugar ocupamos en él. Y esto, creo que podemos estar de acuerdo, no es nada fácil. Y es que, piénsalo tú mismo, sin una regla que lanzar al espacio… ¿cómo puedes saber la distancia al Sol? ¿A Marte? ¿O a una estrella? ¿Cuánto mide la Tierra? ¿Y cómo saber tu lugar en el universo o qué es esto del universo si ni siquiera sabes cuánto ocupa? Esto es algo que los sabios griegos ya hacían hace más de dos mil años. ¿Te das cuenta, Elrubius? Esto no es algo nuevo, que hayamos inventado nosotros, el ser humano siempre ha sentido la necesidad de entender dónde está su lugar. Por algo será.

—Ahí llevas razón. Yo siempre quise saber cuál era el mío.

—Tengo un acertijo para ti, un reto. Tienes que medir la altura de una farola sin tocarla. Te dejo un palo y una regla. ¿Cómo harías?

—Sin subirme a la farola es imposible.

—No puedes considerar algo imposible si ni siquiera lo has intentado. Recuerda, determinación. ¿Cuál es tu principal impedimento?

—La altura de la farola, no llego hasta arriba.

—¿Habrá algo de la farola que no suba?

—¿La sombra?

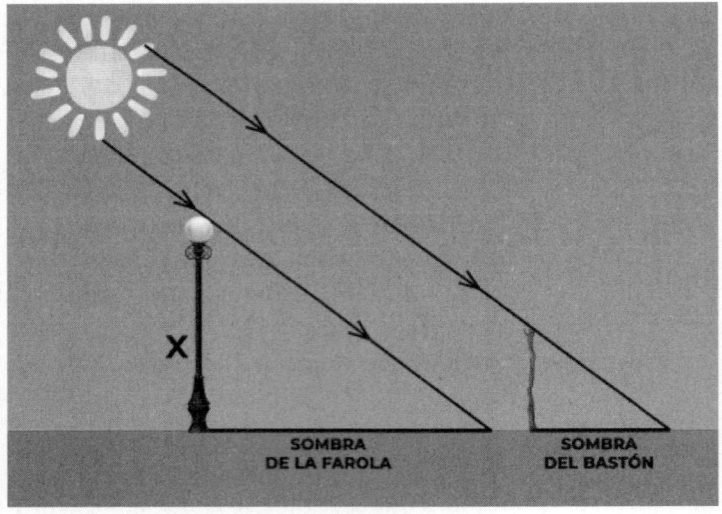

La relación entre la longitud de la sombra del bastón y el bastón ha de ser igual que
la sombra de la farola y su altura. Decimos que son triángulos semejantes. Esta
es una inteligente forma de medir la altura de algo de forma indirecta.

—Eso es. La sombra queda en el suelo, sí llegas. Y sabemos
que las sombras son proporcionales al tamaño del objeto. Si en un
momento del día un palo de un metro deja una sombra de igual
tamaño, un metro, en ese mismo momento sabemos que todo en
ese lugar deja una sombra de justo su tamaño, un coche, un árbol
o una farola. Así que medimos su sombra en ese instante y ya tenemos la altura. Sin tocarla, hemos resuelto el reto. Pues esto ya lo
pensó un sabio griego, Tales de Mileto, hace más de dos mil años.
Ideas como esta son las que transforman el mundo, simples, ele-

gantes, poderosas. Puro ingenio. Esta forma de pensar es la que define a la humanidad. Y hay más. ¿Te puedes creer que entonces con un palo y una sombra se midió el tamaño de la Tierra?

—Eso es impos… vale, ¿cómo?

—Usando el ingenio

Fue desde Alejandría, lo hizo el sabio Eratóstenes. Había oído por ahí, seguro que en una taberna, que estos griegos se lo pasaban muy bien, que el día del solsticio de verano en la ciudad de Siena, en Egipto, al mediodía solar, la luz llegaba al fondo de un pozo y las sombras desaparecían. Hoy sabemos que esto ocurre porque el Sol está en ese momento y en ese preciso lugar en la vertical, el cenit, encima directamente de sus cabezas, por eso no deja sombra. Y si eso ocurre en Siena en el solsticio es porque Siena está en el trópico. Pero este tipo, que era muy listo, leía mucho (era bibliotecario de la famosa biblioteca de Alejandría) y sabía muchas matemáticas, esta información que tú la habrías tuiteado y ya, él la convirtió en una valiosísima herramienta para medir la Tierra. Sabiendo esto, ese mismo día, a esa misma hora, en su ciudad, Alejandría, puso un palo y midió su sombra. Mandó a alguien a contar los pasos desde su ciudad, Alejandría, hasta Siena. ¡A cientos de kilómetros! Pobre, seguro que era su becario. Con esta información, la longitud de la sombra y la distancia entre las dos ciudades, y nada más que esta información, fue capaz de calcular el tamaño de la Tierra y lo más flipante de todo, le dio un valor muy cercano al real, unos 40.000 kilómetros de circunferencia. Un triple que ni Curry.

—¿Cómo? No entiendo.

—Ah, sí, Curry…

—No, eso ya lo sé, fue la mascota de las olimpiadas esas de Barcelona.

—Eh… no, es un jugador de baloncesto, ese era Cobi.

—No, me refiero a cómo lo hizo, no lo entiendo.

—Pues pensando mucho y usando sus conocimientos de trigonometría. —Sacó un lápiz y se puso a dibujar en un papel—. Es cosa de ángulos y distancias. Más o menos. ¿No es increíble el poder de la mente? ¿Tener tal grado de abstracción de ideas como para reducir lo complejo a algo tan sencillo? Frente a una regla kilométrica que debiera haber usado, le bastó con un palo y mucho ingenio. Es terriblemente bello. La belleza está en la elegancia. Entonces, ¿ves cómo no es imposible? De hecho, el mayor riesgo de esta historia es que te haga pensar que es una idea feliz, puntual. Los sabios clásicos dedicaban su vida entera a pensar y meditar sobre el mundo, sobre la naturaleza. Y lo hacían por placer, por gusto, por amor, es más, lo llamaban así, «filo-sofía», ese era su sentido de la vida. Por eso dieron con ideas tan sutiles, tan sabias, algunas de ellas tan avanzadas a su tiempo que hoy en día siguen vigentes. Y tú que tan preocupado estás por el sentido de la vida… ahí lo tienes, una vez más. Entender quiénes somos y qué lugar ocupamos en el mundo, en el cosmos y en la naturaleza, eso es construir el edificio desde los cimientos.

—Me parece increíble. ¿Y fueron capaces también de medir las distancias a otros planetas? ¿Al Sol?

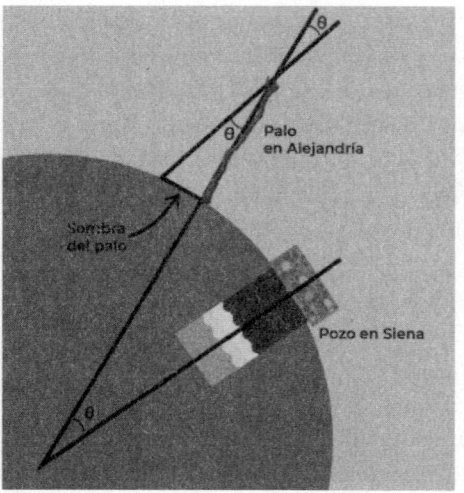

Ahora la relación entre las sombras el algo más compleja que en el caso anterior. El ángulo que hace la sombra del palo en Alejandría con el propio palo es el mismo que el ángulo entre las ciudades de Alejandría y Siena. Esto se cumple solo el día del solsticio de verano y al mediodía solar. De ahí obtener el radio de la Tierra es inmediato, puesto que el arco (distancia entre las ciudades) es el ángulo por el radio de la Tierra. Es un interesante ejercicio para hacer el día del solsticio de verano.

—¿Los griegos? Aristarco consiguió muy buenas medidas de las distancias a la Luna y al Sol. Y hoy en día nos sigue asombrando cómo lo hizo, hace más de dos mil años, mucho antes de que se crearan instrumentos tan básicos para medir como... un cronómetro. Aunque una buena medición de las dimensiones del cosmos no se conseguiría hasta la era moderna. Y no de esta forma, sino con otros métodos. Por ejemplo, lo que se conoce como el método de paralaje, que es el que usa tu cerebro. Haz esta prueba. Estira bien tu brazo derecho y coloca el pulgar como dando un *like* hacia arriba y ponlo con algo que tengas al fondo de referencia, los libros de la estantería, pongamos por caso. Ahora cierra alternativamente los ojos derecho e izquierdo, primero uno, luego el otro.

—Vaya... sí, el pulgar parece que se está moviendo a un lado y a otro.

—Pues ahora acerca el pulgar, como a 10 centímetros de tu cara y vuelve a hacer lo mismo. ¿Ves?

—Sí, sí. Ahora el movimiento aparente del pulgar cuando cierro los ojos es mayor.

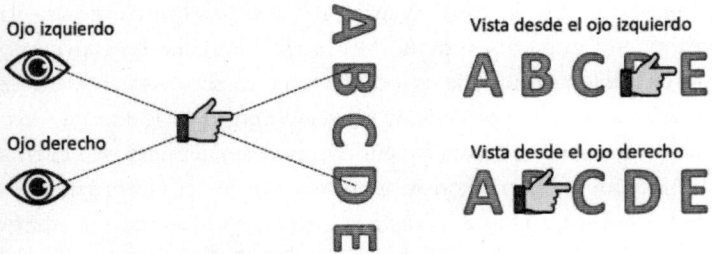

Dos puntos de vista diferentes van a ver distintas posiciones
de un objeto intermedio respecto de un objeto lejano.

—Vale, pues ahí tenemos mucha física. Podemos decir que el movimiento aparente en la posición de un objeto respecto a un fondo fijo es mayor cuanto más cerca está el objeto. Si lo piensas bien de forma angular vas a entender por qué. Los dos ojos y el dedo gordo forman un triángulo; cuanto más lejos esté el dedo, más estirado es este triángulo y menos varía lo que ve cada uno de los ojos. Y esto sirve para medir distancias, dándole la vuelta. Si cuanto más lejos está el dedo, más separadas aparecen las dos posiciones según miras con un ojo u otro, saber lo separadas que están las posiciones sirve para conocer la distancia. De hecho, es así como calculas distancias en el día a día, si puedes estirar tu brazo sin dudarlo y darle un cachetón a tu hermano —«Mi colección de cómics no se toca»—, es porque tu cerebro ha procesado las dos imágenes que vienen de tus dos ojos y ha usado la variación aparente de los objetos en cada perspectiva para «triangular» y calcular la distancia. La clave está ahí, tenemos dos ojos, un objeto que queremos calcular su distancia y un fondo fijo.

Esto mismo se puede usar para calcular distancias a las estrellas lejanas. Solo necesitamos dos puntos de observación que estén distantes, que serían como los dos ojos, cuanto más lejos entre ellos, mejor. Además, necesitamos un objeto a medir y un fondo fijo. El fondo fijo serán las estrellas del fondo —que a todos los efectos no se mueven—, el objeto a medir puede ser la estrella Sirio, por ejemplo; ¿y los dos ojos? Podrían ser dos ojos humanos, pero la realidad es que no servirían. Para medir distancias lejanas, como estrellas, necesitamos que esos ojos estén muy separados, mucho, de verdad. Como las porterías de Oliver y Benji, por lo menos. Pero mejor si están más separados aún y podría ser, teniendo en cuenta la órbita de la Tierra. Podemos aprovechar que la Tierra gira alrededor del Sol; en verano e invierno su posición es muy diferente, distante, a decir verdad se encuentra a 300 millones de kilómetros un punto del otro. ¡Perfecto! Ahí lo tenemos. Con esta técnica, conocida como paralaje, se pudo obtener la distancia a muchas estrellas, pero todas de nuestra vecindad, las cercanas, las que se «mueven» cuando las ves desde otro sitio de la órbita terrestre.

Como ves, no es fácil medir el cielo. Y con todo el ingenio y todos los esfuerzos de cientos de generaciones apenas se sabía más que esto: las distancias en el sistema solar y a las estrellas más cercanas. A principios del siglo XX, se desconocía casi todo sobre la verdadera dimensión de nuestro universo; peor aún, ni siquiera se sabía bien qué era el universo. Y a falta de más información... ¿dónde está el Sol? Pues dónde va a estar... en el centro de todo. Al mirar al cielo lo que había era una galaxia y sobre ella reinábamos nosotros. Por desgracia, a todos los efectos, poco o nada había cambiado desde tiempos de Copérnico. Ya la Tierra no era el centro del universo, sí, pero el Sol sí lo era.

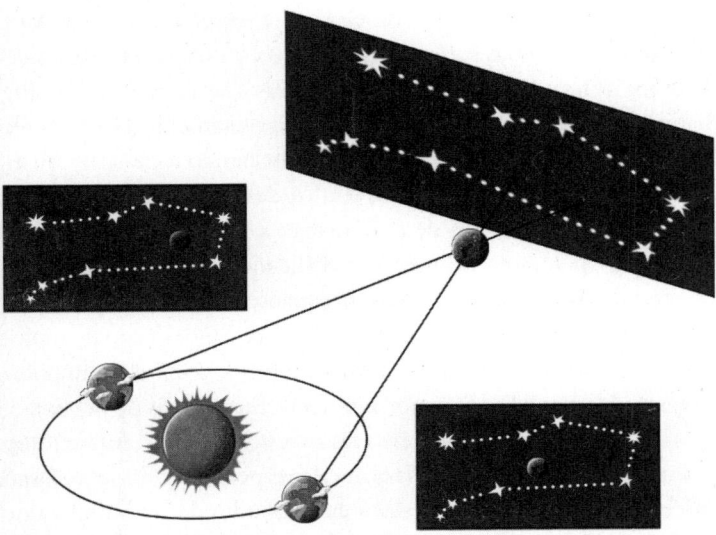

Este hecho se puede usar para calcular la distancia desde la Tierra a ese objeto intermedio (como un planeta). Tomando una imagen de ese planeta respecto a las estrellas distantes en dos momentos diferentes del año y comparando ambas imágenes, podemos ver ese «paralaje», es el nombre técnico de este efecto. Cuanto más parecidas sean ambas imágenes, más lejano es el objeto.

Así que medir las distancias se había convertido en una prioridad para entender mejor dónde estamos, pero no era nada fácil. Por eso cuando Henrietta Swan Leavitt encontró una forma superinteligente de calcular distancias a estrellas más lejanas, su hallazgo fue considerado revolucionario. Y su historia es de las que merece la pena contar para que todo el mundo la conozca.

Henrietta nació en Estados Unidos en el año 1868 en una familia acomodada de siete hijos (por experiencia ajena, en realidad tener siete hijos y estar acomodado parece contradictorio). Estudió artes en Harvard, aunque se enamoró de las matemáticas y de la astronomía. Yo no la culpo. Estuvo haciendo prácticas en el observatorio de Harvard antes de viajar durante dos años a Europa. A su vuelta, con treinta y tres años, le pidió trabajo al astrónomo Edward Pickering en el observatorio de Harvard. Pickering era un científico inusual y era visto por sus compañeros con suspicacia. Para analizar los miles de fotografías astronómicas que recogía, Pickering había confiado en un equipo formado íntegramente por mujeres, todas con estudios, que se habían ido ofreciendo a trabajar con él, muchas de ellas sin salario, con la idea de ganar experiencia. Sus compañeros se burlaban de él, llamaban a su equipo «el harén de Pickering», pero, para Edward, las habilidades de estas mujeres para analizar los datos y hacer cálculos minuciosos eran únicas y el tiempo le acabaría dando la razón. Hoy se conoce a este grupo de mujeres, muchas de ellas pioneras de la astronomía, como las computadoras de Harvard. En su mejor momento fueron más de ochenta.

De este grupo salieron grandes astrónomas como Annie Jump Cannon, que introdujo la clasificación espectral de las estrellas, o Williamina Fleming, que destacó en el estudio de la naturaleza de las enanas blancas. Henrietta Swan Leavitt sería una de ellas.

En 1903 comenzó a trabajar para Pickering. Él le encargó a Leavitt el estudio de las estrellas variables, un tipo de estrellas cuyo brillo aumenta y disminuye de forma regular, siguiendo un ciclo. Con datos del observatorio que tenía Harvard en Arequipa, Perú, Leavitt llegó a identificar más de 1.700 de estas estrellas variables. Pero lo verdaderamente importante vino en una observación brillante que publicó Leavitt en 1908 y refinó en 1912 y que estaría llamada a cambiar la historia de la astronomía. Ella se fijó en un grupo de 25 estrellas que supuso estarían todas a una misma distancia, aproximadamente. Se trataba de las que se encontraban dentro de la pequeña Nube de Magallanes. Esto era útil porque, si la distancia que hay a las estrellas era la misma desde la Tierra, la diferencia de brillo que vemos en el cielo entre esas estrellas solo se podía deber a su brillo intrínseco, a cómo brillaba cada una de ellas por sus procesos físicos. Sabiendo esto, lo que llamó la atención de Leavitt fue que en estas estrellas de brillo oscilante su ciclo era más largo cuanto más brillante era la estrella. Es decir, en ellas había una correspondencia entre la duración del ciclo y su brillo intrínseco. Y eso es fantástico. Sí, Leavitt había encontrado un método para estimar el brillo intrínseco de ciertas estrellas y, con ello, ¡su distancia! Vaya acierto contratar a Leavitt. Un fichaje que ríete tú de Benzema.

—Pero ¿cómo? Esto no lo entiendo.

—Ah, sí, Benzema… es un jugador que fichó el Madrid hace mucho tiempo, estuvo más de diez años en el equipo. Se hinchó a marcar goles el tío…

—No, no, lo de la distancia. El brillo intrínseco, la duración del ciclo… no entiendo.

—A ver, cierra los ojos. ¿Podrías saber a qué distancia estoy oyendo solo mi voz? —dijo, moviéndose por la sala.

—Pues sí, más o menos; cuanto más lejos estás, más bajo te oigo.

—Error. Eso será solo si no subo la voz. Si me oyes bajito, ¿cómo sabes si es porque estoy hablando normal, pero estoy muy lejos o estoy muy cerca, pero hablando bajo? Te pillé. Bueno, ya puedes abrir los ojos. No lo puedes saber. A no ser que yo mantenga siempre el mismo volumen, o porque el sonido sea conocido. Por ejemplo, tu perro, siempre ladra igual. Así que no hay duda, si lo oyes bajo es porque está lejos, si lo oyes alto es porque está cerca. Lo que estás haciendo, aunque no te des cuenta, es comparar su sonido «intrínseco», es decir, cómo suena si estuvieras a su lado, con cómo lo estás oyendo; cuanta más diferencia entre los dos, más lejos está. Las estrellas no hablan, pero, mejor aún, brillan. Y esto está genial, porque a la luz le pasa lo mismo que al sonido, se debilita con la distancia. No puedes usar directamente, como muchos astrónomos antes de Leavitt hicieron, lo brillante que ves una estrella en el cielo para saber su distancia, porque si es muy luminosa no consigues saber si brilla tanto por ser muy brillante o simplemente porque está muy cerca, te falta información. Justo esa información que falta es su brillo intrínseco. Si sabes eso, lo sabes todo. Necesitas el brillo intrínseco. Es lo mismo que en el caso del sonido, el brillo intrínseco es lo que vería brillar a la estrella si estoy muy cerca. Solo que si estás muy cerca de una estrella te freirías como un pollo. Henrietta encontró una forma de hallar su brillo intrínseco, de una manera indirecta, con otra información, esta sí, muy fácil de conseguir a simple vista: el periodo de brillo. Hay unas estrellas cuyo brillo sigue un ciclo, sube haciéndose cada vez más luminosa, para luego bajar de intensidad y volver a comenzar. Pero esto ya se sabía. Lo que ella vio y en lo que antes de ella nadie reparó es que este ciclo está relacionado con su brillo intrínseco. Y ahora ya lo tenemos todo. Calculando su periodo de brillo obtienes su brillo intrínseco y comparando el brillo intrínseco con el brillo aparente, cómo se ve en el cielo desde la Tierra, puedes calcular su distancia. ¡Lo tenemos! Además, esta vez no importa que esté muy lejos la estrella, este método también sirve. Es una auténtica revolución en astronomía. Quédate con esas estrellas y la historia de Leavitt, porque van a ser muy importantes, y con cómo se usan para medir distancias. Por si te lo encuentras por ahí, como una de estas estrellas variables que usó Leavitt para probar su método se llamaba Delta Cephei; hoy, en su honor, se conoce a estas estrellas variables también como estrellas cefeidas. Son estrellas importantes, son estrellas modelo, podrían desfilar de lo importantes que son. Las llamaremos estrellas Kortajarena.

Pero volvamos a la historia. Porque ahora empiezan las cosas a cambiar en el mundo de la astronomía. Igual no lo sabían todo, pero ellos eran felices así. Sí, ahora sabemos que había muchas cosas que ignoraban, pero entonces no lo sabían y, es más, no sabían que no sabían lo que no sabían, todavía más, había cosas que no sabían que no sabían que… ¡Bucle! Perdona.

Lo que sabían encajaba bastante bien en su visión del mundo, así que todo bien, todo correcto, y yo me alegro. Bueno, siendo justos, había dos cosas que no sabían dónde ubicarlas bien, y eso sí les resultaba molesto. Como esos regalos raros que te hacen tus padres cuando van de viaje o en los amigos invisibles y que no sabes dónde poner. ¿Dónde coloco yo el gato chino este a escala real? O a la gente que le da por regalar penes, un pene abrebotellas, un pene sacacorchos… ¿Dónde pongo yo eso? ¿Qué gracia tiene regalar un pene? No lo entiendo. Bueno, pues más o menos parecido. Por un lado, estaban las novas, estrellas que aparecían sin más aviso en el cielo. Ocurría de forma muy esporádica; un día, sin venir a cuento, de repente, «Holi», aparecía una estrella en el cielo, sin más. Pues como Camilo, que salió de la nada, de repente, y se volvió una estrella. Camilo es una nova. Y canta fatal, pero eso es otra historia. Claro, siendo así, era inevitable preguntarse por qué, qué estaba pasando. No lo de Camilo, lo de la estrella nova. Esto era un poco raro, la verdad.

Y, por otro lado, no se sabía qué eran unas manchas extrañas que se distribuyen por aquí y por allá en nuestro universo. De hecho, te animo a que busques una de ellas, la más visible, la puedes ver tú mismo sin ayuda de ningún prismático ni telescopio. Está en la constelación de Andrómeda y es preciosa. Por ser perceptible a simple vista, ya fue referenciada en escritos tan antiguos como en el año 964, en el *Libro de las estrellas fijas,* de Abderramán Al Sufi. Pues imagina, con la llegada del telescopio serían muchas más. De hecho, cientos. En 1781 Charles Messier, en su muy famosa obra *Nebulosas y cúmulos estelares,* llegó a catalogar 103 nebulosas. Por cierto, hoy a estas nebulosas se les conoce con el nombre técnico M31 o M33, esa «M» es por el catálogo de Messier. Pero la pregunta era, que me lío con tanto dato, ¿qué son esas nebulosas? Con las observaciones de aquellos días y esos primeros telescopios era imposible saber más.

Bueno, pues ya tenemos todos los ingredientes sobre la mesa. Esto era todo lo que se sabía: los planetas, el sistema solar, la Vía Láctea y las distancias de nuestro entorno; y también lo que no se sabía, básicamente el resto y en particular estas dos cositas. Pero todo estaba bien. No era un drama y todo encajaba bien. Qué más da si no se sabe todo. Sí, entiéndelo de esta manera, el cielo jugaba un papel muy secundario en la historia del universo y en la vida de la gente para la mentalidad de esa época. Lo que importaba estaba aquí, en tierra firme. Y lo que no se sabía, esos huecos, ya los rellenaban con religión, mitología, superstición… o lo que cada uno prefiriera. Así que con lo que se sabía se vivía la mar de bien. Es más, con lo que se sabía se podía acomodar al cielo para que nos hiciera sentir mejor. Y asunto cerrado. A fin de cuentas, el cielo era un buen espejo donde mirarse y se podía adaptar su historia para poner el mundo a nuestra escala, a nuestra misma medida, hecho para nosotros y nuestros intereses. Que no sabemos de dónde surgió el mundo, mejor, así tenemos un mundo eterno y sin cambios, que ha existido siempre, y que no nos molesta. Un mundo eterno y sin cambio, y ahí está otra vez la necesidad de que haya cosas que no se muevan. Así, el cielo se convierte en un escenario ideal para nuestros dramas diarios, nuestras miserias, nuestras novelas de las tres de la tarde: un romance con un político, casado y con cuatro hijos, la empresa en quiebra, unos documentos filtrados a la competencia o una caca de perro que acabas de pisar y te manda de boca contra el suelo. Las típicas desgracias diarias de esta especie tan imperfecta. Pensar así nos podía hacer sentir más importantes, más relevantes: la Tierra es el escenario de nuestras vidas, un teatro ideal para que luzcan nuestras penurias, nuestras pasiones, nuestras desventuras, nuestros éxitos y virtudes. Y el cielo ahí, como espectador, un testigo fiel de nuestros dramas. El cielo hecho para la humanidad, a medida de sus miserias. Un cielo, digámoslo así, que no nos da más problemas. Nos acompaña, nos reconforta, nos guía. Pero estaría ahí, fijo, inerte, eterno, un observador pasivo, un simple decorado en la función. Un lugar donde reposar nuestros miedos y nuestras angustias. Que haga sentir seguridad, sentirse en «casa». Volvemos otra vez a lo mismo, Elrubius, un cielo eterno a prueba de nuestros miedos. Pero las cosas pronto iban a cambiar.

El siglo XX iba a traer tres cambios que resultarían fundamentales para una mejor comprensión del cosmos. El primero fue que, al fin, se tenía una teoría para estudiar el universo. Era la relatividad general de Einstein, un Newton 2.0, un Newton chetado mamadísimo que había creado un *upgrade* de la teoría de la gravedad de Newton, con nuevos *features* que permitían echar un ojo diferente al universo. Con la relatividad general se disponía de una herramienta matemática para responder preguntas que anteriormente no es solo que no se podían responder, es que no tenía siquiera sentido plantearse: ¿cómo evoluciona el universo? ¿Cómo muere una estrella? ¿Por qué no tengo novia? La relatividad te lo dice: «Porque eres muy feo». La relatividad puede ser muy cruel. Era algo increíble, porque, por fin, se contaba con una teoría científica que abarcara la inmensidad del espacio, pero también del tiempo. El segundo cambio fue que la astronomía se profesionalizó. Dejó de ser una actividad de extravagantes ricos, un club de nerds pijos al servicio de un rey o de curiosos y talentosos buscadores solitarios y empezaron a establecerse los primeros observatorios astronómicos, con grandes telescopios diseñados y operados por equipos científicos, como el observatorio del Harvard College, el observatorio de Monte Wilson o el observatorio de Lowell, ya a mediados del siglo XIX. Los tres, por cierto, serán protagonistas de esta historia. Y el tercer cambio… el tercer cambio lo he olvidado. Siempre me pasa.

Así, ya estaban todos los ingredientes listos para una gran revolución, una revolución silenciosa, de la que muy poca gente ha oído hablar, pero que iba finalmente a colocarnos en nuestro lugar en el universo. Pero, como ocurre tantas veces en la historia, la revolución nació de una crisis, para ser exactos de una tremenda. Un choque de ideas que iba a generar un brutal sismo en la ciencia. Una pelea por dilucidar la naturaleza de nuestro cosmos.

—Hasta en la ciencia hay peleas. No tenemos remedio —sentenció Elrubius.

—Peeeeeero, antes de la pelea —dijo, como si no le hubiera oído y nuevamente subiéndose a la silla—, creo que es hora de ir conociendo a los contrincantes. A la derecha del ring, con calzones rojos, unos puños que podrían partir una estrella de neutrones por la mitad y dilatar el tiempo a hostias sin moverse del sofá, pectorales de *adamantium* y hombros de *vibranium*, el doble campeón del mundo de la UFC (Unión de Físicos Cuánticos, claro, todos peleando, lanzándose funciones de onda), el astrónomo americano Harlow Shapley. Aplausos —pidió, bajándose de la silla.

—¿Aplausos?

—Sí, tú aplaude.

—Creo que nunca me acostumbraré a esto.

—¿Quién es? ¿Qué hizo? Pues te cuento, porque su vida es divertida. De hecho, si eres de esas personas que se agobia porque no tiene claro su futuro, se siente perdido… pues relájate y disfruta. Estoy seguro de que no lo superas. Nació en Misuri en 1885. Su primer trabajo de juventud fue en un periódico, de reportero, lo que lo inclinó hacia el periodismo. Pero como en su universidad esta carrera no existía, decidió que elegiría sus estudios de forma concienzuda y bien reflexionada… al azar, sí, sí, a boleo, Tomó la revista de la universidad donde salía la lista de carreras y empezó por el principio, la «A». Leyó «astronomía» y dijo: «Messirve». Ya tenía futuro. Fácil, rápido, barato y para toda la familia. Terminó la carrera y en 1914 entró a trabajar en el observatorio de Monte

Wilson, en California. Este no era cualquier sitio, tendría el gran honor de operar con el mayor telescopio construido hasta la fecha. Yo, si fuera él, lo habría llamado «la bestia», para impresionar y llevarme ligues a mostrarles «la bestia». Y no tardaría Shapley en sacarle brillo a su nuevo juguetito, y no porque le gustara pasarle el trapo con el Don Limpio, no, con los datos, madre mía, parece que tenía prisa este tipo. A decir verdad, lo que consiguió no se veía desde Copérnico. Nuestro Shapley, ese que iba más para hacerle una exclusiva a Isabel Pantoja que para sucesor de Kepler, muestra entre 1918 y 1919 que el Sol, nuestro Sol, la estrella que con su calor nos da la vida… esa estrella… un redoble de tambor, por favor, para ponerle emoción de verdad… otro redoble más, que nunca sobran… y… un poco más, ya casi estamos… sé que estás oyendo el redoble en tu cabeza, lo sé… y… *tachán*: no era el centro de la Vía Láctea. ¡Oh no! La humanidad una vez más despojada de su posición central y prominente, una vez más condenada a la vulgaridad. ¿Cómo puede ser? Si somos tan especiales… con nuestros bailes, con nuestros memes, con la comic sans… El cambio pica, Elrubius, ¿ves? Incomoda. Remueve por dentro. Y lo más interesante es que esto no era todo, hay más, esto era solo el principio. ¡Tururú!

En esos mismos estudios, Shapley fue capaz de hacer una nueva estimación del tamaño de nuestra galaxia, la Vía Láctea, y el resultado no lo podía esperar. Sé que suena a título de vídeo de YouTube de *clickbait*, de esos «cien por cien real, no *fake*», pero es que era así, literal: le dio 300.000 años luz, definitivamente muy grande, mucho más de lo que se esperaba. Es como esos exámenes que sabes que tiene que salir 4, 20 o máximo 50 pero te sale 300.000. Qué raro, te hace sospechar. Aquí igual, solo que él sabía que el cálculo estaba bien. Pero… ¿cómo podía ser? 300.000 años luz es mucho. Intenta conceptualizarlo. Agarra bien fuerte tus calzones, o lo que lleves puesto, yo no te voy a juzgar. Un año luz es la distancia que recorre la luz en un año, y resultan ser nada más y nada menos que 9 billones de kilómetros, billones con «b» de… billón. Pues ahora imagina 300.000 veces esto, es definitivamente mucho. Y yo que me canso corriendo 1 kilómetro, imagina, 300.000 veces 9 billones de kilómetros. Como para ir haciendo autostop. O ir por la carretera secundaria, la que pasa por los pueblos. No hay manera. Y vaya *shock*, hasta aquel entonces el mundo era lo que podíamos ver y nada más, no diría que pequeño para tampoco pasarnos, pero sí algo recogidito. Tímido. Familiar. Ahora se extendía hasta mucho más allá de nuestro alcance, peor aún, mucho más allá de lo que podíamos acaso imaginar. Mucho más allá de lo que podíamos imaginar, que podíamos imaginar, mucho más allá de lo que podíamos imaginar que… ¡Bucle! Perdona, otra vez. Pero cómo no sentir miedo, vértigo, ¿Elrubius?

Pues este es el primer luchador, Harlow Shapley, un tipo que, como ves, estaba en plena forma. Hacía dominadas con una mano, abría botellas de cerveza con los ojos y era capaz de mandar audios de menos de un minuto. Tremendo nuestro primer contrincante.

—Veamos quién es el segundo. —Elrubius se llevó una mano a la cara al ver que se subía de nuevo a la silla.

—Y en el lado izquierdo del ring —dijo, soltándole una mirada de desaprobación—, calzón azul, bata de Hello Kitty, unos pectorales tan bien formados que están a punto de iniciar reacciones nucleares y las abdominales que parecen hechas con el molde del tejido del espacio-tiempo de Einstein, invicto en el circuito de la WWF (no confundir con la WWE, la World Wrestling Entertainment, en los combates de la WWF gana el que mejor acaricia un tigre cachorro, de menos de tres meses), el también astrónomo gringo Heber Curtis. Aplausos.

—¿Más aplausos?

—¿Quién es? ¿Qué hizo? —continuó, ignorando la pregunta—. Como si fuera una maldición, la historia del otro contrincante tampoco fue muy clara, que digamos. Curtis nació en 1872 en

Michigan, Estados Unidos. Sus primeros pasos profesionales fueron impartiendo clases en lenguas clásicas. Para luego, finalmente y para nuestro alivio (y el de toda su familia), pasarse a la astronomía. Por lo menos, ya se sabía el alfabeto griego, que, para la física, desde pi hasta mu, es muy útil, eso ya lo tenía ganado. En 1902 comenzó a trabajar en el observatorio Lick, en California, tomando datos de nebulosas. Y es ahí donde empezó a discrepar con los resultados sorprendentes que Shapley había publicado. Para Curtis estos no tenían ningún sentido. Tenía que haber algo mal en las medidas de Shapley. Primero, le incomodaba el nuevo papel del Sol en los suburbios del sistema solar, su lugar era otro, por supuesto, en el centro de la galaxia, la Vía Láctea. Sin embargo, a esta no la veía como la única galaxia del universo; por el contrario, creía que era solo una de muchas otras. ¿Y dónde estarían esas otras galaxias? Serían esas nubes raras que nadie sabía bien qué eran, las nebulosas, como Andrómeda o las Nubes de Magallanes. Así, el universo se desarrollaría al estilo de como lo veía el filósofo alemán Inmanuel Kant, autor de ese libro que se puede usar como método de tortura, *Crítica de la razón pura*. Para Kant, el universo estaba formado por una plétora de galaxias separadas por espacio vacío, en un modelo que denominó «universos isla»: las galaxias como islas aisladas en un océano de espacio vacío. Curtis le dio *like* a la idea, y respondió con el *gif* de Carlton bailando. Ya estaba todo listo para la gran pelea. Curtis tenía los puños *ready* para repartirle a Shapley hasta en el carné de astrónomo del Monte Wilson. Shapley lo había forrado, por si acaso.

—Mira que llegas a hacer el payaso. Sigue, anda, que esto parece ponerse interesante.

—Y así llegamos, amigos y amigas, al día de la pesada —dijo, actuando como si fuera el *speaker* del combate—. ¡Pero qué tenemos!, el ambiente se está caldeando por momentos, parece que los ánimos están al rojo vivo. Y, ojo, me dicen por el pinganillo que empiezan ya con los insultos. Shapley dice que Curtis está loco.

Que cómo va a ser Andrómeda una nebulosa fuera de nuestra galaxia, que eso no tiene sentido, si fuera así entonces la nova que se vio en Andrómeda en el año 1885 para apreciarse del modo que se hizo desde la Tierra estando tan lejos debería haber brillado como mil millones de estrellas, y eso es imposible. Que eso no tiene sentido, que está chalado. Y le llamó cara anchoa. *Ohhhhhhh*. Además, sus ideas no parecían ser compatibles con los datos del movimiento de estrellas, si Andrómeda está tan lejos como decía Curtis que estaba, entonces debería estar moviéndose a una velocidad superior a la de la luz. Qué duro ha arrancado Shapley. Le ha llamado flipado. Te voy a zurrar, le ha amenazado. Y… Curtis… Curtis… solo ha dicho «ª». Tremendo.

—Tranquilo, tío, que te va a dar algo.

—Estamos ante al gran combate del siglo —continuó, tras calmarse y recuperar la compostura—. Ni Flash contra Superman, ni Cristiano contra Messi, iba a ser Curtis contra Shapley. El escenario fue el Museo Smithsoniano de Historia Natural, en el año 1920. De testigo, en primera fila, nada más y nada menos que Albert Einstein. Hoy a esta página de la historia se le conoce como el Gran Debate, y no es para menos teniendo en cuenta lo que había en juego, la última gran oportunidad de mantener al ser humano en un lugar digno dentro de la creación, en el centro de algo. En un lado Heber Curtis, en el otro Harlow Shapley —volvió a la carga, subiéndose otra vez a la silla con el boli haciendo de micrófono—, frente a frente, uno y otro, mirada desafiante… suena el dong, ¡comienza el combate! Señores y señoras, no se pierdan nada, esto va a ser épico. Y arranca con gran intensidad, directo de derecha, gancho de izquierda, juego de pies a un lado y al otro, golpe bajo, *smash* en la cara, no, eso es de tenis, *croché* en la cara y… ojo, que me dicen por el pinganillo… —Se llevó la mano al oído derecho—. El árbitro… ¿para el combate…? ¿Pero cuándo se ha visto algo así? Vemos cómo se baja del ring y toma camino de vestuarios… Esto es inaudito. Me dicen… sí, me dicen por el pinganillo que solo ha dicho que se ha olvidado de recoger la ropa del tendedero y que ha comenzado a llover. Así que lo deja como está y da el combate… por empate, esto es increíble. Empate. Cada uno defendió su visión con sus herramientas sin dar un paso atrás y sin jugársela mucho. La verdad es que a la salida no quedó nada claro cuál sería la visión final del universo. Estábamos como antes.

—Yo lo que no entiendo es que se pelee la gente por unas ideas.

—Bueno, no es así literal, es una confrontación intelectual, de modos de ver el mundo. Eso alimenta y fortalece el espíritu científico. Pero, además, recuerda… las grandes revoluciones a veces implican abandonar ideas muy arraigadas. Cosas que tenemos tan integradas que casi diría que forman parte de nosotros mismos. Y eso cuesta mucho. Cuando se ponen en duda esas ideas, a veces aparece el miedo, desasosiego, y muchos se rebelan. Se siente que atacan tu propia identidad. Por eso las mejores ideas de la historia, las que de verdad transforman la ciencia, vienen casi siempre de gente joven. Y también por eso siempre reciben gran rechazo y generan tensión. A veces se tardan muchas décadas en asumir esas nuevas ideas. Tanto que se dice que las nuevas ideas se consolidan no porque consiguen convencer a sus rivales, sino porque estos se mueren. Einstein afirmaba que era más fácil desintegrar un átomo que un prejuicio. Yo creo que tenía razón. Esta historia no sería una excepción: se requería una revolución, el choque de ideas genera tensión, se necesitaba una mente joven para deshacer el lío.

En una de las sillas presenciando la pelea, si no de cuerpo presente al menos metafóricamente, estaba un joven astrónomo americano dispuesto a tomar el relevo, subirse al ring con la toalla y terminar lo que se había dejado a medias. Había recogido el guante. Él estaba convencido de poder llegar al fondo del asunto. Su nombre: Edwin Hubble.

Hubble tenía treinta y un años cuando tuvo lugar el Gran Debate y era ya entonces un astrónomo preparado para ascender a la cumbre del éxito. Su camino no fue fácil, ni recto, para no variar, como el del resto de esta historia, básicamente. Hubble nació en 1889, en Misuri. Desde pequeño destacó por sus dotes atléticas más que por las intelectuales; le daba al atletismo, al béisbol, al fútbol e incluso el boxeo de alto nivel. Este daba unas hostias que ni el cura del pueblo. Y, como ves, no solo intelectuales. Hubble también llegó a la ciencia de rebote. Estudió derecho, lo cual amplió con idiomas y literatura de visita en Oxford, Inglaterra. Allí se embriagó de la sofisticación británica y adoptó esa personalidad que ha llegado a nuestros días, una persona refinada, de alta sociedad, siempre elegante, vistiendo impecable y con acento británico. Pero qué me estás contando papafrita, si estuviste un par de años en Inglaterra, qué acento *british* es ese.

Pero, como puedes imaginar, en algún punto la ciencia se cruzaría en su camino. Volvió a la Universidad de Chicago, pero ahora para estudiar astronomía recibiendo su doctorado en 1917. Cosas de esos años, fue terminar el doctorado y partir a la guerra, con el ejército de Estados Unidos en el bando aliado. Cuando regresó de la guerra en 1919 comenzó la leyenda. Recuerda que 1920 es el año del Gran Debate, y que en juego estaba la concepción de nuestro universo.

Se podría decir que al talento de Hubble le favoreció un buen golpe de buena suerte: estaba en el lugar adecuado, el Monte Wilson, donde Shapley había hecho sus investigaciones, operando el mayor telescopio del mundo, «la bestia», que además Shapley había limpiado con Don Limpio, y en el momento adecuado, al calor de la velada del año, el gran combate, el debate sobre la posición de la Vía Láctea en el universo. Quería conseguir grandes cosas y estaba preparado para ello.

—Parece justo lo contrario que Newton. Una persona muy segura de sí misma, muy confiada. Y con mucha suerte. Lo tuvo muy fácil. Me da envidia.

—Tómalo mejor como un aprendizaje. De Newton sacamos ese motor de curiosidad que le movía y le impulsaba a ser mejor. Encontró ahí su lugar, su sitio. Hubble... quería pasar a la historia por sus descubrimientos y a cualquier coste. Era muy ambicioso. La ambición te puede cegar. Pero aquí está la clave, consiguió transformar esa ambición en movimiento; la ambición en sí misma no tiene gran valor, es la forma en la que canalizó esa ambición para dotarla de acción lo que le permitió cumplir sus metas. Ingenuamente podrías suponer que fue una persona con suerte, por estar en el lugar adecuado. No. Sus logros fueron gracias a esa mezcla de arrojo, determinación y búsqueda constante. *Audaces fortuna iuvat*, Elrubius, la suerte favorece a los audaces, Virgilio, recuérdalo. Hubble fue muy audaz.

El primer éxito de Hubble consistió en descomponer la nebulosa de Andrómeda en estrellas individuales y pudo identificar en ellas unas muy especiales, las más populares entre las estrellas para los astrónomos, las estrellas Kortajarena que ya te conté, son las estrellas variables cefeidas.

Hubble fue a por cobre y había encontrado oro, mejor que oro, un kebab abierto a las seis de la mañana a dos calles de la discoteca, sin fila y que ponen reguetón de fondo para animar. Había encontrado lo que necesitaba, variables cefeidas. Y ya lo tenía todo, porque, como había mostrado Leavitt, con su periodo que es fácil de calcular, puede saber el brillo intrínseco, y con este y su luminosidad aparente, también sencillo de obtener, podía calcular su distancia. Ya lo tenía todo, repito. Contaba con lo que se necesitaba para llegar al fondo de la cuestión, para resolver la gran duda y este era el resultado, redoble de tambor... el resultado fue... otro redoble de tambor, y retriple de tambor, y cuádruple de tambor... *tururú*: estas estrellas estaban a 900.000 años luz de distancia. No podían estar dentro de la Vía Láctea. Era otra galaxia. La Vía Láctea no era la única galaxia del universo. Caso cerrado.

Pero, para Hubble, esto era solo un pequeño aperitivo, como cuando en un *catering* de estos de estar de pie salen con las bandejas y solo te llegan esos panecillos con una anchoa, unas aceitunitas mal puestas o un minichupito de gazpacho. Que dices... a ver esto no es serio... ¿Dónde está el jamón, y el entrecot, la sustancia? La tortilla de papas, ¿dónde está? ¿Se creen que vine por la conferencia? ¿Me están tomando el pelo? Pues eso, él quería mucho más. Y podía conseguirlo. Durante los cinco años siguientes, Hubble fue acumulando más y más pruebas de la verdadera dimensión de nuestro universo, y los números no paraban de crecer. Al cabo de su investigación, el universo había tomado verdaderas dimensiones épicas, superaba los 500 millones de años luz, mucho más de lo que jamás se habría imaginado. Más de lo que jamás nadie habrá imaginado que habría imaginado, no, es más de lo que nadie habría imaginado que nadie habría imaginado que...

Perdón, entro en bucle. Solo recuerda que ya la gente flipó en colores cuando Shapley anunció que la vía Láctea tenía 300.000 años luz de tamaño. Pues, *pringaos*, eso no es nada. Y lo que costó imaginar que hubiera más de una galaxia. Pues bien, Hubble «estiró» el universo existente de los 300.000 años luz a los 500 millones de años luz, más de mil veces más. Un espacio tan grande que en él cabían más de 100 millones de galaxias. Nuestra galaxia, la Vía Láctea, sería solo una de ellas. Qué mareo.

El debate finalmente estaba resuelto al 10.000 por ciento, sí, la Tierra no solo no es el centro del universo, el ser humano no es el centro de la creación, es que ni siquiera nuestra galaxia es la única que existe y vivimos en un cosmos repleto de galaxias, llenas de estrellas y posibles mundos. El universo es verdaderamente inmenso.

Pero Hubble estaba en racha, estaba caliente, estaba *on fire*, estaba en modo Super Saiyan Blue Kaioken, vamos, que quería más. Le salía todo. Recuerda la palabra clave: determinación. Era ambicioso y tenía el arrojo para culminar su ambición. Así que se puso con un reto aún mayor: comenzó a estudiar la evolución de las galaxias. Pero, para entender lo que hizo, cómo lo hizo, por qué lo hizo y cuánto lo hizo, bueno, eso no, que no tiene sentido, pero, en fin, para entender todo bien hay que hacer un *flashback*, como en las pelis.

Volvamos un segundo unos años atrás, a 1914. El astrónomo Vesto Slipher había sido capaz de medir el espectro de una docena de nebulosas. Recuerda que hemos retrocedido, por esa época todavía no se sabía que algunas de ellas eran galaxias fuera de la nuestra. Y el espectro no es un fantasma, como Hubble o Hooke, que lo eran un poco, es tomar la luz y descomponerla en sus colores, al estilo de lo que hace Pink Floyd en la portada de su disco, o el famoso experimento de Newton y el prisma con el que descubrió que la luz es gay. Esto es algo que ya se sabía entonces, desde mucho tiempo atrás: si tomas un prisma y haces que un rayo de luz lo atraviese, este se va a descomponer en sus colores originales, los colores del arcoíris. Pero lo increíble no es solo esto, sino cuando lo combinas con un telescopio, sale algo increíble, como cuando mezclas Fanta limón con Coca-Cola en un cumpleaños.

¿Qué pasa si tomas un telescopio, apuntas a una estrella y pones un prisma tras él? Saldrá un arcoíris, la luz de la estrella que estás observando se va a descomponer en los colores del arcoíris al pasar por el prisma. Esta idea es genial, brutal, de las mejores de la astronomía porque este arcoíris viene con una sorpresa de regalo, ya que, por gracia de la mecánica cuántica, Higgs la tenga en su gloria, esto es como mirar las tripas de la estrella, su código de barras, es acceder a su más íntima naturaleza, verla totalmente desnuda, nos permite obtener su «ADN». Esto es como ser portero de una discoteca de estrellas, y pedirle a todas su identificación. Mola mucho.

—No lo entiendo.

—Ah, perdona, una discoteca es un lugar donde ponen música muy alta, la gente se emborracha y empiezan a hacer el ridículo.

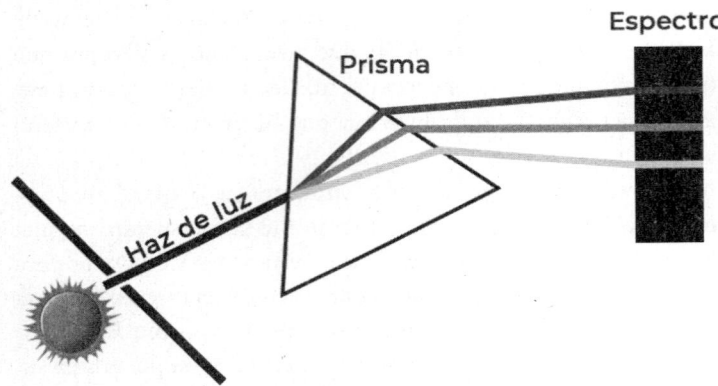

Esquema básico de un espectroscopio. Al llegar al prisma, la luz se divide en sus colores (el arcoiris). A la descomposición de la luz en estos colores es a lo que llamamos «espectro de la luz» y se puede usar para realizar un gran número de estudios.

—No, viejo, eso ya lo sabía, sigue habiendo discotecas ahora. Me refiero a lo del ADN.

—Ah. Eso entonces merece una explicación. Te cuento.

Es el efecto de lo que yo llamo el tigrecornio, el hijo bastardo nacido de la unión impura de un tigre y un unicornio. Y lo vamos a ver como mi estrella favorita, Aldebarán. Empecemos por el unicornio. Cuando un electrón se mueve emite radiación, así es como funciona de hecho una antena o tu móvil, moviendo electrones arriba y abajo, para que emitan radiación, una onda, como una ola, que viaja por el espacio en forma de mensaje y llega a otro móvil… una «o»… una «n»… «ontas», ya está. Pues eso es. Pero ahora pensemos qué es la temperatura, por ejemplo, de tu cuerpo, pues esta no es más que movimiento en vibración de electrones de tus átomos. Y ahora juntemos las dos cosas, si todo lo que tiene temperatura tiene electrones en movimiento y los electrones en movimiento emiten radiación, cualquier cuerpo del universo, solo por tener temperatura, está emitiendo radiación, está emitiendo «luz». Claro, tú te preguntarás, entonces, ¿por qué cuando apagamos la luz de una habitación de noche no brillas como Gusiluz o esos palitos fluorescentes de las discotecas? Precisamente por la misma razón por la que hago el gesto de comillas cuando digo «luz», normalmente es luz infrarroja y nuestro ojo no la capta, es luz que no se puede ver, como la que envían los mandos a distancia, o los móviles. Que menos mal que lo que envían no se ve, porque si no sería una tortura estar en un banco en un parque tomando un helado tranquilamente y ves por ahí por el aire: «Ya no te quiero, estúpido físico, te voy a cambiar por un matemático», y al rato otra luz: «Pues… multiplícate por 0». Eso no es vida. En fin, lo bueno de todo esto, ahora ya entiendes cómo funcionan las gafas de visión nocturna, son unas gafas especializadas en ver en el infrarrojo, que es un lugar donde todo brilla.

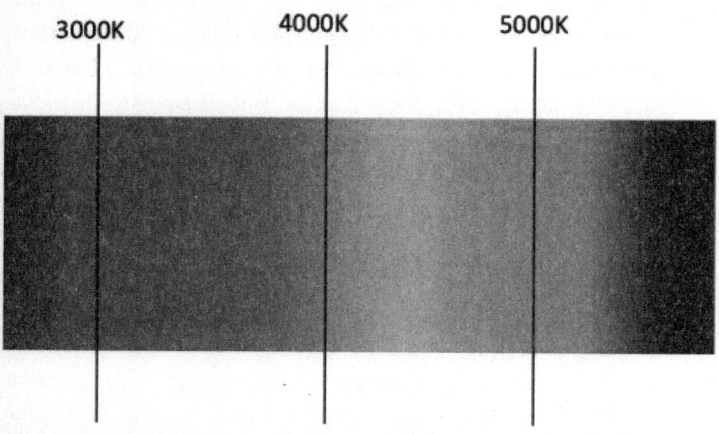

Hay una relación entre la temperatura de un cuerpo y su color. Cuanto más caliente es el cuerpo, más «azul» (derecha) se percibe (este efecto es contraintuitivo, pues solemos asociar lo rojo a lo más cálido).

Pero he aquí una cosa interesante. Tienes un cuchillo. Como tiene temperatura, emite «luz» en el infrarrojo, solo por estar ahí, de tranquis, haciendo cosas de cuchillos. Pues si yo ahora lo meto en un horno y lo caliento, los electrones cada vez vibran más rápido según sube la temperatura, por lo que su radiación va subiendo de energía, cada vez más y con ello de frecuencia. Si fuera un sonido, lo oirías pasar del do, al re, al mi… a medida que lo vas calentando, cada vez más agudo. Con esta luz igual, irá pasando del infrarrojo al rojo, de ahí al amarillo o el azul… está tomando un color visible (aunque nosotros lo veamos abajo en escala de grises). Eso explica que un cuerpo se ponga al «rojo vivo», como los vídeos de los cuchillos a mil grados en YouTube, el color de la llama de las velas o que las estrellas tengan color, es porque están muy calientes.

Veamos qué ocurre con Aldebarán. Ella es roja, y su color, de hecho, es un reflejo de su temperatura. Es roja porque su superficie está a 4.000 grados. Pero si estuviera más caliente tendría otro color. Si fuera subiendo, se pondría amarilla y más tarde blanca y finalmente azul, en torno a los 7.000 grados. En realidad, Aldebarán no emite un solo color, rojo y ya está, sino todo un rango de colores, es el espectro, no el fantasma, como Hubble, sino el espectro de radiación, los colores. Si lo ves rojo es porque el pico de su radiación está en ese color, si lo ves azul, es porque el pico está en el azul (en la imagen lo verás en escala de grises). Pero ahí lo tienes, ese es el motivo de que las estrellas tengan un espectro, ese arcoíris, que es característico de la temperatura de la estrella. Esto es el unicornio.

Ahora vamos con el tigre. Te cuento una historia. Estamos en el año 1980, en el muelle de Nueva York. Son los años en los que la producción y consumo de droga se han disparado, y cada vez las técnicas para introducirla en el país son más refinadas. Tú eres el jefe de la policía antidroga y, por Higgs, no quieres que nada ilegal pase por delante de tus narices, nunca mejor dicho. Pero no es sencillo, en especial, porque tienes muy poco presupuesto para armar un equipo de rastreo. Y tienes muchas opciones. Si quieres bloquear el paso de marihuana hay unos perros estupendos que huelen la marihuana no importa dónde esté, lo pillan todo, absolutamente todo, y no hay manera de que se les escape nada. Si lo que quieres bloquear es la cocaína, en ese caso hay unos monos entrenados que tienen el olfato superfino y no fallan nunca. Si te interesa frenar el tráfico de heroína, hay una banda de italianos que conocen a todo el mundo en el muelle y activan un dispositivo que no deja pasar nada. Tú finalmente te decides por el perro entrenado y la banda de italianos, de modo que muchas drogas consiguen pasar la aduana, pero no así la marihuana ni la heroína. El control no es perfecto, pero nada lo es.

Con las estrellas pasa algo así. Fíjate lo que ocurre con nuestra amiga, Aldebarán. Ella, como cualquier otra estrella, además de sus cosas de estrella, con su núcleo y sus capas, también tiene una atmósfera, una fina capa exterior de gas y que por estar lejos del núcleo estará más fría que su interior. Y todo va bien en la estrella, el núcleo la mantiene viva, con los procesos de fusión que generan

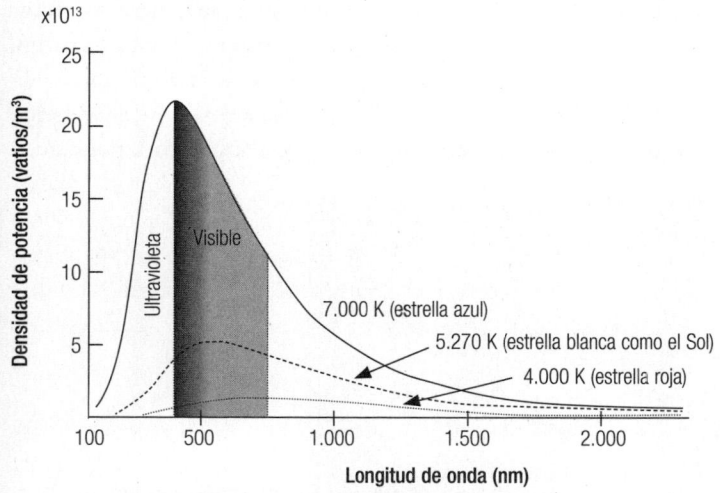

Esta curva es conocida como el «espectro del cuerpo negro».
Un cuerpo emite luz en un rango muy amplio de colores (incluso fuera, en el infrarrojo y el ultravioleta). Al aumentar la temperatura de un cuerpo, su curva se desplaza a la izquierda, hacia longitudes de onda menores. Las estrellas más calientes se ven más azules, por consiguiente.

su luz y su calor. Pero antes de escapar de la estrella, esta luz que se genera en el núcleo tiene que atravesar la atmósfera exterior. Y aquí viene lo divertido, porque esta atmósfera va a funcionar como una aduana. Esta atmósfera es capaz de absorber luz y quedársela para sí, como Gollum, «Es mi tesoro». Pero lo curioso y lo interesante es que no toda la luz, solo lo hará con ciertos muy particulares colores. Esos y solo esos. El resto la atraviesan y es la luz que nos llega del Sol. Exactamente igual que el control policial en el muelle. Esto hace que cuando mires la luz de la estrella no esté completa, hay «luz» que falta, son las líneas de absorción, ese es el tigre.

Ahora juntamos las dos cosas para formar el tigrecornio. Una estrella debido a sus características emite luz de todo tipo, formando un espectro, ese arcoíris extendido. Pero la atmósfera de la estrella va a filtrar algunas frecuencias, bloqueándolas y no dejándolas pasar. Cuando nosotros miramos esta luz de la estrella con un telescopio y ponemos un prisma detrás, veremos ese tigrecornio, un arcoíris cruzado con líneas negras, las líneas de absorción.

Pero lo interesante de verdad es lo que pasa con estas líneas. Igual que sabiendo la droga que circula por Nueva York podríamos

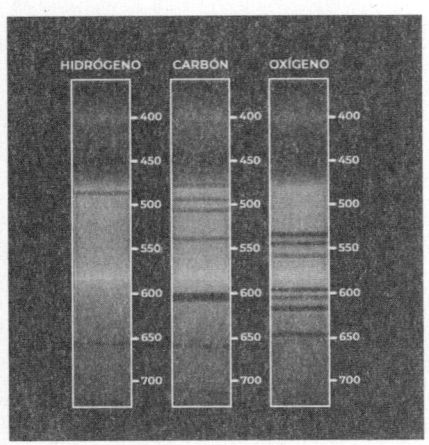

Espectro de absorción de diferentes elementos químicos, son «su huella digital». Gracias a esta huella podemos conocer la composición de una estrella muy lejana solo por medio de su luz.

saber qué servicios están contratados en la aduana —si hay monos, perros o la banda de italianos—, las líneas de este tigrecornio nos dicen mucho sobre la atmósfera de la estrella, en particular su composición. Y es que cada elemento químico de la tabla periódica, por sus propiedades cuánticas, es afín a unas determinadas líneas del espectro y solo a esas. El hidrógeno podría ser, me lo estoy inventando, a la 2, la 8 y la 16, el carbono a la 1 la 5 y la 30, el oxígeno a la 3 la 12 y la 21. Así que viendo qué líneas faltan podemos saber exactamente de qué está compuesta la atmósfera de la estrella, formando un código de barras distintivo. Tenemos su ADN, su carné de identidad, su sello característico.

Así ya tenemos el resultado, el tigrecornio de la estrella. Una estrella, por un lado, es un unicornio, su luz es un espectro amplio de radiación con todos los colores imaginables del arcoíris a la temperatura de la estrella; por otro, es un tigre, con líneas de absorción, aquí y allá, dependiendo de los elementos químicos en su atmósfera. Ahora, sí, puedes seguir feliz con tu vida, ya conoces el tigrecornio.

Lo interesante y fantástico de todo esto, con lo que te tienes que quedar de toda esta historia, es que las estrellas, cuando emiten su luz, dejan unas líneas en el espectro, que esas líneas están perfectamente catalogadas y nos indican la composición química de la atmósfera de la estrella. Es su ADN, su número de identificación, su código de barras. Y se conoce perfectamente para cada estrella, al detalle.

Pues cuando Slipher tomó el espectro de las estrellas que estaba estudiando observó algo muy, muy loco. El tigrecornio de una estrella, es decir, sus líneas espectrales de absorción, ojo, no vayas a poner tigrecornio en un examen que te suspenden, se puede conocer muy bien hasta tal punto que una mínima variación no pasa desapercibida. Pues bien, Slipher vio que las líneas del tigre no estaban donde debían, donde se esperaba, sino que se habían desplazado lateralmente. Se habían movido, estaban «corridas» en el espectro. *Guau*. Esto no fue difícil de explicar para Slipher, «Seguramente —pensó—, sea causado por el efecto Doppler».

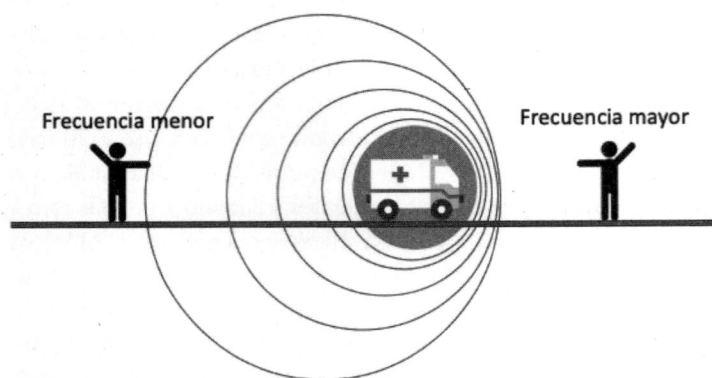

Si el cuerpo que está en movimiento emite una onda, dos personas en reposo van a recibir esta onda con menor o mayor frecuencia de la que fue emitida según si están en el sentido del movimiento del cuerpo (se recibe con mayor frecuencia, como se puede ver en la imagen) o en el sentido contrario al movimiento (ahora la frecuencia es menor). Este es el efecto Doppler, muy usado en ciencia y aplicable a cualquier tipo de onda, entre ellas la luz y el sonido.

La próxima vez que pase una ambulancia o un coche de policía cerca presta atención. Oirás cómo el sonido va cambiando con el tiempo, hace *ñiuuuuuu ñiuuuuuu*. Y no es que todos los coches del mundo, de policía, ambulancia o bomberos se hayan puesto de acuerdo para utilizar el mismo sonido raro, que cambia de frecuencia, aunque eso sería divertido. Más divertido sería si cuando pasaran pusiera como sirena la «Macarena». No, nada de eso. A lo que asistes es al efecto Doppler en acción. Te explico, cuando una fuente de sonido, como el coche de policía, se está moviendo, el sonido recibido se ve afectado por ese movimiento. De esta manera: si la ambulancia se acerca a ti, las ondas de sonido que emite estarán cada vez más apretadas debido al acercamiento, las oirás más agudas de lo que son. Si la ambulancia se aleja, ahora las ondas estarán más separadas al ir alejándose el vehículo cada vez más, percibes el sonido más grave de lo que es. Eso da lugar al sonido característico que voy a intentar reproducir aquí de viva voz y seguro que según lo digo tú lo replicas en tu cerebro, así es nuestro cerebro de simpático... ahí va... *ñiiiiiiiuuuuuuuuuuu.* Pues eso es el efecto Doppler.

Este efecto Doppler no solo se aplica al sonido; en realidad, es un fenómeno que aparece con cualquier onda, como la luz. La luz... que emite Aldebarán, por ejemplo, o cualquier estrella. Si la estrella se mueve acercándose a nosotros, las ondas se agolpan, están más apretadas, son «más agudas». Un color «más agudo» es un color más azul, son las ondas que están más apretadas de todo espectro visible. En cambio, si la fuente se aleja, entonces, por el efecto Doppler, veremos las ondas más distanciadas, «más graves», que en términos de color se corresponden con el rojo. En definitiva, esta es una buena técnica para aprender sobre el movimiento de fuentes distantes: miramos su tigrecornio, las líneas de su espectro; si vemos que estas están desplazadas al azul, es que la estrella se acerca a nosotros; si está desplazada al rojo, es que se aleja de nosotros.

En 1914, Slipher calculó el espectro de una docena de nebulosas, obtuvo sus líneas espectrales, el tigrecornio, y vio si se desplazaban al rojo o al azul. El resultado fue sorprendente: solo una de ellas se acercaba a nosotros, Andrómeda; el resto se alejaban. Cuando Slipher presentó sus resultados ese mismo año en la Asociación Americana de Astronomía en la Universidad de Evanston, con Hubble en el público, al acabar ocurrió algo inaudito en una sala de conferencias de físicos: el público se puso en pie y bailó el «Aserejé». No, mentira, se levantaron y se pusieron a aplaudir, una gran ovación. Y esto no quedó aquí. Para 1922 había ampliado su estudio a 40 nebulosas, de ellas... ¡36 estaban en retroceso!

¿Por qué la mayoría de galaxias se alejan de nosotros? Es un efecto de la expansión del universo. Mira. Imagina que tomamos un globo desinflado y le vamos a pegar monedas por la superficie, bien distribuidas. Ahora inflamos el globo, se infla. Pero lo interesante es que si nos pusiéramos encima de una de las monedas veríamos cómo el resto, todas, se alejan de nosotros. ¿Verdad? Esto solo quiere decir que el universo se expande.

Pero claro, lo más impactante no es mirar hacia el futuro... sino al pasado. Ahora vemos una película que ya tenemos clara, vemos galaxias que se separan continuamente unas de otras. Pero ¿qué ocurre si le damos a la película hacia atrás? Que comprobaremos cómo poco a poco las galaxias se van acercando unas a otras, más y más. Estamos viajando al inicio del universo. Ese momento que sería el origen de todo, no solo materia y energía, sino también tiempo y espacio. Es el inicio de toda historia, de cualquier emoción, sentimiento, cualquier drama o júbilo. Todo surgió de esta manera, un átomo primitivo como lo llamaría el creador de la teoría, o en una gran explosión, como más tarde se denominaría a esta idea, la teoría del Big Bang. Así nacía la teoría de la creación del universo.

Y ese estallido cósmico, esa furia universal creó todo lo que vemos y no vemos, todo lo que nos importa y nos resulta irrelevante, lo fascinante y lo indiferente, lo bueno y lo malo, lo bonito y lo feo, en definitiva, fue el origen de cualquier suceso, evento o circunstancia en el universo.

Pero ese momento tuvo algo también muy particular que tiene una fundamental trascendencia en nuestros días, ese momento puso en marcha el reloj del universo. Si el tiempo es lo que evita que todo lo que tiene que suceder ocurra en el mismo momento, sea lo que fuere que originó eso que llamamos tiempo tuvo origen ahí, se dio cuerda al mecanismo del cosmos y este empezó a evolucionar. Tras la creación del mismo universo, el espacio y el tiempo, este se llenó de campos cuánticos, una expansión a lo loco que colocó, como condensación de gotas de rocío en una fría mañana, miles de millones de minúsculos nudos de energía sobre cada punto del espacio-tiempo. Eran las primeras partículas, que comenzaron a vagar, acelerarse y chocar continuamente entre sí, como en un êxtasis de energía, una orgía cósmica, hasta que, de repente…, el universo se heló. La expansión diluyó su energía y no pudo contener más ese estado frenético, en un cambio de fase que «congeló» sus propiedades. Las partículas adquirieron masa, las fuerzas se diferenciaron, el universo se cubrió de una energía invisible que impregnó todo, se había activado el campo de Higgs.

—Oh, al fin ya llegamos, ¿me vas a contar qué es?

—Ya estás más cerca de poder entenderlo, ya hemos iniciado el camino para conocer qué es la gravedad, viajando al futuro, ahora hemos iniciado el camino al pasado hacia el Big Bang para entender el inicio del universo. Toca parar un segundo a disfrutar del presente.

—¿Qué presente?

—Lo que estoy construyendo, macarra. —Salvador se acercó y bajó la voz—. Tengo algo increíble. —Sus ojos brillaban, su sonrisa era pícara, traviesa—. Va a cambiar el mundo.

—¿Qué es?

—He construido… una máquina.

—¿De bosones de Higgs?

—Shhh, más bajo. Pero sí y no, o puede… quizá, tal vez. La tienes que ver con tus propios ojos, te la voy a enseñar. Pero… antes léete este libro.

—¡El de Santaolalla! ¿Estuvo en el descubrimiento del bosón de Higgs?

—Él estuvo allí, formó parte del experimento que lo descubrió. Y al leerlo vas a entender muchas cosas que necesitas saber sobre la máquina, pero también sobre ti mismo.

—A ver… Déjame, que lo leo.

3

Y ahí estaba yo en clase, delante de ese papel amarillo y tan fino que filtraba cualquier cosa debajo de él. Lo acababan de repartir a todos. Me rascaba la cabeza y miraba a los lados, indeciso; igual con suerte me aparecía una señal en alguna parte, quizás algo de repente me iluminaba y me ayudaba, o quizá tan solo lo hacía porque pensar que el resto estaba igual conseguía reconfortarme. No lo sé, de hecho, en ese momento solo estaba seguro de una cosa, de la propia duda. Era un día importante, decían, era una decisión importante, decían, todo mi futuro dependía de ese papel... pero a mí me daba exactamente igual.

Encajar

Yo era como cualquier otro adolescente, podíamos reducir todas mis preocupaciones a un único motivo: encajar. Os hablo de esa edad tan conflictiva, los catorce y los quince, aunque, en algunos casos, como el mío, se puede extender tanto como quieras, sin límite. Es una búsqueda constante por conocerte a ti mismo, saber quién eres entre tanto cambio, qué te gusta, qué buscas, y en el horizonte esa palabra, «encajar», ser aceptado, gustar.

Tuve con ello dos grandes crisis, entendiendo por crisis un sinónimo de cambio, pero a lo gordo. Bueno, para qué nos vamos a engañar, fueron crisis, crisis, de las que se usan cuando hay un código rojo, una central nuclear a punto de estallar, un misil apuntando a tu centro de operaciones o un profesor diciendo que salgas a la pizarra cuando no has hecho los deberes. Crisis, en mayúscula.

La primera fue precisamente a esa edad, entre los trece y los catorce, y se alinearon todos los planetas, entraron en la receta todos los ingredientes para un cóctel explosivo, la tormenta perfecta. Yo, ya lo he dicho, era una persona a medio formar, bueno, eso es muy optimista, digamos que un cuarto formar. Estaba en un centro religioso, ciertamente pequeño, y de barrio, adonde había llegado con ocho años como el estudiante nuevo del colegio. Llegué a las islas Canarias desde «la península», así que era un godo, como dicen en mi nueva tierra de forma cariñosa, casi siempre, o despectiva, algunas otras veces, las menos. Y caí de pie, los alumnos y profesores del nuevo colegio me recibieron de la forma más cálida y cariñosa que uno se puede imaginar, en familia. Todos. El primer día me hicieron delegado, yo ni sabía lo que era eso. Pero me sentía bien, me sentía «casa». Pero este colegio familiar te soltaba las riendas justo a esa edad, los fatídicos trece años, había que buscar nuevo destino. Un nuevo colegio. Iría, una vez más, a uno religioso, pero, en esta ocasión, uno muy distinto, grande, con miles de alumnos, y un perfil más clase alta, era el colegio más importante de la isla.

Había conseguido entrar ahí gracias a mis excelentes notas. Siempre fui una persona muy trabajadora y aunque despistado y a mi aire, olvidadizo con las fechas de los exámenes, perdía los apuntes, mezclaba las tareas, un auténtico desastre... en todo momento ganaba el yo responsable y a la hora de la verdad resolvía las cosas; aunque fuera a última hora, tenía la tarea lista y la lección aprendida. Mi yo responsable ganaba siempre a mi yo caótico, despreocupado, y encontraba la manera, ya fuese por los pelos, como Indiana Jones. La responsabilidad era tal que en sueños siempre había una recurrencia, un examen que no había preparado, era una pesadilla que venía una y otra vez a mí. Pero fue solo en sueños, nunca en mi vida me ha pasado.

Pero, a los trece años, tener buenas notas, ser responsable y obediente no son las mejores credenciales para encajar en un colegio nuevo. Entrar en el club de ajedrez y sentir fascinación por los enigmas y juegos matemáticos tampoco. Lo voy a resumir mucho, no fue fácil. Todos se conocían desde pequeños, estaban los grupos formados y eran miles... no sabía dónde meterme. Era aún peor. La adolescencia se caracteriza por ese cambio tan brusco, de niño a hombre o de niña a mujer. Te desfigura la cara, el cuerpo, la voz, te hormona, te agita, te remueve, te vapulea. Creces como un Mister Potato, totalmente desproporcionado, como si te fueran inflando con una bomba de bicicleta y el aire se distribuyera por partes, primero la nariz... las orejas. Es un gran cambio, además es brusco y repentino, como un Steve Rogers sometido a rayos Vita. Solo que luego el resultado no es el mismo, no te vuelves el Capitán América, sino Mister Potato. Y no solo afecta a tu cuerpo, también a tu mente, te reconfigura por completo. Con tus preocupaciones, tus intereses, tu forma de pensar y de sentir, eres otra persona. Atrás quedan los juegos infantiles, las fantasías, la inocencia y su lugar lo ocupan otras inquietudes, cosas de mayores, gustar a otros, el sexo, el alcohol, tu posición en el grupo... la rebeldía, la desobediencia, la insurrección... Todo cambia, las conversaciones ya no son las mismas, la forma de vestir tampoco, ni la forma de caminar, claro, todo gira en torno a lo mismo, encajar, mostrar tu valía y tu lugar, se copia al líder, se evita al débil, las relaciones se configuran en torno a lo mismo, quién eres en el grupo. A esa edad mágica y odiosa, los trece años, todos mis compañeros sufrieron una transformación, eran otras personas, se convirtieron en adultos, menos yo.

Yo tuve la desdicha, así lo veía en aquel momento, de tener un desarrollo tardío. No asomó un pelo de mi piel, por mucho que lo revisara cada día en la ducha, hasta bien entrados los dieci-

siete. No había forma. Y mira que no había cosa que quisiera más
que eso, cambiar. A los catorce, con cuerpo y cara de nueve, me sentía un niño entre hombres y mujeres. Como caminando entre gigantes, como un liliputiense entre Gullivers. ¿Cómo se puede encajar
así? No entendía las conversaciones, hablaban de pajas, de revistas
que conseguían a escondidas… ¿para qué? No entraba en los planes de nadie, no me ajustaba a ningún grupo, estaba destinado a
entenderme solo. Ese mundo no era el mío y no entendía nada de
lo que ocurría allí. Yo seguía en el cascarón, inocente, viendo cómo
mi burbuja se pinchaba y caí en un lugar hostil. Definitivamente,
no encajaba.

Fueron años de soledad, me refugié en los estudios, las revistas
de ciencia y el ajedrez. Destacar en clase no ponía las cosas fáciles
y empecé a sufrir lo que hoy llaman *bullying*. Me peleé en clase
con uno de los matones que se burlaba de mí y acabé expulsado.
Vale, me pegó él más a mí que yo a él, pero al menos intenté
defenderme. Por las noches no dormía, temiendo la voz de mi
madre por la mañana que me despertaba para ir al colegio. Para mí,
el colegio era una tortura. Y lo peor eran los recreos. Porque en
clase… bueno, estás escuchando en silencio y ya está, se pasa. ¿Pero
en el recreo? Tú solo… ¿Adónde vas? ¿Con quién te pones? Es
peor, se hacía entonces tan evidente que no encajabas, todo el
mundo lo podía ver, porque durante treinta minutos te quedabas
solo, con tu bocadillo. Se hacían eternos. Cada vez que sonaba la
campana del recreo, lo mismo, nervios, angustia y a buscar la forma
en que se notara menos que estaba solo.

Ni siquiera en los profesores encontré aliados. Alguno incluso
me ridiculizó delante de toda la clase. «¿Qué relación hay entre
números pares e impares?», preguntó un día uno de ellos. Levanté
la mano. «Que si tomas dos números pares te da un número par,
pero, en cambio, si sumas dos números impares, te da uno par». El
profesor se rio de mi respuesta, quería introducir el tema de las
series numéricas y dio una respuesta más obvia, que van a saltos

de 2. Pasé el ridículo de mi vida. Juré no volver a levantar la mano en clase. Curiosamente, en cuarto de carrera de físicas, en la asignatura de teoría de grupos, descubrí que mi respuesta era interesante, que dos números pares sumen uno par hace que los pares formen grupo con la operación suma, mientras que los impares no forman grupo. Qué oportunidad perdió el profesor de introducir un tema avanzado y una curiosidad matemática que, por cierto, da sentido a la física de partículas moderna.

Fueron dos años así, de suplicio constante, y se hicieron eternos. Me miraba al espejo y luchaba contra lo que aparecía reflejado en él, contra lo que yo era. Me veía pequeño, feo, flaco y tonto. Yo solo quería crecer para ser como ellos, lo único que quería era encajar. Pero estaba solo, terriblemente solo.

Y el tiempo pasó y vino la segunda crisis; esta ya fue diferente. En el penúltimo curso antes de entrar a la universidad se produjo el cambio. Gané un par de centímetros, salieron un par de pelos y todo empezó a acomodarse. Entendía las conversaciones y podía participar en ellas, ya contaban conmigo para algunos planes, empezaron las primeras salidas, quedar con chicas… igual sí había un sitio para mí. En este proceso, además, fue determinante el primer día de ese curso, mi tercer año en el colegio, el penúltimo antes de ir a estudiar una carrera. Cada año mezclaban las clases, de manera que tenías nuevos compañeros. Era una lotería. Y el colegio era tan grande que al final podías compartir curso con otros alumnos que, si no coincidían en tu clase, es posible que nunca llegaras a conocerlos. Por eso el día en el que se hacía el sorteo de clase era importante, y cuando salían los resultados íbamos corriendo a verlos. El corazón se ponía a latir desbocado, uno sabía lo que te jugabas en esa lotería. Tendrías al lado un *buller* o un amigo. Lo último que quiere uno es estar solo. Pues en ese penúltimo año antes de la universidad el azar quiso ponerme en ese tercero C igual que a un alumno al que en ese momento no conocía, pero que tendría un gran efecto en mi vida: Javi Moreno.

Al principio costó un poco, volvía a estar solo, así que los primeros días de ese curso fueron un infierno una vez más. Y ahí estaba él. Era un chico muy popular en el colegio, llevaba ahí desde pequeño y conocía a todos en clase. Además, caía bien a todos, era muy querido, por bromista y divertido y por esa personalidad carismática arrolladora que actuaba como un imán. Y, por supuesto, era muy *cool*, le gustaba la música, quería ser batería de un grupo y tenía ese rollo de músico rebelde con pendiente y cadenas, siempre vistiendo bien, a la moda, y que hacía las cosas a su manera. Iba a su rollo, y era esto quizá lo que le gustaba tanto al resto, lo que le daba tanta popularidad, ser indomable o rebelde, pero lo hacía además sin ser macarra, conflictivo, ni problemático en clase o el colegio. Iba en contra de las normas, alguna, pero no estaba por encima de ellas, era obediente, muy educado. Era, en realidad, lo que podríamos llamar travieso, siempre liando algo, pero de una forma muy sana, inocente, juvenil. Y resultó que, salvando las grandes diferencias que ya puedes ir imaginando, luego, en las distancias cortas, él y yo éramos muy parecidos. Me contagió su chispa, su energía y su *flow*. De repente, yo era su mejor amigo, y con ello vinieron otros, sus amigos. Éramos muchos, ya tenía un grupo, ya encajaba. Y nos juntábamos todos en el recreo, ya no había que esconderse ni fingir. Esto ya no era un suplicio. Sonaba la campana y nos reuníamos a contarnos cosas. Así fue como nos conocimos, nos hicimos almas gemelas y todo en mi mundo cambió, dejé de estar solo.

Y con esto apareció un sentimiento nuevo de seguridad en mí mismo, las cosas poco a poco comenzaron a cambiar, yo era otro. Los dos últimos años antes de la universidad fueron una bendición. Iba a clase contento y feliz, me encontraría con mis amigos, bromearíamos, haríamos alguna trastada, siempre traviesos, molestando entre nosotros, pero creo yo que de forma sana. Luego haríamos nuestros planes de escape de fin de semana, la playa, los amigos y... estudiar, sí, en algún momento, estudiar. Eso nunca dejó de estar ahí. Pero lo importante, en definitiva, era que al fin tenía mi lugar, y me encantaba.

Cuento esto no porque necesite desahogar mis penas pasadas, desquitarme de esos dos años funestos y regodearme en los otros dos años felices. Esta es mi historia y no tiene nada de especial. Cada uno tiene la suya propia. La razón por la que os hablo de ella es para compartirla y que entendáis que puede que llegue el día, ese día concreto en que, a un adolescente como yo, un día cualquiera, sin más, durante una clase como las demás, le pasan la hoja en la que tiene que sellar su futuro eligiendo sus estudios de universidad. Igual tenía todo en la cabeza menos lo que se supone que debía de tener. Y puede que yo no fuese el único.

Idílicamente, a lo largo de un extenso periodo de tiempo, uno ha sopesado pros y contras, ha revisado y cotejado opciones, ha indagado para entender los desafíos de cada profesión, sus peculiaridades, sus retos, el día a día tanto de su estudio como de su desarrollo laboral y los ha comparado con sus propias inquietudes, sus habilidades, sus metas de vida, las perspectivas de futuro, las opciones de progreso. Posiblemente, algunos adultos le han contado las características de su trabajo, quizá se haya podido incluso entrevistar con un experto, etc., y tras todo este análisis en profundidad, uno toma la elección que mejor encaja según esta perspectiva, que termina con un decidido: «Yo quiero ser…». Nada de eso había hecho yo. Aquel día, con aquella hoja delante, estaba decidiendo mi futuro, pero esto era lo último que me importaba. A mí solo me preocupaba el presente. Por más que me insistieran, me daba igual. En la mente adolescente, al menos en mi caso, solo había una cosa que me interesaba: encajar, sentirse querido y aceptado por los demás. Nada más.

Me encantaría decir que aquel fue un día especial, que marcó mi vida y que recuerdo cada detalle, desde el color de la hoja, a cómo iba vestido, qué fue lo que puse y cómo me sentí. La realidad es muy distinta. Yo no recuerdo nada de eso, ni siquiera qué opciones anoté. No recuerdo qué día fue, ni qué sentí... para mí se trató de un día más, como cualquier otro. Resulta raro, en cambio, que me acuerde perfectamente con total claridad de aquel día que hicimos una partida de cuadrado de una página entera, cuando preparamos el baile de fin de curso o la primera chica que me dio un beso en el campamento claretiano. Recuerdo de forma nítida, precisa, y no solo de forma abstracta y superficial, las emociones, los sentimientos, las miradas, las sonrisas, recuerdo con calor en el cuerpo cómo me sentí en esos momentos, en todos ellos y muchos más. Pero, precisamente de este otro, supuestamente mucho más importante, supuestamente mucho más relevante y para lo que me habían preparado a conciencia, que según me decían era el momento que marcaría mi futuro profesional y en qué me convertiría en los siguientes años, no recuerdo nada. Absolutamente nada, cero.

Y esto no está ni bien ni mal, es lo que es. Seguramente a ti, lector, te habrá pasado algo parecido, o no, yo no lo sé. Pero todos tenemos nuestra propia historia, marcada por momentos que dejan su sello inconfundible, indeleble, imborrable y otros que pasan sin ningún efecto, como si nunca hubieran existido. Haz, querido lector, el ejercicio de recordar instantes que marcaron tu adolescencia. Sentirás algo parecido a lo que yo siento, seguramente. Recordarás los momentos que despertaron más emociones, positivas o negativas, y habrás olvidado el resto. Y, por lo que he visto, por lo que he preguntado, por desgracia o por suerte, yo qué sé, en la adolescencia normalmente ninguna de estas emociones te guía en tu vida profesional, en tu futuro. Nuestro cerebro está centrado en otra cosa, mucho más importante biológicamente, evolutivamente: encajar.

Pues, sobre esa hoja —vamos a poner que era amarillenta, por especificar y darle un buen matiz a la historia, aunque, amigo lector, ya sabes que es mentira, porque no lo recuerdo—, yo debí alzar un boli azul, también por especificar, porque tampoco lo recuerdo, y debí friccionarlo con ella en dos trazos en forma de aspas para marcar mi elección sobre una casilla que decía «ingeniero superior en telecomunicaciones». Igual más bien lo rellené con texto, no sé, no recuerdo. Es irrelevante. Pero ahí estaba mi futuro ya delineado, iba a ser ingeniero.

¿Los motivos de mi elección? Bueno, ¿recuerdas eso que puse de cotejar, comparar, buscar, preguntar, investigar, planificar…? Pues nada de eso. Tenía facilidad para las matemáticas y la física, y eso hacía que me gustaran. Podría ser una ingeniería o arquitectura, que son carreras atractivas, porque luego cuentas con una buena profesión y un buen estatus, un buen sueldo y vivir bien. Además, son un reto, poca gente aprueba, y los retos me gustan. Pero, ojo, porque no era especialmente hábil con el dibujo ni me llamaban mucho la atención los ordenadores. Mi hermano —a quien yo siempre admiré mucho, quería ser como él y tenía como una especie de guía o maestro— estaba haciendo ingeniería en telecomunicaciones, y le iba bien. Seguro que me podía pasar apuntes y dar buenos consejos. Así que sí, lo tenía decidido, ingeniería en telecomunicaciones. ¿Qué era? ¿Cómo funcionaba? ¿En qué consistía? No tenía la más remota idea. Y, la verdad, no me importaba.

Te sientas o no te sientas identificado con esto que he contado, la realidad es que muchas personas eligen su futuro de una forma similar a esta, está ahí y es mucho más corriente de lo que debería. Es lo que llamamos comúnmente los adultos «estar perdido», aunque, de hecho, pasa a todas las edades. Ocurre en muchos casos, muchas veces, cuando tus preocupaciones son otras respecto a lo que haces, lo que se supone que deberías hacer o lo que te gustaría hacer. Tus deseos y tu futuro no están alineados, van por caminos distintos. A esa edad, y en estas circunstancias pasa mucho, y yo ahora me encuentro a mucha gente en esta situación: «Están perdidos». Y a otros muchos llenos de dudas, que no se ven capaces, que no están seguros de si lo conseguirán, otros con oposición familiar… no es fácil ponerse en ese lugar, la incertidumbre parece ocuparlo todo. Y de nada sirve que te digan lo importante que es esa alternativa de futuro, o te den lecciones, no te interesa, simplemente no te importa. Estás a otra. Así fue como yo decidí mi futuro.

Intento ser honesto conmigo mismo y mis decisiones, en especial las más desafortunadas. No es que quiera restar importancia a otros factores, que sí la tienen, como los profesores y la familia. No, no tuve ni un solo profesor que viera en mi facilidad para la física y la curiosidad que me rodeaba el germen de una pasión que duraría toda la vida. Mi currículo en ciencias fue estándar, lo justo y necesario para pasar los exámenes con buena nota, ni más ni menos. Los clásicos planos inclinados, poleas y demás. El único interés era que aprobáramos, no que aprendiéramos, menos aún que nos apasionáramos. Nunca se habló en clase de quarks, agujeros negros o del Big Bang, ni a toda la clase, ni de forma individual a los alumnos más avanzados o interesados (yo lo era). Se enseñó una física muerta y desprovista de pasión, como si al profesor nunca le hubiera interesado o atraído. Te doy esto y ya, porque tengo que hacerlo. En casa la ciencia tampoco fue un tema de conversación ni se fomentó de manera alguna, lo cual es razonable. Mis padres nunca estudiaron, ni siquiera terminaron secundaria, y nunca se interesaron tampoco por ningún tema científico. Ellos hicieron todo lo que estaba en su mano: cuando yo quería una revista de ciencia me la compraban y alentaron siempre mi curiosidad, que ya es bastante. Como digo, siendo lo demás mejorable, prefiero centrarme en mis propios fallos y carencias, que no fueron pocos.

Sea como fuere, los días pasaron y recibí la carta de aceptación en la universidad (o algo así tuvo que suceder, porque tampoco recuerdo ni cómo era, ni cuándo llegó, ni qué estaba haciendo; fue irrelevante): iba a estudiar ingeniería. Llegó septiembre y ahí estaba yo, en mi primer día de universidad. Comenzando una nueva etapa, otra vez solo, sin amigos, partiendo de cero. Pero era otra persona, mucho más segura y con más confianza en mí mismo. Y con ambición, listo para emprender una brillante carrera como ingeniero en telecomunicaciones (ni idea de qué era) y labrar con ello un esperanzador futuro. Aunque no tuviera ni idea de dónde me había metido.

Y todo fue bien, acorde con el guion establecido, sin sobresaltos, combinando mis habilidades sociales recién adquiridas y las nuevas y múltiples inquietudes de ocio (sí, me estaba ya a esa edad gustando mucho la fiesta) con un inmaculado rendimiento académico. Buenas notas, buenos resultados, siguiendo en mi línea de olvidadizo, chapucero, metepatas y con despuntes juerguistas aquí y allá, pero, a la larga, responsable y cumplidor. Lo que se dice un buen estudiante. ¿Era desapasionado, nada implicado, indiferente a lo que estudiaba? Sí, pero sacaba buenas notas y eso era lo importante, ¿no? Al menos era lo que me habían transmitido. No había discusión.

Y se hizo la luz

Hasta que todo cambió. Estaba yo en tercer año de carrera universitaria. Uno se lamenta de que fuera tan tarde, ¿por qué me llegó la inspiración a los veintidós y no a los doce, cuando tenía mucho más tiempo para formarme? Es inútil pensar así; sí, todo habría sido diferente. Pero quién sabe el resultado. Desde luego, no estaría aquí, escribiendo esto mismo, y posiblemente no tendrías en tu mano este libro. Prefiero pensar que fue cuando tuvo que ser, en el momento y el lugar precisos. A esa edad yo tenía la madurez suficiente y el aplomo necesario para recibir ese regalo. Digamos que, una vez desarrollada mi personalidad, estaba el terreno fértil para hacer crecer inquietudes, había desaparecido o al menos se había replegado esa necesidad de encajar y brotaban nuevas necesidades, muy diferentes. Una fue la que dominó ese momento: encontrar un sentido a la vida.

Es verdad, cuando vas cumpliendo años, lo empiezas a ver más claro. Todos necesitamos un motivo para levantarnos todas las mañanas de la cama o, por decirlo de otra manera, encontrar un sentido a lo que hacemos, a nuestra existencia. En la vida moderna más que nunca hay que esforzarse continuamente, hacer sacrificios, renunciar a cosas, hay que levantarse pronto cada mañana para trabajar duro, aguantar a jefes y clientes, y de vuelta a casa tampoco es más fácil: pagar la renta, los impuestos, el gimnasio, las multas, mantener un orden en tu vida en un mundo tan competitivo... Vivir puede percibirse como una lucha constante. ¿Por qué hacerlo? Unos lo hacen por sentido religioso, otros por deber social o familiar, o por ansias de éxito o gloria, por vivir bien, por ganar dinero... Todas son formas de dar sentido a nuestros sacrificios, al discurrir de la vida. Para los que consideran que el más allá no existe han de buscar creer en algo y ese algo puede ser cualquier cosa, si no, la vida sería miserable y anodina, y verdaderamente se haría muy larga. Yo encontré en un libro un motivo para levantarme y luchar, para sacrificarme durante horas pegado a mi escritorio sin alzar la cara de los libros, mientras renunciaba a otros planes, a viajes con amigos o a una deliciosa siesta tras la comida (qué ricas son) y, en general, para encarar cada jornada con ansias renovadas, y así día tras día. Su nombre *Breve historia del tiempo*, de Stephen Hawking.

Me lo dio un día durante las vacaciones de verano el padre de mi novia. Lo tengo aquí, a mi lado, mientras escribo estas líneas. Es de una edición antigua, de las primeras, de finales de los ochenta. Las páginas están amarillas y son más gruesas de lo normal en los libros modernos. Yo no puedo explicar bien lo que sentí cuando empecé a leer ese libro. Descubrí cosas que jamás imaginé que existieran, como los agujeros negros o las estrellas de neutrones; que nunca me habían contado, como el Big Bang o la expansión del universo; preguntas que no me había hecho nunca, como el sentido del paso del tiempo o la existencia de la materia. Lo fundamental de todo es que, tratando con cuestiones tan abstractas, formales y alejadas de la realidad, como la antimateria o los quarks, era más bien al contrario, sentía que estaba leyendo sobre mí mismo. Hablándome del extraño y rico lugar en el que vivo, el universo, el libro me estaba contando quién soy yo. Fue una bomba atómica en mí. Una explosión de millones de megatones en mi cerebro. Cada párrafo era una ventana al universo, cada vez que doblaba una página y pasaba a la siguiente notaba que brotaban estrellas, como si fuera un libro mágico que me había traído Campanilla, y se difuminaba la página con un fondo cósmico. Estaba viajando por el infinito sin moverme de mi sitio, en un viaje a entender mi verdadera naturaleza. A medida que lo leía me brillaban los ojos.

Y sentí una lluvia de emociones contradictorias. Sentí rabia de que nadie me hubiera contado esto antes. ¿Cómo no se explica en todas las escuelas del mundo? ¿Cómo puede ser? ¿Por qué no se habla más de esto? Es un engaño a gran escala. Pero sentí también liberación, no lo había buscado, pero ahí estaba, un motivo para sentirme realizado, una aspiración que seguir, un reto. De repente, una lectura llevó a otra y al cabo de poco tiempo ya podía decir sin miedo a equivocarme: «Quiero ser físico».

Porque descubrí al fin qué era ser físico y resultó algo muy diferente a lo que había pensado hasta entonces. En clase había aprendido una física terminada, acabada, completa. Se enseña (o se enseñaba) la física del siglo XVII, y esto está muy bien porque es superinteresante, útil, divertida también y es apasionante, si se cuenta con pasión (yo estoy dando clases de esto mismo en Amautas, y me vuelve loco). Y aunque está genial, si se da con la clave de cómo contarlo, da una sensación de finitud que está muy alejada de la realidad. Percibes que está todo hecho, todo acabado, concluido. Ya se sabe todo. Y esto no estimula a un cerebro que sueña con crear, con inventar.

En cambio, la física moderna que se estaba ahora despertando ante mis ojos era todo lo contrario. Hawking, el mismo Stephen Hawking, la persona más brillante del mundo, tenía que agachar la cabeza y reconocer con humildad que la mayor parte de las cosas que contaba en el libro no se sabían realmente, eran hipótesis, conjeturas, aproximaciones con nuestras limitadas capacidades para entender cómo funcionan realmente las cosas. Y si Hawking no sabía… ¡quién lo iba a saber! La sensación es completamente contraria, es de misterio por resolver, de enigma, de reto. Hay cosas que no conocemos, son muchas, son interesantes y responden a la gran pregunta de quiénes somos; no puede haber nada mejor en el mundo a lo que dedicar tu tiempo, tus esfuerzos que a entender algo así. El trabajo de un físico ahora era totalmente contrario a lo que había pensado; más que una máquina de repetir y repetir procedimientos que ya se dominaban, era como un detective que tenía que resolver un caso. A mí me encantaban los libros de Sherlock Holmes, la serie de *Colombo* o *Se ha escrito un crimen*. Ser físico se trataba de algo similar, juntar las piezas, colocarlas en su posición y darles un sentido y con ello resolver misterios que apuntan hacia las preguntas más fundamentales que existen: ¿quiénes somos? ¿Qué hacemos aquí? ¿Por qué somos como somos? Y sentirte a hombros de gigantes, trabajando en el límite del conocimiento, allí donde ningún ser humano ha llegado antes, eres como un explorador que se aventura en un nuevo territorio. Newton, Galileo, Einstein, Dirac, Feynman, todos allanaron el camino, dieron un paso más, pero ahora te toca a ti seguir su senda, su legado. Eres su alumno, su heredero, su sucesor en esta aventura de exploración y de conocimiento. ¿Imaginas ver o descubrir algo que nunca nadie antes ha visto? Tiene que ser fascinante. Así que sí, ser físico es ser descubridor de nuevos mundos para toda la humanidad.

Y me enamoré de la física de partículas, que descubrí precisamente gracias a esos libros. Pero ¿qué es?

La física de partículas

Pues esta es la parte de la física que se dedica a investigar los componentes mínimos de la materia para entender de qué estamos hechos. Hoy sabemos que todo en el universo está formado por pequeñas partículas que se juntan para construir lo que vemos a nuestro alrededor. Como piezas de lego que combinadas una a una forman un castillo o la Estrella de la Muerte, las piezas de lego del cosmos que son las partículas fundamentales, protones, neutrones y electrones, se juntan en millones y trillones para formar una mesa, una silla o a ti mismo. No ha sido fácil, esto es algo que se tardó dos mil años en descubrir y que fue motivo de grandes discusiones filosóficas y científicas durante la mayor parte de la historia del ser humano, pero ya tenemos una respuesta: todo está formado por lo mismo: protones, neutrones y electrones, que según se combinen dan lugar a una cosa u otra, pero todo es, en esencia, a menor escala, lo mismo.

Pues este es el elevado y noble objetivo de la física de partículas, entender cómo se conforma la realidad, y las reglas que describen nuestro mundo. Y para ello no solo hay que estudiar estos elementos tan pequeños, los mínimos elementos de la materia, sino también es importante conocer sus interacciones: cómo se comportan las partículas cuando una está junto a la otra, y por qué se unen para formar algo mayor, como una mesa. Esas interacciones, que también llamamos fuerzas, son, por tanto, el pegamento que crea todo lo que vemos a nuestro alrededor o, por seguir la analogía de los juguetes, sería la parte de las piezas de lego, el capuchón ese raro que hace que se junten dos piezas.

Y aunque esto que he contado no es poco, en realidad la física de partículas es mucho más. Porque un físico de partículas cree, normalmente, que entendiendo de qué están formadas las cosas, las partículas, y cómo estas se relacionan con las demás, las fuerzas, puedes entenderlo todo, cualquier cosa que te imagines. El todo es la suma de las partes, es lo que se llama reduccionismo. Muchos físicos de partículas, diría que la mayoría, creen que, entendiendo la física fundamental, de qué está formado todo, deberías poder entender con ello cualquier otra cosa en el universo, desde cómo funciona un grifo, a una estrella o una célula. Basta con mirar una a una cuáles son y cómo se relacionan sus partículas. Porque no existe nada más fuera de esto. Y esto es increíble porque si es así no habría límite; sabiendo cómo funcionan las partículas y las interacciones podrías construir de abajo hacia arriba y entenderlo todo, absolutamente todo. Y no solo las cosas materiales, como la estrella, sino también cosas más elevadas como un pensamiento, una emoción o una idea. O la conciencia, o la vida misma. Todo está hecho de lo mismo: partículas e interacciones.

Ahí está ese gran sueño de un físico de partículas, comprenderlo todo empezando por la base y subiendo a la cúspide. Pero hay más. Creemos que ese es el camino para entender el universo, qué es, en qué consiste, y la respuesta puede estar en ese combo de partículas y fuerzas que serían entonces la piedra Rosetta de la realidad, la clave para descifrar el universo. Si te gusta la informática, estamos hablando del código fuente que da lugar a nuestro mundo físico; si eres religioso, de los ingredientes de la receta del cosmos que ideó Dios; si te gustan los juegos de mesa, sería el tablero, las fichas y las instrucciones de juego. En cualquier caso, hablamos de la base sobre la que se sustenta la realidad. Y lo mismo que esperamos que un juego de mesa tenga unas instrucciones claras y sencillas, no con mil fichas y con unas reglas que sean un infierno, con millones de excepciones y casos diferentes para cada situación que tengas que consultar todo el tiempo qué hacer, uno espera que las reglas del universo también sean así, claras, concisas y directas, sin muchos giros ni excepciones. Un código fuente simple, limpio, de pocas líneas. Un físico de partículas espera lo mismo con el universo: que todo esté unido, atado, conectado por un principio único, unificador, que explique de forma sencilla todo lo que ocurre.

Ese es el sueño de un físico de partículas. No sabemos quién o qué creó el mundo, pero se nos hace raro que lo haya hecho a trompicones o de manera chapucera. Muchos creemos que esas interacciones o fuerzas que dan lugar a todo tienen que ser pocas, que se pueden describir con ecuaciones matemáticas, y que siguen reglas simples, en un modelo muy elegante y bello. Es más, muchos de verdad opinamos que la forma última de describir el mundo ha de caber en un pedazo de papel, que todas las partículas no son sino la misma comportándose de manera diferente, y que todas las fuerzas son, en última instancia, la misma en diferentes escenarios. Esto es lo que se conoce como la unificación de las fuerzas, una teoría del todo, el santo grial de la física de partículas.

Y después de dos mil años de historia de búsqueda, puedo anunciaros que tenemos un buen primer candidato. Señores y señoras, niños y niñas, atentos porque tengo el orgullo de presentaros lo más grande que ha hecho nunca el ser humano, la teoría científica más completa que existe, el primer candidato a teoría fundamental del universo. Apuntad, porque no quiero que lo olvidéis nunca, su nombre: el modelo estándar. Hablamos de una teoría científica que explica todo lo que ocurre en el universo, a partir de unas pocas fuerzas y unas pocas partículas, y lo hace de forma matemática y con una ecuación que cabe en una sola hoja de papel, ¡qué locura! ¿Te das cuenta? Todo el conocimiento adquirido en siglos estaría allí, condensado, en esa hoja. Desde las más simples leyes como la de Coulomb, hasta los desarrollos más complejos de Maxwell del electromagnetismo, o la completa teoría cuántica de campos, ahí estaría todo. El ser humano había puesto los andamios para elevar al cielo esta construcción científica. Y, además, lo había hecho siguiendo el modelo griego de perfección, recogido de forma última en una teoría que lo cumplía todo, era simple, hermosa, universal, bella e integradora, no dejaba nada fuera, una teoría cuántica de la relatividad, que explicaba a partir de pocas partículas e interacciones, en una fórmula que cabe en una camiseta, cómo funciona todo lo que vemos a nuestro alrededor. Este gran hito de la ciencia es lo que se conoce como modelo estándar.

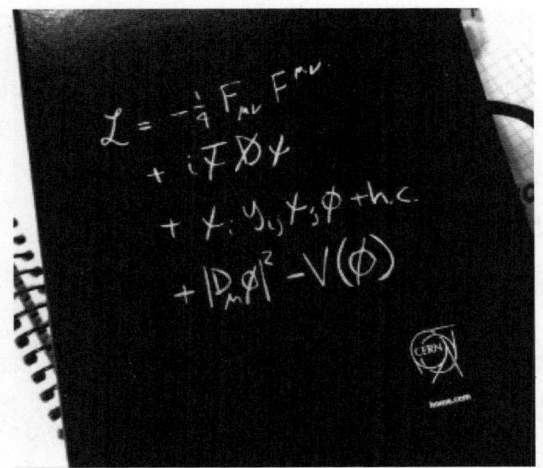

$$\mathcal{L} = -\frac{1}{4} F_{\mu\nu} F^{\mu\nu}$$
$$+ i \bar{\psi} \not{D} \psi$$
$$+ \psi_i y_{ij} \psi_j \phi + h.c.$$
$$+ |D_\mu \phi|^2 - V(\phi)$$

Lagrangiano del modelo estándar en una libreta del CERN. Esta ecuación describe el comportamiento de las partículas por el intercambio de fuerzas.

Ahora te lo resumo, tranquilo. Según el modelo estándar, toda la materia tangible, la que puedes tocar, como una silla o una mesa, está formada por un tipo de partículas que llamamos fermiones, y en particular dos clases de fermiones: los electrones y los quarks. Quarks existen de 6 tipos, pero solo 2 se usan para formar materia, son los *up* y *down*. Con 2 *up* y 1 *down* juntos se forma un protón, con 2 *down* y 1 *up* tenemos en cambio un neutrón. Los protones se juntan con los neutrones para formar un núcleo, los electrones se unen en órbitas al núcleo para juntos formar un átomo. Muchos átomos forman moléculas, y muchas moléculas forman cosas, como una célula, un tejido, un órgano… o un metal, un gas, la silla… todo está formado por lo mismo, quarks *up*, *down* y electrones. Eso nos dice el modelo estándar.

El modelo estándar también estudia las interacciones, las fuerzas, cómo estas partículas se relacionan entre sí e interactúan. Y ha estipulado 4 tipos de interacciones o fuerzas: la fuerza electromagnética, la de las pilas y los imanes; la fuerza débil, que es la de la radiactividad; la fuerza fuerte, que es la que une a los quarks en un protón; y la fuerza de la gravedad que no requiere más explicación más allá de su propio nombre.

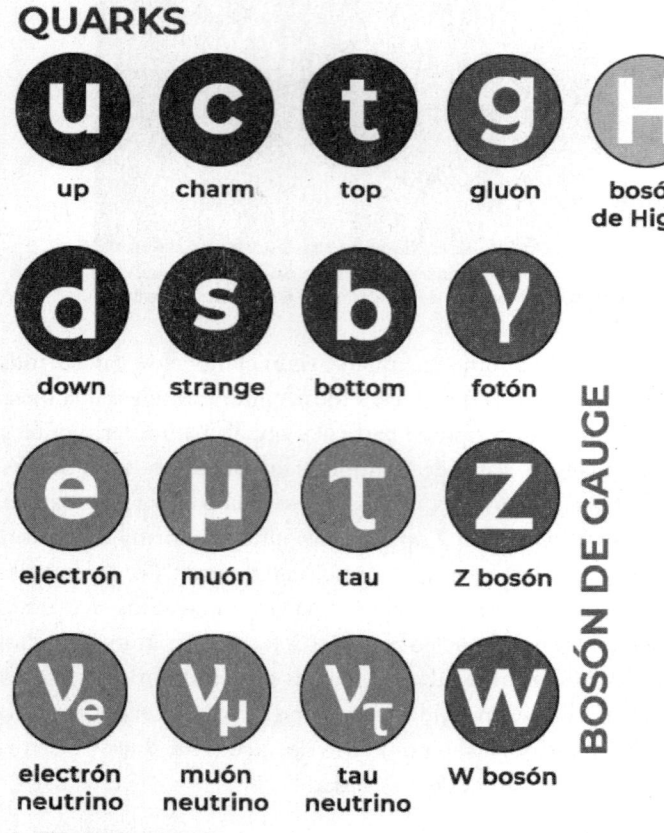

Partículas del modelo estándar agrupadas en sus tres familias: leptones, quarks y bosones gauge.

Imaginar que todo lo que ocurre en el universo está producido por la interacción de un número muy pequeño de partículas, de pequeño tamaño, y con pocas reglas de interacción, me pareció fascinante. Y saber que esto fue ya planteado hace más de dos mil años por los filósofos griegos Leucipo y Demócrito, cuando se referían a la discontinuidad de la materia y del átomo, como elemento básico del universo, es inspirador. Hablaban incluso de cómo estos átomos tendrían diferente forma y usarían unos miniganchos para juntarse formando estructuras mayores. Es un reflejo más de esa búsqueda de la perfección griega, que hemos heredado los físicos de partículas, y que, en el fondo, se trata de una búsqueda de la belleza. Creo que esta es la mejor palabra que describe lo que sentí, noté que ese objetivo de entender con unas pocas ecuaciones todo lo que ocurre le da a la física de partículas un toque elegante, de sofisticación, de profunda belleza, que me atrajo perdidamente.

Las 4 fuerzas del universo.

Y me sobrecogió darme cuenta de cuánto había avanzado el ser humano gracias a la ciencia, desde los primeros pensamientos filosóficos, como los de Demócrito y Leucipo, que no dejaban de ser ideas precientíficas, hasta los grandes experimentos de colisión con equipos de miles de personas para indagar en el interior del átomo. Y la verdad es que, en esta búsqueda, al ser humano no le ha ido nada mal, podemos sacar pecho y sentirnos orgullosos. Pero lo mejor de todo, para esa mente adolescente, fue darse cuenta de que eso no lo era todo, que aún quedaba mucho camino por andar, que había muchos retos encima de la mesa: el modelo estándar no lo era todo.

¿Y qué falta entonces? ¿Acaso está todo hecho?

Sí, el modelo estándar es increíble, demuestra que no es una locura soñar con algo así como integrar todo el conocimiento en pocos elementos, pocas ecuaciones, y que no estamos tan lejos de comprender el mundo. Pero siendo honestos, aún quedaba mucho por hacer y eso fue en realidad lo que más me atrajo a mí, según iba devorando nuevos libros. Estamos por el buen camino, o eso parece, pero aún queda trabajo por delante. Primero porque este modelo estándar no estaba completo del todo, digamos que al 80 por ciento, posiblemente. Y es que había cuestiones por resolver, como algún detalle relativo a la antimateria, la materia y la energía oscuras, entre otras. Es más, aún estaba el grandísimo reto de la unificación de las fuerzas. Aunque lo que he dicho antes lo diera a entender, a decir verdad, no es así, las fuerzas en el modelo estándar no están unificadas. Muy en especial porque deja de lado, descaradamente, a la gravedad. La gravedad no es una fuerza del modelo estándar, está fuera de la teoría, como si no encajara, como una inadaptada. Y no por capricho, sino porque, cuando se intentaba crear una teoría cuántica de la gravedad que sí pudiera adaptarse al modelo estándar, todo saltaba por los aires. El camino entonces parecía claro: había que cuantificar la gravedad, pero nadie lo conseguía. El premio, como veis, era enorme, la unificación de todas las fuerzas. Eso sería fabuloso.

Fue Albert Einstein quien más impulsó esta investigación en sus inicios, le dedicó casi tres décadas, pero dejó el trabajo inacabado y sin ningún resultado claro. Y aunque muchos pensaban que ya se había vuelto loco, que lo que hacía no servía para nada, que era el trabajo de un «dinosaurio» sobrepasado por las nuevas corrientes científicas de la época (como la teoría cuántica, de la que Einstein, aun siendo uno de sus padres, siempre renegó), hoy podemos ver su esfuerzo con otras miras. No fue para nada el de un tozudo científico acabado, sino un trabajo verdaderamente pionero que sufrió posiblemente el castigo por ser precisamente demasiado pionero, quizá su esfuerzo solo estaba muy adelantado a su tiempo. ¿Pero no sería increíble continuar su legado? ¿Completar su investigación, ampliar su sueño? Todo ello sonaba verdaderamente inspirador a los ojos de un joven entusiasta como yo era. ¿Qué puede estimular más a joven perdido que una misión tan elevada y noble? Continuar el trabajo de Einstein, el sueño de la física, entender todo lo que ocurre en el universo. Yo me sentí renacer.

Y no solo las fuerzas, que no encajaban del todo, dejando de lado a la gravedad. En el sector de las partículas también había cosas que no andaban bien. Para que el modelo estándar funcionara como debía tenía que existir una partícula más que por mucho que se había buscado nadie encontraba, es el bosón de Higgs, la última partícula del modelo estándar.

Había un reto para mí.

EL CERN

Había encontrado sin querer lo que no había buscado, pero sabía qué necesitaba: un objetivo en la vida. Lo había notado por cómo me brillaban los ojos cuando lo exploraba. Y es un verdadero alivio cuando aparece. Me había sentido perdido durante mucho tiempo, no encontraba mi lugar, no sabía hacia dónde iba ni por qué, vagaba dando un paso tras otro simplemente por la inercia de ir hacia delante, apoyando un pie para no caer, pero no era un viaje, eso era deambular. Ahora todo era diferente, sabía lo que quería conseguir, lo que quería lograr, sabía a lo que aspiraba, la parte más difícil ya estaba hecha.

De hecho, esta búsqueda me llevó incluso más allá. En esos libros que ahora devoraba de forma compulsiva leí cuatro letras que iban a marcar mi destino para los próximos diez años: C-E-R-N. Se trataba de un centro de investigación de física de partículas que llevaba cincuenta años operando en Suiza y que había sido testigo de algunos de los descubrimientos más importantes de la historia, La Meca de la física, la NASA del mundo cuántico, el Hollywood de los que aman la composición de la materia. Pero, es más, allí planeaban poner en funcionamiento la mayor y más potente máquina construida por el ser humano, el gran colisionador de hadrones, el LHC. Un aparato de 27 kilómetros de longitud, que estaría a 100 metros bajo tierra, donde se colisionarían protones frente a frente a velocidades cercanas a la velocidad de la luz para que, producto de estas colisiones, aparecieran partículas que solo habían existido unas fracciones de segundo después del origen del universo, el Big Bang, hace 13.800 millones de años. Se podría viajar en el tiempo, viajar al Big Bang.

El LHC, además, contaría con 4 detectores que serían como 4 gigantescas cámaras fotográficas, tomando fotos 40 millones de veces por segundo, para registrar todo lo que ocurriera en estas colisiones. Estos detectores estarían formados por diferentes tecnologías, todas ellas punteras, de última generación, y eran desarrolladas por varios institutos y centros de investigación en el mundo. España formaba parte del CERN, y pude ver que muchas universidades españolas colaboraban con alguno de los experimentos. Era mi sueño hecho realidad.

Pero ¿para qué colisionar partículas?

La búsqueda de la unificación

Colisionar partículas está bien por muchas razones, cuando rompes algo puedes ver lo que hay dentro, por ejemplo. Romper protones tiene esto. Pero es algo más. Colisionar partículas crea un estado de energía tan concentrada que se reproducen las condiciones del universo primitivo, el estado de la materia en sus primeros tiempos, el momento ideal para alcanzar el santo grial de la física, la unificación de las fuerzas.

Las 4 fuerzas del cosmos son irreconciliablemente distintas tal y como las vemos hoy, nada tiene que ver la radiactividad con un imán. Pero, según viajamos atrás en el tiempo, estas fuerzas y las otras se van pareciendo cada vez más. Para ser exactos, hemos conseguido unificar la electricidad, el magnetismo y la fuerza débil precisamente así, porque hemos conseguido recrear un momento en la historia del universo donde ellas eran básicamente iguales, lo que permitió verlas como diferentes caras de una misma moneda. ¿Pero se podría ir incluso más atrás en el tiempo? Se piensa que sí. Es más, se cree que en el mismo Big Bang todas las partículas eran iguales, y todas las fuerzas eran la misma; era un momento de la historia del tiempo especialmente simple, sencillo, elegante y bello. Fue el tiempo quien fue moldeando las fuerzas y las partículas para diferenciarlas y creó toda la diversidad. Viajar al Big Bang es el sueño de todo físico, porque allí la realidad se puede mostrar ante nosotros de una forma pura, clara, directa e inmediata, sencilla y bella. Es quitar todo el artificio, llegar al núcleo, a la esencia de las cosas.

Pero antes de alcanzar ese objetivo, para hacer que todo enca-je, para que tenga sentido este viaje al pasado y la ansiada unificación, primero habría que hacer una parada en el camino. Nada de esto tendría ningún sentido si antes no se diera caza a la partícula más elusiva del cosmos. Llevaban más de cuarenta años detrás de ella, pero nadie conseguía encontrarla. Se desarrollaron caros y exquisitos experimentos para atraparla, grandes mentes de la historia se devanaron los sesos para tratar de domarla y apresarla; todos los esfuerzos del mundo de una comunidad de decenas de miles de personas, de las más talentosas del planeta, no habían servido; la partícula maldita seguía esquivando cualquier intento. Pero era necesario, había que descubrirla a cualquier coste, de cualquier manera, era la última pieza del modelo estándar, la llave para la comprensión del inicio del universo y el último peldaño hacia la unificación. Y después de tantos fracasos y búsquedas fallidas, esta vez sí estaban seguros de que habían dado con la clave para hallarla, con el más potente acelerador del mundo, que alcanzaba una energía 10 veces más alta que cualquier colisionador anterior y con unas prestaciones muchísimo mayores en cuanto a producción y detección de partículas; esta vez no había dudas, no había escapatoria, sería ahora o nunca. Estaba allí o había que olvidar este sueño para siempre. Se iba a poner en marcha el LHC, el mayor experimento jamás construido. Había llegado el momento de dar caza a la última partícula del modelo estándar: el bosón de Higgs.

Imaginen mi mente leyendo esto. No ya solo mi mente, mi piel, mi cuerpo, mis entrañas, cada átomo de mi ser estremecido. Esto está ocurriendo ahora, me dije, está pasando ya. Somos afortunados de ser testigos de este momento histórico. Así se sentiría Newton escribiendo una carta a la Royal Society para contar las virtudes de su nuevo telescopio, o Einstein cuando se sentó a redactar los manuscritos sobre la relatividad, sí, lo sé, quizás estoy exagerando, porque, obviamente, no me puedo comparar con ellos, y no es el punto ese, la comparación. Os hablo de esa sensación de que algo único, histórico, monumental está ocurriendo a tu alrededor, algo sobre lo que alguien, en un futuro, leerá sobre ello y pensará:

«Ojalá yo hubiera estado allí», como ocurre cuando leo sobre las aventuras de Faraday con la electricidad o de Lavoisier con la química y me da envidia lo afortunados que fueron de vivir lo que vivieron. Pero esta vez el afortunado era yo, era mi momento. Algo increíble, histórico, estaba en ciernes de suceder, y yo era testigo, estaba ahí.

Me puse a investigar. Era 2003. Según lo que encontraba en uno y otro lado esperaban que esta máquina legendaria, la más potente nunca construida, se pondría en marcha en 2008. Y pensé: ¡eso son cinco años! Lo cual... me da margen para ponerme al día, y prepararme para estar ahí. Tengo tiempo, tengo ganas, lo puedo conseguir. Pero no va a ser fácil, no lo parece, mucha gente querrá formar parte de algo así, estarán los mejores del mundo, gente muy talentosa de universidades más prestigiosas, gente muy preparada, muy brillante, algunos que llevan estudiando física desde pequeños... y tú, ¿estarás a la altura? Primeras dudas. No lo sé, pero toca descubrirlo. Determinación. Tenía cinco años por delante para ver si así era, y mi mente bullía de ideas: primero, acabar la ingeniería para luego estudiar físicas, no, no, no hay tiempo, las debo estudiar a la vez, para en 2008 ya ser físico, ingeniero y tener un máster en física de partículas. Estudiaré también francés, me va a venir bien, además de inglés. Y lo complementaré con cursos, conferencias, lecturas adicionales... todo para conseguir mi objetivo. Quiero investigar en la mayor máquina construida, quiero formar parte del equipo de científicos que trabaje con ella, quiero tener un lugar en esta historia que trata de cómo la humanidad se asomó al abismo y se arriesgó a mirar a su realidad a los ojos, de cómo se aventuró en un viaje para entender mejor su esencia y su lugar en el universo, quiero formar parte del selecto grupo de humanos que dé caza al bosón de Higgs.

—Hasta aquí el primer capítulo, mañana te cuento más.

—Me he sentido superidentificado con él, al menos con la primera parte. El miedo a no encajar nunca, las dudas de saber si soy capaz, no encontrar algo que me apasione, la soledad… tan de Newton.

—Rodeado de gente, pero tan solo, ¿no? La mayor virtud aquí es la persistencia, y, una vez más, esta es otra historia donde se mira a las estrellas para encontrar las respuestas. «Conócete a ti mismo», decía en el templo de Apolo en Delfos. Yo eso es lo que hago cuando me hago preguntas sobre el universo.

—La curiosidad.

—Exactamente. Y la determinación. Busca, prueba, ensaya, equivócate, cáete, pero aprende de ello, y ten paciencia, no quieras conseguirlo todo en una tarde; en una de ellas… sentirás cómo brillan tus ojos. Lo habrás encontrado. A mí me pasó también. Todos recibimos golpes en la vida, lo que nos define es cómo nos levantamos de ellos. Recuerda a Rafiki, puedes huir o aprender. Todo es un aprendizaje, un paso más en el maravilloso camino de descubrir quién eres. Disfruta buscándolo, pero más aún disfruta del camino. Abraza el cambio y levanta más la cabeza hacia el cielo. Joven, se ha hecho demasiado tarde. Me tengo que ir.

—Pensaré en todo lo que me has dicho, lo prometo.

—Quedamos mañana a las cinco de la tarde y seguimos avanzando. Te contaré cómo Einstein retomó el trabajo de Newton para entender mejor la gravedad, y con ello nos acercamos a resolver el origen de la masa. Y también avanzaremos hacia el pasado, para entender mejor cómo fue el inicio del universo, con un cura científico que partió la pana. Y leemos el segundo capítulo de este libro.

—Eso será mañana.

—Así es, mañana continuamos.

—Hasta luego, viejo.

—Hasta luego, macarra.

Día 2

4

—Fue tan corto y de tales proporciones que nada humano, en ninguna escala, puede servir de comparación. La nada se convirtió en el todo poniendo en marcha el reloj cósmico; era el nacimiento de la materia, la primera «luz» de nuestro universo, es lo que llamamos el Big Bang. Las condiciones eran hasta tal punto extremas que nada en nuestro universo visible se puede equiparar: temperaturas abrasadoras, miles de millones de veces la del interior de una estrella, densidades superlativas, que hacen parecer una estrella de neutrones un entorno disperso, tiempos ridículos, que ni el tictac atómico del más preciso reloj podría registrar. En tal estado, el universo sufrió un estiramiento repentino y desmesurado, expandiendo el espacio a gran velocidad, mientras el tejido del cosmos se llenaba de «gotitas» condensadas de los campos cuánticos, nacía la materia, toda, cada quark y electrón del universo, el que compone cada estrella, cada planeta, tu cuerpo, todo gránulo o corpúsculo nació en ese momento, fruto de ese brusco estiramiento.

»Y en esa bola de fuego, el cosmos se ponía en marcha, mientras las partículas chocaban unas con otras, se aniquilaban y resurgían, una y otra vez, en una fiesta cósmica, una orgía universal en ese universo recién nacido de la nada. Fue entonces cuando se activó el campo de Higgs, las fuerzas se definieron, las partículas adquirieron masa y se distinguieron, el universo empezó a parecerse al que hoy vemos. Y todo había pasado en una mínima fracción de un segundo, en ese proceso bestial que conocemos como inflación.

»A partir de ahí, el universo no para de expandirse, creando espacio sobre el propio espacio, haciendo crecer el propio tejido del espacio-tiempo, mientras la materia se enfriaba y se agrupaba formando nubes de materia, que el espacio iba separando, inflándose como una bolsa…

—Señor, señor… ey, mire, ¿hola? ¿Puede soltarme el brazo? La bolsa, que si quiere una bolsa, solo le pregunté eso.

—Oh, jovenzuela, perdona. Sí, por favor, me llevo lo que sobró de la comida en bolsa, ah, y un café también, y ya pago, todo. Gracias, Cristina…

—¿Cómo sabes mi nombre?

—Soy científico, lo sé todo. No, mentira, solo soy observador. Salvador.

—¿Cómo?

—Que me llamo Salvador. Y eres mexicana, aunque llevas mucho tiempo en España. De Jalisco.

—Me estás dando miedo.

—Tranquila, que ya me voy. —Y miró en sus bolsillos para comprobar que tenía todo encima, rutina que siempre hacía cuando iba a abandonar un lugar. Ella se fue y unos minutos más tarde regresó, ahora vestida de calle.

—Pues aquí tienes, el café, la bolsa que se expande como el Big Bang, y la cuenta, sin inflación, la pagas dentro, que yo ya he terminado mi turno. Y ahora a despejar la mesa, que el saber no ocupa lugar, pero la chicha sí.

—Madre mía, qué borde. Ya recojo —le contestó mientras se le caía el libro al suelo.

—Ya lo cojo yo —dijo ella, agachándose—. ¿*El bosón de Higgs y el Big Bang,* de Javier Santaolalla? ¡Eh! Este libro está descatalogado.

—Sí, ya no se encuentra en ningún lugar. Solo que te pido que no lo grites…

—Debe de ser, ¿de 2020?

—Shhh, sí... por favor... no hay necesidad de contárselo a todo el mundo.

—Ni que fuera esto un secreto.

—Precisamente... me podrías meter en problemas.

—Vale, señor importante. Pero me interesa. Me encantan las antigüedades, colecciono libros descatalogados. Y el título... llama la atención. ¿Pero y qué es eso del bosón de Higgs? ¿Y la inflación?

—Más bajo, que nos van a oír. Solo te pido eso. Hablar de esto ahora está prohibido. Nadie debe saber. ¿Pero tú no te ibas ya?

—He acabado el turno, así que técnicamente estoy libre. ¿Me cuentas?

—Pues claro que no.

—¿Cómo? Si no me dices algo, empiezo a gritar bosón de Higgs como si fuera lo único que sé decir en la vida. Bosón de Higgs, bosón de Higgs, bosón...

—¡Para!

—Pero dime ya. ¿Cómo? ¿Cuándo? ¿Quién? ¿Por qué? ¿Dónde? Cuéntamelo todo. Quiero saber.

—¡Cuántas preguntas!

—Sí, soy preguntona, es lo que mejor sé hacer, y ya aviso, no me conformo con cualquier respuesta. Soy muy escéptica, dudo de todo y de todos. O, mejor dicho, no confío en nadie. Quizá las dos cosas a la vez. Me vas a tener que convencer.

—Vale... te veo muy lanzada, con mucha energía que hay que canalizar. Y veo que no tengo alternativa. Te lo contaré. Pero tendrás que guardar bien el secreto, es peligroso. He creado una máquina... De gravedad... De campos cuánticos... De inflación... de cosas.

—Padríííííííísimo —dijo, cerrando los puños—. Dime más.

—No te puedo contar más, te puedes meter en problemas.

—¿Más de los que ya tengo? Debo dinero a mi casero, a mi padre, a mi universidad, un par de asuntos pequeños con la policía… qué importa otro problema más.

—Pero esto es diferente.

—Falso. A la vista del Big Bang, todo es lo mismo, interacción de partículas subatómicas. Como dijo Demócrito, solo existen los átomos y el vacío, el resto…

—… es opinión. Eso es un jaque mate. Te lo contaré, pero antes… —dijo buscando boli y papel—. Estamos aquí… en la nada de Demócrito. Y tenemos que llegar aquí. Hay que caminar mucho.

—No me da miedo, puedo con todo y sé andar.

—Este camino no se anda con los pies, sino con el cerebro. Necesitas saber sobre gravedad —dijo, apuntando y haciendo garabatos—, sobre Newton, Einstein, teoría cuántica, expansión del universo, por Higgs, es mucho. Deja que lo apunte… superposición, dilatación temporal… Muchas cosas.

—No me da miedo. Y ya sé muchas cosas.

—Está genial tener convicción, pero cuidado con la soberbia, que mata la curiosidad. Aprender requiere humildad y a la vez descaro, hay que encontrar un equilibrio. ¿Y sobre Einstein? A ver. ¿Qué sabes de Einstein?

—Bueno, Einstein es aburrido.

—Porque prefieres Ironman, ¿verdad?

—¿Cómo lo has sabido? Ah, sí, porque eres científico y lo sabes todo.

—No, por tu tatuaje en el brazo izquierdo. Tienes muchos, pero soy observador. Entonces, ¿y si te digo que Einstein es el Tony Stark de la física? ¿Te interesa más?

—¡Anda ya! Pero qué tendrá que ver.

—Todo. De hecho, los dos son movidos por la misma energía —dijo, subiéndose a la silla—. La sala llena hasta arriba, todos los periodistas llevan esperando un par de horas, la señorita Potter está nerviosa, las cosas no estaban previstas de esta manera; de repente Einstein irrumpe en la sala, da pasos ligeros pero decididos, no hay vuelta atrás, lo va a confesar, va a contar su mayor secreto. Se para delante del micrófono, se aclara la voz, mira al horizonte y aclama: «La verdad es... yo soy Einstein».

—Baja de ahí. ¿Pero estás bien de la cabeza? ¿No habías dicho que tienes miedo a que te vean?

—A que me vean, no; no hay mucho que ver aquí. A que sepan lo que sé. A decir verdad, los locos estamos ya pasados de moda. A nadie le interesan. Mira. —Se subió a la silla otra vez—. Ey, hola, vengo del pasado, soy reptiliano, hay nazis en la Luna. ¿Ves? —concluyó, volviendo a sentarse—. Nada.

—¿Y me vas a decir qué tiene que ver Einstein con el gran Tony?

—Simple. Pero lo tendrás que descubrir tú misma. Solo te puedo decir que Einstein tenía un gran poder, como Tony. Y sabía cómo tenía que usarlo, como Tony. Y su momento había llegado. Ahora ya podría sacar la espada y tomar su lugar en el trono de la física, como nuevo rey.

—¿Qué espada? ¿Pero no era Ironman? Tony no tiene espada. ¿Me estás vacilando?

—Tienes que abrir tu mente.

—Ok. Respiro. Entonces Ironman tenía una espada. ¿Qué más? ¿Un garrote? ¿Un Ford Fiesta?

—No. No tiene espada. Ni garrote. Ni Ford Fiesta.

—Pero acabas de decir...

—¿Conoces la leyenda de *Excalibur*?

—No, doc, ¿te ríes de mí?

—Sí, digo, no... *Excalibur*, la espada, la que estaba en la piedra.

—¿Y qué tiene que ver esto con el universo?

—¿Y si te digo que todo?

En la leyenda, *Excalibur* era una espada mágica que estaba fija a una roca y así permanecería hasta que un verdadero caballero digno de empuñarla pudiera extraerla limpiamente; entonces, el afortunado sería coronado rey de toda Inglaterra. Miles de hombres, los más fuertes de la región, todos bien mamadísimos, hicieron un largo camino y esperaron en fila para intentarlo, pero ninguno tuvo éxito. El tiempo pasó, y nadie parecía capaz de estar a la altura de tal honor, la espada seguía fija en la roca. Pero, un día, el joven Arturo, un chico bastante escuchimizado, escuálido, de esos que dan ganas de darle un buen plato de lentejas con chorizo, se aventuró a intentarlo. Todos se rieron, qué iluso, no podrá. Pero él no hizo caso. Se abalanzó suavemente sobre la roca, tomó una postura cómoda, tiró y… la espada fue deslizándose lentamente sobre la hendidura, abandonando la roca con la facilidad con la que un cuchillo se desliza en la mantequilla. La espada había elegido a su nuevo dueño, digno de tomar el trono de Inglaterra. Había nacido un nuevo rey, el rey Arturo. Luego se va con su amigo el mago Merlín y su búho que habla que se llama Arquímedes… Perdona, es que yo la leyenda me la sé por una película de Disney.

Pues, sin ir más lejos, a las leyes de Newton les pasaba algo bien parecido, estaban sujetas, ancladas a la roca del conocimiento tanto como lo estaba la espada *Excalibur* a su piedra y no había forma de sacarla de ahí. Muchos hombres con mucho talento, bien mamadísimos en el músculo matemático, lo habían intentado, pero no había manera. Se sabía que no eran las leyes definitivas, Newton había mostrado sus fallos, pero no había sucesor que las corrigiera con una nueva visión del mundo. Así, a medida que los años pasaban y las leyes de Newton soportaban el paso del tiempo, la fama de este fue subiendo más y más, de científico a leyenda, de leyenda a semidios. Más de cien años después no había un solo súbdito del reino de la física que no las alabara. Y la espada seguía ahí, esperando al nuevo rey.

Conforme sus sucesores fueron ampliando los dominios de aplicación de la teoría, desarrollando nuevas concepciones, nuevas aplicaciones, nuevas posibilidades, el trabajo de Newton se fue consolidando hasta resultar imprescindible. Es más, estas leyes tenían algo que resultaba hechizante. Usadas de forma adecuada, podías hacer cosas que a ojos de alguien que no tuviera ni idea de todo esto parecía magia, podías usarlas para predecir el futuro o encontrar cosas nuevas. Los newtonianos eran los Aramis Fuster de la ciencia. Mira esta historia.

En 1845, un astrónomo francés, Urbain Le Verrier, observó algo interesante, percatándose de unas irregularidades en el movimiento del planeta Urano respecto a lo esperado según las leyes de Newton. Daba la sensación de que este nuevo planeta, descubierto por William Herschel solo unas pocas décadas antes con la ayuda de su telescopio, estaba recibiendo un empujón invisible. Le Verrier tuvo el arrojo de sugerir que quizás ese empujón invisible no era sino un tirón gravitatorio que tal vez estuviese dando un planeta que no vemos, uno nuevo más de la familia del sistema solar, uno que estaría en una órbita un poco más alejada de nosotros. Y tenía que ser francés, con lo pesados que son. Pues allá se fue este francés con sus cálculos y avisó al astrónomo alemán Johann Gottfried Galle hacia dónde tenía que dirigir el telescopio de su observatorio en Berlín para encontrar un nuevo planeta, si es que estaba en lo cierto. Con lo que les gusta a los alemanes recibir órdenes, y más de un francés. Pero este alemán en otra vida fue un perro de los que les gusta correr, recoger un palo y volver. Así muchas veces seguidas. Bueno, que lo hizo. Solo tardó dos días Galle en cantar bingo, había descubierto a Neptuno. Me lo imagino en el observatorio muy concentrado, mirando por un telescopio y, de repente, dice… «¡Bingo!», y una voz en megafonía: «Han cantado bingo. Vamos a comprobar si es correcto y comenzamos con un nuevo cartón».

Que me aspen si esto no es épico, que lo oiga Tony Stark, que no podía ni con Mjolnir. Pellízcate fuerte para comprobar que no estás soñando, era algo increíble. Esta era la primera vez en la historia que se había descubierto algo con papel y boli. Era la primera vez que en el mundo científico la mente adelantaba al ojo. Las teorías eran tan fuertes, tan potentes como para desvelar nuevos secretos del cosmos sin necesidad de mirar. La razón adelantando a la percepción. Este era un gigantesco logro del entendimiento, de la teoría, de las matemáticas, era un logro de las leyes de Newton. Y parecía que nada se podía resistir a esta nueva forma de describir el universo. El ser humano estaba entrando en una nueva era: la de la razón. Y tenía motivos, el sentimiento de poder que estas leyes daban y la independencia racional que esta élite intelectual estaba alcanzando con ellas se puede resumir muy bien en esta bella anécdota. Mira.

Tras la publicación de su magna obra *Exposition du système du monde,* donde hacía un virtuoso uso de las leyes de Newton para exponer el funcionamiento mecánico del cosmos, Laplace se reunió con Napoleón para tratar los asuntos relativos a su obra. A Napoleón le sorprendió que en una exposición que trataba en profundidad cómo opera el mundo no se mencionará ni una sola vez a Dios. Laplace, que era una diva, respondió: «*Je n'ai pas besoin de cette hypothèse*», no había tenido necesidad de esa «hipótesis». ¿Hola? ¿Había llamado a Dios hipótesis? Confirmado. Genio o boludo este Laplace, yo no sé. Lo que está claro es que es imposible ofender a más personas con menos palabras. Esto sí que era un kamehameha en la boca. Ríete tú del poder de Thanos con dos dedos.

Pues si en esta visión mecanicista nueva del mundo ya no era necesaria la intervención divina, la razón desbancaba con ello a la fe en este dominio. No es de extrañar que los devotos de esta nueva concepción de la realidad admiraran a Newton como a un Dios. Cambiando las leyes, el «pon la otra mejilla» por «el acción-reacción», no «cometas actos impuros» por el «donde hay masa hay atracción» de la ley de atracción gravitatoria, cambiamos también el crucifijo por una manzana, el portal de belén por una granja y aquí no ha pasado nada.

Y así ocurrió durante largos años, décadas o siglos. Pero sabemos nosotros y sabían ellos también, que la obra de Newton no era completa, aunque muchas veces la euforia por su éxito hacía olvidar estas pequeñas minucias aquí y allá. La teoría tenía más agujeros que un queso gruyer, y estos no iban a desaparecer mágicamente; era necesaria una renovación completa y profunda de las ideas del genio inglés, una nueva reformulación de sus conceptos básicos, una nueva física. Pero nadie se atrevía a dar el gran paso. ¿Quién osaría retar al más grande entre los hombres, a suplantar la teoría elaborada por Newton? Solo a un rebelde, quizás algo más que eso, un irreverente, pero también inconsciente, se le ocurriría atreverse con algo así. La espada *Excalibur* seguía hincada sobre la roca, viendo los años pasar, sin que nadie se atreviera a reclamar su derecho como digno heredero del trono de la física tras el gran Isaac Newton. «*Tan, tatán, tatán*». El mundo esperaba la llegada de este Tony Stark de la física, un nuevo héroe. Flashes, confeti, música de rock a tope, maestro. Llega el nuevo Ironmaaaaaaaaaaaaan.

—Baja de la silla, es la última vez que te lo digo, pero qué manía. Que este es mi sitio de trabajo.

—Tony Stark no diría eso, a Tony le gusta el *show*, y más en el trabajo.

—Bueno. En cualquier caso... creo que no es para tanto, esa historia no me ha impresionado.

—Para ti igual es fácil decirlo, desde el siglo XXI y la comodidad de un mundo diferente. Pero intenta ver más allá de las apariencias, observa cómo la ciencia está revolucionando la relación del ser humano con el universo y consigo mismo. Ha pasado una y otra vez, y seguirá pasando. La ciencia ha ayudado a moldear el pensamiento humano, su lugar en el cosmos. La ciencia no solo «hace cosas», tiene un poder transformador, colectivo. El mundo de Newton es muy diferente al mundo en el que vivió Einstein. La ciencia lo había cambiado todo. Pero volvamos a Einstein... Einstein era un Newton chetado.

Una versión mejorada. Pero a la vez muy diferente. Los dos eran físicos y los dos muy buenos, fin de las similitudes. Mientras que Newton podría ganar fácilmente y sin rival cualquier concurso sobre la persona más odiosa del planeta, y podrías fácil armar una fila que diera la vuelta a Londres de gente para escupirle en la cara, a Einstein lo querían todos, niños, adultos, periodistas, estudiantes, público general, Merilyn… era una persona afable, divertida, carismática, muy inteligente y ocurrente. Puede que su exmujer no pensase lo mismo, y con razón, pero mientras que con Newton yo no echaría ni una partida de parchís, con Einstein me haría el Camino de Santiago. El que empieza en Francia, no el otro, el de vagos. ¿Quién fue Einstein? Te preguntas… te lo cuento.

Albert Einstein nació en un pequeño pueblo alemán, Ulm, en 1879, más de doscientos años después de Newton. Los padres de Albert fueron Hermann y Pauline Einstein, y tuvo una hermana, Maya, con la que tuvo una relación muy cercana. Los Einstein eran una familia de judíos no practicantes de clase media acomodada. Me gusta lo de «acomodada», que suena a que tienen un salón confortable, con muchas figuras de porcelana, muebles de madera de roble color caoba y sofás muy cómodos, de los mulliditos. Al menos eran más acomodados que los Leavitt, que tuvieron siete hijos. Hermann, su padre, fue un hombre de negocios de la industria electrónica asociado con su hermano Jacob, ingeniero. No es por faltar, pero era una especie de Elon Musk a la inversa, las antípodas de Elon en el globo empresarial. Pauline, su madre, provenía de una familia culta y adinerada, amante de la música.

Y como ya pasara con Newton, nada en el nacimiento y primeros años en la vida de Einstein podía hacer presagiar que nos encontramos ante el Messi de la física. De hecho, más bien todo lo contrario. Einstein nació con la cabeza deforme, era algo tan evidente que sus padres temían que tuviera problemas mentales. Y más se preocuparon aún al ver lo lento que aprendía. Sus primeras palabras llegaron más tarde de lo normal. Seguramente fueron «covariante» y «cuadrivector» en vez de «papá» y «mamá», digo. No lo sé. No estaba allí. Además, tenía dificultad para expresarse, tanto que incluso a los nueve años todavía tenía problemas para hacer frases completas. Normal, seguramente fue «el cuadrivector momento no es covariante relativista». Con voz repelente. También es verdad que muchos han hecho carrera política con menos. Pero estaremos de acuerdo en que el chaval no prometía mucho. Por lo demás, fue un niño raro, particular, inadaptado. No se relacionaba ni jugaba con otros niños. Es más cómodo echarle la culpa al niño, de no jugar con otros, digo. Ahora que sabemos que estamos hablando de un genio a otro nivel, igual es que se aburría. Es fácil fantasear e imaginar lo que podría en realidad estar pasando en esas situaciones con niños de su edad: Martha intentando llegar con la lengua a la nariz, Karlitos comiéndose con sus manos la caca caliente que acaba de hacer en el suelo mientras el pequeño Albert reflexiona sobre el problema ontológico de la existencia o inexistencia de un ser superior en nuestro mundo. A veces solo llamamos raros a personas con una realidad diferente.

Vale, esto me lo estoy inventando, no tengo ni idea de en qué pensaba Einstein a esa edad, pero sí se sabe que ya desde muy joven estaba descubriendo «su mundo». Y lo estaba haciendo desde casa. Ahí tenía suerte de que su padre y su tío se dedicaran a la electricidad. Imagina la casa del pequeño Einstein llena de dinamos, motores y demás artilugios como si eso fuera el laboratorio de Dexter. Einstein recordaría esos años con mucho cariño porque fueron los que despertaron su curiosidad por la ciencia. En concreto, dos momentos, a los que llamaba sus pequeños milagros. El primero fue gracias a su padre y solo tenía cuatro años, me refiero a Albert, no al padre, eso sí que sería loco. Digo que fue algo tan simple y mundano como una brújula. Albert se quedó flipando con la brújula como si hubiera visto un teseracto. O mejor un teseracto con manos montando un unicornio que camina con zapatos de tacón. O mejor, un teseracto con tacones subido...

Entro en bucle, perdona. El caso es que Albert se llenó de preguntas e imágenes mentales. ¿Qué había ahí invisible que movía la aguja? ¿Cómo funcionaba? ¿Qué estaba pasando?

Y luego tenemos su segundo milagro, que llegó cuando un estudiante polaco de medicina comenzó a visitar asiduamente su casa, Max Talmey, de veintiún años, diez más que Einstein. Talmey hablaba con Albert de matemáticas y filosofía, y le prestaba y recomendaba libros. Fue él quien le acercó a las matemáticas con un libro de geometría que Albert devoró y trató como un libro sagrado, su segundo milagro. Hagamos un resumen rápido. Este niño aprendía geometría avanzada por su cuenta, discutía sobre la filosofía de Kant y hacía comentarios a la *Crítica de la razón pura* mientras por las noches acompañaba al violín a su madre con una sonata de Beethoven. El niñito tenía solo diez años. Tonto, lo que es tonto, no diría que fuera. Igual sí va a ser verdad que sus problemas de integración iban por otro lado.

Un niño tan avanzado sería una delicia en el colegio, ¿no? Pues no te creas. Y ahora ya podemos imaginar que no sería por un problema de interés, de falta de interés me refiero. No, más bien lo que ocurría era como me pasa a mí en Tinder, no había *match*. El colegio era un centro al más puro estilo del régimen prusiano de Otto von Bismarck: estricto, autoritario, casi militar. El niño, ya lo sabéis, curioso, independiente, inquieto y soñador. Situación complicada, tensa, daba más miedo que un chino comiendo murciélago. Era mucho peor, porque el niño no era de los de callarse y tirar adelante, era de los de dar batalla hasta el final. Odiaba las órdenes y la disciplina, la autoridad, chocaba con sus profesores y su método, no entendía que hubiera que aprender las cosas de memoria sin razonar, sentía que mataban su curiosidad y la imaginación, y así lo hacía saber. Era rebelde y no se escondía. Claro, a los profesores esto les hacía tanta gracia como el chiste del metilo —«¿Que dice un CH_3 en un balcón? Metilo o no me tilo»—, es decir, muy poca. Les parecía que ese niño era un insoportable y un soberbio. Pero es que a él le daba todo igual, le daban asco los profesores y sus asignaturas y no se molestaba siquiera en disimularlo. Se sentaba en su silla y mantenía una sonrisa enigmática sin hacer caso a nada de lo que decían.

No era el alumno del mes, no, ningún mes. Sus profesores no solían sentir gran simpatía por él. Peor aún, lo tenían por un burro, incapaz de aprender nada. El director de la escuela llegó a decirle al padre que nunca tendría éxito en nada que hiciera, algunos le decían que era mejor que no fuera a clase y sus compañeros le apodaron Biedermeier, algo así como pardillo. Si alguna vez sientes que has dicho algo desacertado en tu vida, recuerda al profesor que le dijo al padre de Albert que nunca tendría éxito en nada. Se te pasará. En clase, un burro; en casa, un intelectual. Para reflexionar.

—¿Por eso dicen que Einstein era mal estudiante?

—No. Eso es un invento. Porque mientras todo esto pasaba, Albert respondía donde tenía que responder, en la cancha, en este caso en el aula, en los exámenes, y rendía bien, con muy buenas notas, en especial en las asignaturas científicas. Sus notas de esos años son todas entre el 4 y el 6. Que sí, suenan muy bajas si tienes como referencia el sistema español, que es sobre 10, pero es que él estaba en el alemán, y allí la nota más alta era el 6.

—Padríííííísimo.

Y con la adolescencia vino el drama. Su padre, recuerda que era Elon Musk mal, sufrió otro fracaso empresarial y tuvo que dejar su empresa, otra vez en bancarrota. La familia de su madre les rescató, pero con una condición, que se mudasen a Milán para tenerlos más cerquita y controlarlos mejor. Los padres de Albert, ante esta situación, tomaron una dura decisión, dejarlo en Múnich con familiares para que acabara la secundaria y así cumplir con el sueño de Hermann, que su hijo fuera ingeniero. Le llamarían Albert el inge. Y podría ir en un coche que tuviera una pegatina que pusiera: «Ha sido adelantado por el inge». Ese era su sueño. Pero Albert tenía otros planes.

Mira qué cabeza dura tenía este tipo. A los pocos meses de estar así, dijo: «Valió madres», pero en alemán, *kostet Mutter* sería o algo así. El caso es que se las arregló para que un médico le diera de baja ante una posible crisis nerviosa. A los dos días fue nominado al Óscar a la mejor actuación. No ganó, pero da igual, porque tenía en su mano su parte para escapar y con él huyó del colegio. Los profesores hicieron una fiesta que no se veía algo así en Berlín desde que dejó de ser española. Para algo que hacemos bien… hay que sacar pecho cuando se puede. Sin aviso previo, se presentó en Milán ante los padres; había decidido dejar los estudios. Bueno, al menos, por el momento, y desde luego que no volvería a estudiar en el sistema alemán militar que tanto odiaba. Quizás en otro ambiente, quizá Suiza, un país neutral… Había tomado la decisión, y no había vuelta atrás. El chico lo tenía claro, tal era su repulsión por esa mentalidad autoritaria y el rechazo a su país que renunció a su pasaporte alemán. Con quince años Albert era un apátrida.

Y también un chico muy seguro de sí mismo. Quizá demasiado. Fíjate la jugada que hizo. Tenía dos años menos de la edad de entrada a la universidad, pero se había enterado de que eso no era impedimento para ingresar… si es que pasaba la prueba de acceso antes. Así que decidió prepararse por su cuenta para los exámenes de ingreso al politécnico de Zúrich dos años antes de lo normal. ¿Y qué ocurrió? Que no la pasó, pero impresionó tanto al director y al catedrático de física, Heinrich Weber, que le prometieron entrada al año siguiente sin necesidad de hacer examen. Tenía doce meses libres por delante, pero le dieron una interesante recomendación, que fuera a Aarau, en Suiza, donde podría asistir allí al instituto y alojarse con su director, Jost Winteler.

Qué diferencia. Un ambiente relajado, liberal, con clases prácticas, diferentes aulas para cada materia y un sistema que le permitía dudar, preguntar y alimentar su curiosidad. Algo que también disfrutaba en la casa de los Winteler, tolerancia y libertad de espíritu. Eso era el paraíso. Me los imagino un poco a lo Flanders, la familia perfecta, el lugar ideal. Allí, Albert encajaba, era otro, y se notó en su personalidad. De callado y ensimismado pasó a extrovertido y carismático, de ser el pardillo de clase o un «burro» a ser un chico popular, con humor ácido, siempre con una ocurrencia en la boca, y muy talentoso. Era el rey de la fiesta, un chico inteligente, yo me lo imagino como miniRick, igual que la imagen de él que ha pasado a la historia, con pelo blanco y bigote, pero cara joven, con camisa de colores bailando encima de un pupitre. Esto es fantasía, pero lo que es verdad es que Albert encajaba, gustaba, era feliz. Sus compañeros le veían como un filósofo risueño al que llamaban «sabio mofletudo». Que como mote deja mucho que desear. Incluso con la felicidad le llegó su primer flechazo, con la hija de los Winteler.

Pero, como pasaba con Newton, en Einstein había un amor más poderoso que eclipsaba cualquier otro: la física. Habían pasado los doce meses pactados, era momento de volver a Zúrich y comenzar sus estudios en el politécnico.

Pero las cosas no iban a ser mucho mejores. La facultad de física no era lo que Albert esperaba. Estaba más pensada para formar inges que para científicos investigadores, y eso se notaba. Por ejemplo, los profesores que eran de nivel medio/bajo, pero más aún por los estudios, nada de teorías modernas, todo física newtoniana. Imagina el palo que se tuvo que llevar Albert, que había llegado soñando con aprender las nuevas teorías sobre la luz de Maxwell o el movimiento molecular de Boltzmann. Es más, sus profesores no se tomaban estas cosas en serio; si es que ni siquiera se podía hablar de átomos. Estaba claro, si Einstein quería estudiar lo que le apasionaba tendría que buscarlo en otro lado. Así que lo tenemos de nuevo, tenía que elegir, rebelarse y seguir sus instintos y pasiones o aceptar el mando y renunciar a sus sueños. ¿Qué crees que eligió Albert?

—*Kostet Mutter.*

—Acertaste.

Comenzó a saltarse las clases, a contestar a los profesores, llegó a tirar a la basura el manual de laboratorio del catedrático Jean Pernet. Sus profesores le odiaban, le tenían por un perezoso, irreverente, que no se dejaba enseñar. Y otra vez lo mismo, le decían que nunca llegaría a nada, que era un «perro holgazán», literal, y que mejor se dedicara a otra cosa. Mientras, Einstein a su rollo, por su cuenta, aprendía física a su aire, por libros y TikToks, y sorprendía a los profesores en los exámenes con resoluciones siempre ingeniosas. Ni el 1 que le puso Pernet en su asignatura ni los continuos enfrentamientos con Weber y los demás profesores pudieron apagar esa pasión, ese sueño. Curiosamente, seguro que esta es la primera vez que oyes hablar en tu vida de Jean Pernet o de Heinrich Weber, sus profesores... pues son los mismos que le decían a Albert que nunca sería nada. No dejes que nadie te diga nunca algo así.

Quienes sí creían en él eran sus compañeros de clase, en particular sus dos mejores amigos, Marcel Grossmann, quien decía que algún día Albert haría algo grande, y Michele Besso. Ellos eran los amigos que nunca le abandonarían y que iban a tener mucha importancia en la vida de Einstein. Aunque con quien más *feeling* tuvo este pájaro fue con una compañera de clase, Mileva Marić, serbia y unos años mayor que él. No tardaron en enamorarse en torno a su pasión mutua: la física. *Ahhhggggg.* Qué romántico. ¿Te imaginas con tu *crush* un viernes por la noche cogidos de la mano en el sofá con una manta viendo vídeos de Date Un Vlog?

Sin embargo, aunque la pasión era mutua, tuvieron suerte dispar. En 1900, Albert aprobaba el examen final, acababa la universidad, mientras que Mileva lo suspendía. Si querían estar juntos, Albert tenía que conseguir un trabajo. Llegaban tiempos difíciles.

Este fue un lustro muy duro en la vida de Albert. Todo en su vida parecía desmoronarse. Weber, el mismo que le había facilitado el acceso a la universidad, le cerró la entrada en el Politécnico de

Zúrich como ayudante, al contrario del resto de sus compañeros. Y lo mismo ocurrió con otras universidades donde Albert quiso entrar. Claro, igual no había caído en un detalle, pero es que este pollito estaba pidiendo cartas de recomendación a Weber, su archienemigo. Como si se lo pide Tesla a Edison, Steve Jobs a Bill Gates o el Coyote al Correcaminos. Normal que nadie le admitiera. El único trabajo que consiguió fue de profesor en un internado, pero acabó expulsado por problemas con el director. Una vez más. El negocio del padre, que era Elon Musk elevado a menos 1, en bancarrota otra vez, Mileva que suspende el examen por segunda vez y ha de volver a Serbia, porque sin nacionalidad suiza nadie le da trabajo. Albert se siente un fracaso, viviendo casi como un indigente y pasando hambre, llega incluso a plantearse tocar el violín en la calle para ganar dinero. Por si esto fuera poco, le llega una carta de serbia, Mileva está embarazada. Ya solo faltaba una invasión alienígena, un meteorito y que anunciaran una nueva temporada de *La rosa de Guadalupe*. En serio, no podía ir peor. Quién diría que estoy narrando la biografía de uno de los mayores genios de la historia, ¿verdad? Pero la ciencia no entiende de clases, rangos, posiciones... solo de ideas y Albert tenía una genial.

Pon música de *Rocky* a tope en tu cerebro. Tocaba resurgir. Elevarse sobre las cenizas como el ave fénix y mostrar toda su valía. Y lo haría como lo hizo el auténtico Tony Stark. Tony fue secuestrado por los terroristas y en su refugio usó todo el poder del paladio instalado en su pecho para mantenerle a distancia de una muerte segura y también para dotar de poder a su armadura. Einstein igualmente estaba en el piso, golpeado por la vida, zarandeado, vapuleado, pero al igual que Tony, encontraría todo su poder en un simple elemento que colocaría en su pecho. Para Einstein ese elemento era una idea. Una simple idea. Era el momento de hacerla brillar.

Había una pregunta a la que llevaba años dándole vueltas. Y para entender este proceso hay que entrar un poco en la mente de

Einstein. Ya decíamos que había una característica que lo convertía en una persona singular. Su cerebro… no funcionaba como el del resto. Como luego explicaría en entrevistas, él no pensaba con lenguaje, con palabras, sino con imágenes visuales, con ideas que recreaba en su mente. Y, además, ya lo avanzamos, era una persona rumiante, o sea, no es que se pusiera a comer hierba de rodillas en un parque, como una vaca, me refiero a que rumiaba conceptos, cuestiones, ideas. Le encantaba poner a prueba el mundo pensando, con preguntas y retos que llevaran la física al límite. «Qué pasaría si…» era su juego favorito. De hecho, fueron constantes en su vida y luego se hicieron muy populares en sus batallas con Bohr, son los *Gedankenexperiments*, o experimentos mentales, sello inconfundible del estilo de Einstein.

Pues desde el instituto, Einstein venía rumiando una cuestión. Lo podemos imaginar en una excursión con su colegio por el campo, como miniRick, pero cara de Einstein, los compañeros entre ellos jugando y trasteando, siguiendo al grupo que avanza, y al fondo un quinceañero ensimismado, como en trance, el semblante congelado, inexpresivo, un cuerpo en estado de mínima energía, latente, como ausente. Y, en contraste, un cerebro en ebullición, agitado, haciendo cálculos. ¿Qué estaba pasando? Tenía un *Gedankenexperiment* al que no encontraba respuesta con una pregunta que, así planteada, parece tonta: ¿qué pasaría si corro al lado de un rayo de luz? ¿Lo vería parado?

Pasaría años dándole vueltas a esa misma pregunta. Su respuesta encerraba la llave para la mayor revolución en física desde tiempos de Newton. Irónicamente, la clave de su respuesta estaría en las ecuaciones de Maxwell, esas mismas que había estudiado a escondidas mientras se saltaba las clases. Ahora que ya no tenía que rendir cuentas a nadie y apoyado en las discusiones con sus amigos y Mileva, sentía que había llegado el momento de rescatar esta idea: ese rayo de luz… si lo alcanzo… ¿qué pasaría? Einstein se dio cuenta de que la clave estaba en la incongruencia entre las leyes de

Newton y las de Maxwell. Un choque de trenes, como un Fede-
rer-Nadal.

—¿Cómo? No entiendo.

—Ah, bueno, normal. Nadal y Federer son dos tenistas…

—No, no, lo de antes, lo del choque de las leyes. ¿Qué onda?

—¿Verdad que si preguntas a tus padres cómo se conocieron
no esperas dos historias distintas? No sé, que tu padre te diga que
fue en un avión de viaje a Nueva York y tu madre que fue en la
boda de la tía Marga. Sería muy raro. Pues aquí pasaba algo así con
dos leyes, las de Newton y las de Maxwell. Si les preguntabas a
las dos cómo se mueve un fotón, una partícula de luz, te dirían
cosas muy distintas. Y eso no vale. Es como si un partido de tenis
tuviera dos reglas distintas. O como los expertos de la televisión,
tío, o eres médico o eres experto en guerra o eres vulcanólogo.
Todo no se puede ser.

—Creo que sigo sin entender.

—Espera, que te lo explico mejor.

Por un lado, tenemos las leyes de Newton. Son leyes que
Newton creó para entender cómo se mueve una pelota. La lanzas
y puedes calcular cómo se va a mover, dónde va a caer exactamente. Y en el corazón de estas leyes de Newton, las leyes del movimiento de la pelota, está incorporada nuestra forma de entender el
espacio y el tiempo, es lo que se conoce como relatividad de Galileo. Te lo voy a explicar con un partido de tenis, Nadal contra
Federer, eran los mejores del mundo. Tú estás en el público, por ahí
en medio de la grada. Vamos a ver qué pasa punto por punto.

1. Rafa Nadal va a sacar. Se toca el culo, la ceja derecha, la
izquierda, el pelo, el culo otra vez, bota la pelota, se toca un poco
más, pelo, nariz, culo, va a sacar… y le damos al *pause*. Todo en
orden, revisemos la situación espacial. Respecto a Nadal la red está
a 12 metros y Federer está a 24. Para ti, que estás en el público, las
distancias son diferentes, la red está a 3 metros y Federer a 15. ¿Ves?

LA POSICIÓN ES RELATIVA, no todos ven las mismas distancias, punto para don obvio, 15-0. Damos al *play*.

2. Nadal saca, Federer devuelve de derecha al ángulo, Nadal llega de revés y la pone al fondo de la pista, Federer la juega de derecha al otro lado, Nadal corre, alcanza la bola y la juega de derecha a media pista. Federer ve a Nadal desplazado y le hace una dejada. Nadal, que lo veía venir, sale corriendo hacia la red cuanto antes. Paramos el partido, nos interesa el movimiento, ¿qué vemos? Desde el punto de vista de Nadal, la pelota va hacia él; desde el punto de vista de Federer, la pelota se aleja de él, para ti, en la grada, ni lo uno ni lo otro, la pelota va hacia la derecha. EL MOVIMIENTO TAMBIÉN ES RELATIVO. 30-0.

3. Pero, es más, desde el punto de vista de Nadal, que sube a la red, la pelota va más rápido que desde el punto de vista de Federer, quieto al fondo, porque Nadal se acerca a la pelota y Federer está parado. Si te cuesta entender esto, piénsalo bien. Velocidad es distancia entre tiempo; si Nadal estuviera quieto al fondo de la pista y pusiera un cronómetro cuando la pelota supera la red, vería que la pelota tarda más en llegar a él que si se mueve hacia ella tal que lo alcanza, pongamos, a mitad de pista. La distancia recorrida por la pelota respecto a él es la misma (pasa de estar de 12 metros a estar a 0 metros), pero, en el segundo caso, el tiempo es mucho menor, como consecuencia, la velocidad es más alta. Si lo miráramos matemáticamente, veríamos que LAS VELOCIDADES SE SUMAN exactamente, es decir, la velocidad que mide Nadal sería la suma de la velocidad a la que se mueve la pelota respecto a la pista más la velocidad a la que se mueve Nadal. 40-0.

4. Llega Nadal, amaga que va a hacer una contradejada, pero alarga el golpeo de revés y la pone al fondo donde Federer no llega, le ha engañado. Paramos el partido. ¿Qué pasa con el tiempo? Si Nadal mira su reloj, vería que son las 12.11; si mira Federer, vería que son las 12.11, y, si miras tú, verías que son las 12.11. En realidad, cualquier ser que mirara vería lo mismo, las 12.11. EL

TIEMPO NO ES RELATIVO, es decir, es absoluto, no depende del observador, es el mismo para todos. Juego, set y partido.

Tú viendo un partido entre Nadal y Federer.

Esto que te acabo de contar se llama relatividad de Galileo y es la forma obvia en que entendemos el espacio y el tiempo y la aplicamos todo el tiempo a nuestro día a día; aunque no lo pienses, aunque no te des cuenta, lo estás aplicando. Pues las leyes de Newton que se usan para estudiar el movimiento de una pelota llevan incorporadas esta relatividad del espacio y el tiempo. Esto, por un lado.

Y, por otro lado, tenemos las leyes de Maxwell. Son leyes que creó Maxwell para entender cómo funciona la electricidad y el magnetismo. Este científico se dio cuenta de que eran lo mismo y que, cuando se fusionaban para formar el electromagnetismo, se producía una onda que se movía como la luz. Maxwell, que no era tonto en absoluto, se percató de que no es que se moviera como la luz, es que era precisamente luz. Así que las leyes de Maxwell son las leyes de la luz, sirven para estudiar su movimiento.

Pero, y aquí está el problema, cuando estudias las leyes de Maxwell te das cuenta de que en ellas el espacio, el tiempo y el movimiento siguen otras reglas que son incompatibles con las de Newton, las que acabamos de ver. Einstein vio que si el partido de antes se jugara con fotones en vez de pelotas y Nadal corriera a una dejada de Federer, si midiera la velocidad del fotón, le saldría una cantidad, 300.000 km/s, si lo midiera Federer le saldría la misma cantidad, 300.000 km/s y si lo midiera cualquier otro ser, no importa su estado de movimiento, le saldría lo mismo, 300.000 km/s. Para los fotones de luz, el movimiento no es relativo. Es absoluto, es universal, es eterno, la luz para todos se mueve a la velocidad de la luz. Esa era la idea crucial de Einstein, su paladio brillando en el centro de su pecho, el concepto del que extraería todo su poder. Parece una idea simple, pero no lo es en absoluto. Es como un Gremlin que si no lo mojas no pasa nada, pero que te lo llevas a un spa y la lía. Sí, acomodar esta simple idea en el universo implica modificar y retorcer los conceptos más básicos que puedes imaginar, de espacio y tiempo, de forma que resulten irreconocibles. Estamos hablando de una idea que cambiaría completamente la forma en que vemos el mundo.

Para que te des cuenta de lo extraño que es. Si tú estás subido en un tren que va a 20 km/h y lanzas una piedra a 5 km/h en el sentido del movimiento del tren, para una persona que esté fuera del tren la piedra irá a la suma, 25 km/h. Vale, esto no es más que relatividad de Galileo. Las leyes de Newton. El sentido común.

Ahora supón que estás subido a ese mismo tren que va a 20 km/h, pero ahora en vez de lanzar una piedra enciendes una linterna. La luz de la linterna va a la velocidad de la luz, es decir 300.000 km/s. El sentido común nos dice que una persona fuera del tren debería ver esta luz a 300.000 km/s más los 20 km/h del tren. Pero no es así. No es esto lo que nos dicen las leyes del movimiento de la luz, las leyes de Maxwell. Ellas dicen que la luz siempre va a la velocidad de la luz, 300.000 km/s, siempre.

¿Ves la tensión? Dos leyes del movimiento que dicen cosas diferentes. ¿Y cuál tiene razón? La situación no era nada fácil, porque, por un lado, tenemos la implacable teoría de Newton, con varios siglos de solidez y éxitos sin precedentes, y sin fisuras. Por otro lado, la joven teoría de Maxwell, muy reciente, apenas habían pasado cuarenta años desde su publicación y aún se debatía su validez en ámbitos científicos. Es un David contra Goliat. Solo un insensato, indomable, irreverente, inconformista sin miedo a desafiar a la autoridad se atrevería a defender a Maxwell frente a Newton. Solo alguien acostumbrado a llevar la contraria, un rebelde, alguien con una independencia intelectual absoluta. ¿Newton o Maxwell? ¿Qué crees que hizo Einstein?

—*Kostet Mutter.*

—Efectivamente. Einstein decide apostar por Maxwell, si la luz no se mueve como las pelotas, igual lo que hay que hacer es que las pelotas se muevan como la luz. Pero el movimiento de la luz estaba desafiando la forma en que entendemos el espacio y tiempo, la relatividad de Galileo no se cumpliría, habría que luchar contra el sentido común, era adentrarse en las leyes del sinsentido. Veamos qué nos dicen sobre el espacio y el tiempo las leyes de Maxwell.

Volvamos a la pregunta de Einstein, ¿qué pasa si corres al lado de un rayo de luz, hasta casi alcanzarlo? Einstein se dijo: «Yo por Maxwell, mato, MA-TO», o algo similar. A tope con Maxwell. Así que la respuesta tenía que ser que no lo vería parado, porque la luz en la teoría de Maxwell siempre va a la velocidad de la luz, no importa quien la mida, es la idea central de nuestro Ironman. En efecto, si corriendo al lado del rayo sacara cronómetro y regla y midiera la velocidad del rayo respecto a sí debería salir lo mismo de siempre, 300.000 km/s, constante. Pero esto es muy raro. Para entender por qué es tan raro, solo tienes que compararlo con cualquier cosa del día a día. Si con un coche te pones a la altura de otro coche, tú sí que lo ves «parado». Sí, claro, el coche se mueve por la carretera, pero hablamos respecto a ti. Tomándote a ti como referencia, el coche está parado porque respecto a ti no se mueve. La luz no permite eso, por más que te acerques, ella distorsiona el espacio y el tiempo para que no la veas parada. Mira cómo. Corres al lado de un rayo y sacas regla y cronómetro para medir distancia y tiempo. Con ello obtienes la velocidad, que es espacio dividido por el tiempo. Pero, al ir corriendo cerca del fotón, tu medida de espacio será pequeña, menor que cuando estás parado, porque te acercas a él. Para que la velocidad salga igual que cuando estás parado solo hay una opción, que el tiempo también salga más pequeño, en la misma proporción. Esa es la primera conclusión: ir muy rápido detiene tu tiempo. *Puuuuuuuuuuum*.

Esto se llama dilatación del tiempo debido al movimiento de la relatividad, y si te parece muy loco, relájate, solo es el principio. Tirando del hilo de esta nueva relatividad se aprenden dos cosas más: que como consecuencia de esto no existe la simultaneidad, no hay un ahora; y que el espacio, al igual que el tiempo, también se dilata.

Muchas cosas. Quizá demasiadas. Vamos a intentar digerirlas todas con otro partido de tenis, pero este mucho más loco. Se juega en la Tierra C-145 con Nadal y Federer de esa Tierra en un universo paralelo copia del nuestro que tiene la manía de jugar sus partidos de tenis en vez de con pelotas... con fotones, partículas de luz. Pero allí la luz no va como aquí, a 300.000 km/s, va a 120 km/h. ¿Qué pasaría? Vamos punto por punto:

1. Nadal está en el fondo de la pista, inicia su ritual de concentración, que en este planeta es dar una vuelta sobre sí mismo moviendo los brazos y cabeza como si fuera una gallina, botar dos veces la pelota, levantar la pierna derecha y tirarse un pedo. Va a sacar y... paramos el partido. ¿Qué vemos? Pues lo mismo que antes, distancias a la red y Federer relativas, cada uno ve lo suyo, pero sin sustos. Como antes. Damos al *play*.

2. Nadal y Federer intercambian golpes al fotón, de izquierda, derecha, y de repente Federer hace una dejada que Nadal ve de forma anticipada y sale corriendo y... paramos, *pause*. ¿Qué ha ocurrido? Pues cosas muy locas. Nadal, que corre en dirección al

fotón, debería medir la misma velocidad del fotón que Federer, que está quieto al fondo de la pista, lo que implica para que esto funcione que su espacio tiene que acortarse (Nadal ve la pista achatada) y el tiempo también. El reloj de la muñeca de Nadal no marca lo mismo que el reloj del partido (WTF). El tiempo es relativo.

3. Damos al *play*, Nadal llega y golpea el fotón, pero justo antes ve cómo Federer sale corriendo hacia la red. Damos al *pause*. Esto es lo que ve Nadal, pero ¿y el resto qué ve? Porque ya sabemos que no existe un ahora general, porque el tiempo va a su bola para cada uno, con lo que no existe la simultaneidad absoluta. Para Nadal, antes de golpear la bola, Federer ha salido corriendo, pero, para otra persona, las dos cosas podrían haber ocurrido al revés: ¡Nadal habría golpeado la pelota antes de que Federer se moviera! Incluso para algún otro podrían haber ocurrido a la vez. Damos al *play*, Nadal golpea la pelota al fondo, Federer no llega. Punto, juego, set y partido para Nadal.

—Pero ¿cómo? Es decir... no puede ser así, no es lo que yo veo.

—¿Estás juzgando al universo desde tu perspectiva?

—Es la única que tengo.

—Los sentidos y eso que llamamos sentido común son maravillosos, han sido moldeados por la evolución durante millones de años para ayudarnos a entender mejor nuestro mundo. Pero no hay que olvidar que son muy limitados, solo captan la realidad que es relevante para nuestra supervivencia. Sin embargo, para llegar más lejos, hay que dar un paso más, si queremos entender el cosmos hay que sumergirse en un dominio mucho más allá de la experiencia humana, allí donde el sentido común no aplica. No solo no ayuda, es que lastra, estorba, entorpece. Por suerte, tenemos otra forma más poderosa de cuestionar al cosmos que sí aplica en este nuevo mundo, es razón, y en particular las matemáticas, que van a ser nuestros nuevos guías. Con ellas podemos quitar el velo y acceder a una nueva forma de ver el mundo, una mucho más rica y profunda. Einstein, guiado por la razón, estaba accediendo a un dominio diferente, el de las altas velocidades, ajeno a nuestra experiencia cotidiana y, por lo tanto, al sentido común, y con ello estaba viendo un nuevo mundo, unas nuevas leyes inaccesibles a nuestros imperfectos sentidos.

Así es. Si Nadal corriera a la velocidad de la luz lo notaría. O si la velocidad de la luz fuera más baja, como en ese extraño planeta. Las leyes de la relatividad solo son notorias en esas condiciones.

Einstein se dio cuenta de que las leyes del movimiento correctas son las de Maxwell; las de Newton son una buena aproximación a baja velocidad, por eso sirven para nuestro día a día, funcionan bien, aunque no son correctas. Como robarle internet a tu vecino, funciona bien, pero no es correcto. O hacerte pasar por un príncipe nigeriano que tiene mucho dinero y te lo quiere donar, tampoco es correcto. Lo mismo con esto. Las leyes de Newton funcionan, pero las leyes correctas son las de Maxwell, que son más generales, más amplias. Las de Newton fallan a velocidades muy altas, cercanas a la velocidad de la luz. Las de Maxwell aciertan siempre. Tenía su idea central para iniciar su revolución.

Mientras, la vida de Einstein había cambiado por completo. Primero, consiguió un trabajo como empleado de una oficina de patentes en Berna. Un trabajo malísimo, vale, con malas condiciones y totalmente alejado del mundo académico y la investigación, pero qué le vamos a hacer, Albert era así, un chico bohemio, feliz en la escasez y, además, este trabajo tenía una ventaja: le dejaba mucho tiempo libre para poder pensar en sus cosas. Todo empezó a ir mejor, se casó con Mileva y tuvieron un hijo. Además, se mantenía en forma con la física, que no es lo mismo que mantener la forma física. Que Einstein era muy coqueto: «Tómame una foto así, mirando al infinito, como que todo es relativo». Bueno, para no quedarse al margen del mundo científico, creó un grupo de estudio informal, la Academia Olímpica, donde debatían sobre física y filosofía. Comentaban desde las ideas de Ernst Mach, y sus teorías sobre el espacio y el tiempo, hasta los resultados de Michelson, Morley, Fizeau, y las teorías de Lorentz, Fitzgerald y Poincaré. Como un *Sálvame*, pero de nerds.

Así, apoyado en conversaciones con sus amigos y con Mileva, consiguió que le encajasen todas las piezas. Le siguieron seis semanas de trabajo extenuante que culminaría en un documento de treinta y tres páginas que cambiaría para siempre nuestra imagen del universo: *Sobre la electrodinámica de los cuerpos en movimiento*, el trabajo científico fundacional de esta nueva forma de entender el universo, y en particular los conceptos de espacio y tiempo, que hoy llamamos relatividad especial. Era septiembre de 1905, tenía veintiséis años. Había nacido el mayor genio creativo de nuestra era.

—Me da mucha envidia. A mí me gustaría mucho ser así. Sueño con hacer algo increíble en mi vida, algo único, tener una idea genial, ¡cambiar el mundo! Me gustaría ser como Einstein. Descubrir una nueva teoría cuántica, la unificación de las fuerzas…

—Vale. Entonces tu palabra hoy, la que tienes que anotar, es INCONFORMISMO. A Einstein no le valía cualquier cosa, siempre quería llegar más allá, y no importaba lo que se quedara por el camino. Si había que desterrar algo que se creía cierto desde hace siglos Einstein no se lo pensaba dos veces, si había que ir en contra del mismísimo Newton, Einstein no dudaba, la «verdad» estaba por encima de todo. Einstein sabía que esa era su mayor virtud, lo que le hizo llegar más lejos que nadie.

—*Kostet Mutter.*

—Tal cual. A científicos de mucho prestigio como Fizeau, Fitzgerald, Mach, pero sobre todo Lorentz y Poincaré les pasó la relatividad por la cara y ni lo notaron. Como esas personas que se ofenden ante un chiste en Twitter, porque no lo entienden, les pasa por encima —«el chiste (volando)… tú (debajo)»—, pues igual.

Lorentz incluso había dado con las matemáticas de la relatividad, las tenía delante de sus narices, si estiraba la lengua, las chupaba, pero nada. Ojo, que hablamos de matemáticos y físicos de primera línea, no de cualquiera, científicos mucho más instruidos y preparados que Einstein, y lo tenían ahí, a pocos femtómetros de sus sienes... pero no llegaron, se les escurrió. ¿Qué ocurrió? ¿Cómo se les escapó algo así? Les faltó dar el salto, el que va de las matemáticas a la realidad. Temieron desafiar a las leyes de Newton. Algo que para el rebelde e irreverente Albert Einstein no era nuevo, sino su día a día, lo de siempre, lo que llevaba haciendo desde el colegio, vamos. No meó el libro de Newton en su cara porque este llevaba trescientos años muerto. Esa filosofía del *kostet Mutter* que llevó al extremo fue su mejor aliado. Ese era su estilo, desafío a la autoridad y cuestionar todo. Simplemente estaba acostumbrado y no tenía miedo. No era nadie, no tenía nada que perder. Esa mentalidad de confrontación, de descaro e indisciplina, esa falta de respeto a lo establecido fue la clave, no tener miedo de cuestionar al maestro, a Isaac Newton. Y haciéndolo, estaba llamado a ser su sucesor.

Ese fue un punto de inflexión. Ese mismo año publicaría otros tres trabajos. En uno daría con la primera evidencia clara de la existencia de los átomos, en el otro respaldaría la hipótesis cuántica que cinco años antes había lanzado Max Planck y con el que posteriormente ganaría el Premio Nobel, y en el cuarto daría con la relación famosa $E=mc^2$. Era el año 1905, su *annus mirabilis*, una producción científica sin par, un despliegue de creatividad, talento, intuición y visión física solo comparable en la historia de la ciencia con 1665 y aquel chico tozudo en la granja de Woolsthorpe al que le cayó una manzana en la cabeza.

Lo que siguió fue silencio. Solo Max Planck pareció entender la importancia de este trabajo. Vale, sí, «solo» Max Planck, el físico más importante de su época, es como decir solo gané un Grammy, solo mandé un cohete a Marte, solo ligué con Scarlett Johansson. Era solo cuestión de tiempo. Es como ese niño que se sube al bordillo, se tambalea, y se vuelve a subir y vuelve otra vez, que dices... a la próxima se cae seguro. Tal cual.

También fue importante la ayuda matemática. Tras este primer trabajo sobre la relatividad, poco a poco fueron aportando su visión otros colegas. Ellos fueron capaces de reformular las ideas de Einstein para hacerlas brillar, en particular cuando consiguieron ver el tiempo como una dimensión, como el espacio, a la que está unida. Ya no se hablaría del tiempo como un parámetro libre que va a su manera, a su rollo, sino de una dimensión más que conforma la realidad, dando lugar a lo que conocemos como el espacio-tiempo. Tan solo unos años después ya nadie hablaba de otra cosa, Einstein se había convertido en una celebridad de la física. Tenía veintiséis años. De 0 a héroe en un pispás.

Y eso le dio un gran impulso a su carrera. Volvió a la academia que le había repudiado. En 1908 consiguió un puesto en la Universidad de Berna. Luego dio el saltó a la Universidad de Zúrich, como catedrático, y un nuevo salto a la de Praga para volver posteriormente adonde todo empezó, a la Universidad Politécnica de Zúrich, donde le habían llamado perro holgazán. Seguro que entró en la universidad diciendo: «Paz entre los mundos». Mientras, había nacido su segundo hijo, Eduard, había participado en su primer congreso en Salzburgo y había sido la primera persona en hablar de dualidad. Todo ello manteniendo el mismo aire despreocupado y bohemio de su vida anterior: trajes raídos, zapatos sin calcetines y pelo despeinado. Su último giro lo daría en 1914 para volver a Alemania recalando en la gran Universidad de Berlín, ya como un científico de élite, como director del Instituto Kaiser Wilhelm sin responsabilidades docentes, junto con grandes científicos como Planck, Nerst, Herzt, Meitner, Roetgen, o Schrödinger, y todo el tiempo del mundo para pensar. Era una gran estrella.

Vale. Aquí es adonde quería llegar yo. El momento clave de su vida. Si aquí acabara este relato, Einstein habría sido un buen tipo, un chico guay, además un buen científico haciendo cosas *nice*. Todo bien. Pero lo mejor estaba por llegar, la verdadera revolución. Estoy a punto de presentarte uno de los trabajos más elevados de la humanidad. Están las sonatas de Beethoven, las pinturas de Miguel Ángel, la catedral de Notre-Dame, y las ecuaciones de la relatividad de Einstein. Espero que estés preparada.

Para cualquiera esto sería suficiente. Pero no para Einstein. Einstein era un perro, como Messi, nunca se detenía, quería más, siempre más. Inconformista. No esperó ni un minuto, tan pronto como hubo terminado su teoría de la relatividad, se lanza a por un reto mayor, el siguiente. No le importaba que fuera enorme, como una montaña, su vigor era monstruoso y se sentía imparable. Así fue. Su primera relatividad, lo que te he contado, es una maravillosa teoría, pero está «restringida», por eso que se llamaría así: relatividad restringida. Poco original el nombre, lo sé. Como lo de «sabio mofletudo», ahí les faltó creatividad. Vale, sí, también se le puede decir relatividad especial, es lo mismo. Lo importante es que es, y él lo sabía perfectamente, una teoría parcial, incompleta, un bocadito que le das a una hamburguesa Premium con beicon, queso y cebolla. Pero era solo un bocadito. Sí, había descubierto un chingo de cosas, pero él sabía que solo había mojado los pies en la orilla de la playa, había mucho, mucho más por descubrir. Eso solo era el principio. Él quería meterse en el agua hasta el cuello.

¿Qué faltaba? Pues, en realidad…, todo. En su formulación de la relatividad, Einstein había simplificado un poco, se lo había tomado con calma el chaval. Sí, había ignorado, conscientemente, un pequeño detalle en nuestro universo. Había hecho el equivalente a un $g=10$ m/s^2 o un $pi=3$ que hacen los ingenieros. Similar. Sí, es verdad, había hecho una teoría maravillosa del espacio, del tiempo, de la materia, pero se trataba de un universo en el que no vivimos, un universo SIN gravedad. La gente flotando, los gatos por el aire, los coches también…

Faltaba trabajo, y él lo sabía. Como estudiante que deja la mitad de materias para el final del verano, Einstein se recluyó para completar su teoría de la relatividad, esta sí sería la definitiva, una teoría del espacio, el tiempo y la materia CON gravedad, una teoría de todo el universo, el mayor reto al que se ha enfrentado nunca ningún ser humano. Lo llamaría la relatividad general. Que para lo genial que iba a ser ya le podía haber puesto un nombre más festivo, «relatividad puta ama» o «la *fucking* teoría definitiva» o «soy Dios y esta teoría es Jesucristo, dedicada con mucho cariño a los profesores de la Universidad de Zúrich». Le faltaba *marketing* a Einstein.

Pero este plan de trabajo, lo sabía, era una idea demente, suicida, la de un chiflado. Su amigo Planck le advirtió: «Te vas a volver loco si no lo consigues, y si lo consigues nadie te creerá». Sí, si fuera capaz de crear tal teoría, le elevaría a la altura del mejor científico de todos los tiempos, sucesor de Isaac Newton, la persona que fue capaz de reformular su teoría de la gravedad, de crear una nueva y más formidable teoría de la gravedad, una teoría de TODO el universo. Einstein sería una versión chetada de Newton, la versión espinaqueada del Newton Popeye, el Charmaleon de Newton Charmander. Juro que busqué algo mejor, pero es todo lo que se me ha ocurrido.

Era momento de ponerse a trabajar. Y el Tony Stark de la física tenía por donde empezar. Y le sucedió lo mismo que le pasó a Tony. Cuando este escapó de los terroristas, se encerró en su laboratorio para dar con un diseño mejorado de la máquina que había desarrollado. Pero su nueva armadura requería de una nueva fuente de energía, más potente y eficiente, que brillara en su pecho. A Einstein le pasó lo mismo, después de su primer éxito quería ampliar y mejorar su flamante teoría, quería crear una más potente y capaz, pero para ello necesitaba un nuevo elemento que reluciera en el pecho, el paladio ya no era suficiente. Así que se lanzó a por un nuevo elemento que colocar en el centro de su teoría, otra vez habría de ser una idea simple, clara, que iluminase todo su proyecto. Y después de mucho pensar... lo consiguió. Era una idea, una idea sencilla. Pero una tan brillante que hasta le darían nombre propio. Sí, tu idea de ir a comprar ron antes de que cierren el chino de la esquina, es genial, pero no tiene nombre, porque no es tan genial, de hecho, ya la han tenido muchas más personas antes que tú. Pero esta sí lo tiene, imagina lo importante que es, lo original y única. Es lo que hoy se conoce como el principio de equivalencia. Y tiene una historia.

Un día de 1907, sentado en una silla en la oficina de patentes, tuvo lo que más adelante llamaría la idea más feliz de su vida. Y yo que pensaba que felices eran los conejos, las nutrias, los jubilados... no, no, esta persona tenía ideas tan grandes que podían ser felices, correr por el campo, formar una familia de pequeñas ideas, ir a un centro comercial el fin de semana... Y fue así. Un día, Einstein estaba en una silla, ojo, amigos, no estaba en una nave espacial girando alrededor de un agujero negro, ni entrando en una dimensión nueva por un agujero de gusano, mira qué cerebro tenía este señor que le valía una simple silla. El caso es que se dio cuenta de que, si en algún momento se cayera de la silla, mientras estuviera cayendo y flotando en el aire, él no sentiría su peso, su propio peso. Durante ese pequeño tiempo en el que cae estaría ingrávido, no sentiría ninguna fuerza. ¿Y qué?, dirías tú. Pues Einstein, alrededor de esta sencilla y por lo demás irrelevante idea, construiría su segunda gran revolución, la teoría de la relatividad general.

Haz este experimento, toma tu báscula de baño, llévala al ascensor, súbete a la báscula y pulsa el botón de subir, a cualquier piso, y mira la báscula. ¿Qué ves? Tú peso, ¿verdad? Eso al principio. Pero cuando el ascensor empieza a subir, ves algo diferente, y si no me crees pruébalo en tus propias carnes de hija de Newton. Verás que, durante un pequeño lapso de tiempo, justo mientras el ascensor acelera para subir, la báscula marca un mayor peso al tuyo nominal, el que tendrías en tu baño donde te tomas fotoselfi. Durante el pequeño tiempo en el que el ascensor acelera, tú, milagrosamente, pesas más. Es la inercia. Tu cuerpo se quiere quedar donde está, en el piso 3, pero el ascensor sube al piso 4, y mientras hace el esfuerzo de elevarte, tu cuerpo se resiste, generando una fuerza de inercia que se suma al peso. La báscula registra todo lo que está pasando y se dispara, en ese momento pesas más. Pero es inercia, el movimiento también pesa.

Ahora imagina esto. Aparece el Doctor Strange en tu casa un lunes a las ocho de la mañana. Qué vergüenza, y tú con el pijama viejo que tiene la goma cedida y una camiseta del Carrefour. El doctor te saca de tu cama y te mete en el ascensor de tu edificio, sin ventanas ni rejillas ni ningún tipo de recoveco que permita que un fotón lo atraviese. Sale del ascensor y te encierra. Entonces hace desaparecer la Tierra, la Luna, el Sol, de golpe, la estación espacial internacional y todo lo que amas en tu vida. El Doctor Strange es raro pero no malicioso, y te manda instantáneamente a otro sistema solar, a ver si así sobrevives, así que pone en marcha los 230 motores Raptor que tiene tu ascensor en vertical hacia arriba. Despegas. Al hacerlo produce una aceleración constante hacia arriba en el ascensor de, precisamente, $9,8 \text{ m/s}^2$, que es exactamente la g, la aceleración de la gravedad en la Tierra. ¿Recuerdas el peso en la báscula cuando pulsaste al cuarto piso? ¿El peso causado por la aceleración del ascensor? La aceleración pesa, lo vimos. Y si esa aceleración es tan grande que pese tanto como la gravedad... ¿serías capaz de distinguirla? La respuesta es no. No te enfades, no es culpa tuya, ni mía. Es del universo. La aceleración del ascensor hacia arriba va a producir un peso en tu cuerpo, por lo mismo que antes lo sentiste cuando subiste al piso 4, por inercia. Estás en el espacio, deberías flotar, no hay gravedad, pero la aceleración del ascensor produce un efecto similar al peso, tanto que sientes que sí hay gravedad. De hecho, en este caso, esta aceleración es tan grande que el peso artificial que genera es exactamente el mismo peso que tienes en la superficie de la Tierra. De hecho, si tuvieras ahí una báscula marcaría tu peso normal, exactamente el mismo. En el ascensor, viajando por el cosmos por el espacio exterior, vacío, te vas a sentir y mover exactamente igual que si estuvieras en la superficie de la Tierra y el ascensor estuviera parado. Ha creado una gravedad artificial tal que no hay ninguna forma de que tú sepas la diferencia, entre el cohete-ascensor acelerando hacia arriba en la negrura del espacio y tú tranquilamente en el ascensor de tu edificio. Son indistinguibles. Esta es la gran idea de Einstein, este es el principio de equivalencia, la idea brillante central del nuevo proyecto de Einstein.

Digiere esto, que llegue hasta tu estómago, suelta bilis, jugos gástricos, que pase a tu intestino, ilion, colon y recto. Ya está en forma de caca. Sácala de tu ano, cógela y mírala a los ojos, porque las cacas tienen ojos, esto nos lo ha enseñado el WhatsApp, y dile: «Conmigo no puedes». Porque no va a poder. Vamos a desmembrar el principio de equivalencia y ver hasta dónde nos lleva. Viene curva.

Tú en un ascensor en la Tierra (figura de la izquierda). Tú en un ascensor en el espacio que asciende verticalmente gracias a la acción de 3 motores que le imprimen una aceleración de 9,8 m/s^2 de forma continua (figura de la derecha). Ambas circunstancias, dice el principio de equivalencia, son indistinguibles; en ambas sientes una fuerza hacia abajo de igual magnitud que llamamos peso.

Einstein, con este principio de equivalencia, dio en la clave: aceleración y gravedad son lo mismo. Por lo que la pregunta: «¿Qué es la gravedad?» a sus ojos se transformó en otra, más interesante y fácil de manejar: «¿Qué es la aceleración?». Entendiendo la aceleración entendería la gravedad. Te pido ahora que concentres tus neuronas en un punto hasta casi crear un agujero negro. ¿Ya? Vamos con ello. ¿Qué produce la aceleración en el espacio-tiempo? Einstein tenía una bella intuición.

Vives en Pilandia. Pilandia es el mundo matemático «de las ideas», de cuyo reflejo se crea el mundo real, el de los humanos, como una copia de ese ideal matemático transformado en una realidad física. Tú siempre creciste ahí, alejado de todo, de hecho, estás fuera del espacio-tiempo, en otra dimensión, desconectado del mundo de esos sucios e imperfectos humanos. Y ese mundo matemático crea los conceptos de triángulo, de círculo, el teorema de Pitágoras, las ecuaciones de segundo grado y todo ente matemático: $1+1=2$, $\cos 0=1$ que luego se usan de molde para crear la realidad física del mundo inferior de los humanos. Pilandia, una especie de Olimpo de dioses cuidadores de las matemáticas, da sentido a la realidad y la protege de cualquier desvarío, triángulos de 4 lados, ángulos negativos, infinitos que se ponen de pie y sale un 8, cosas así. Y con ello se mantiene la tranquilidad en ese mundo terráqueo imperfecto de esas bestias feas que solo quieren comer, ver la televisión y dormir. Ah, lo olvidaba... Y por supuesto, en Pilandia, por encima de todo, de entre todas las relaciones y ecuaciones, luce la estrella de este mundo matemático: $pi=3,14$.

Y un día lo descubres. Fue tu padre antes que tú, y tu abuelo antes que tu padre, y su padre antes que él, y el padre de tu padre, y el padre del padre del padre de su padre... bueno, no entremos en bucle, digamos que siempre fue así. La misión de tu familia fue custodiar pi. No solo por los péndulos, por los círculos, por los inges, por todo, el mundo entero, poleas, palancas, edificios, puentes, columpios, las máquinas como de gimnasio para ancianos que están poniendo en todos los parques de España, todo en lo que los humanos creen depende de ello, de pi. La tecnología, las ondas, las comunicaciones también. Pero ese día, al cumplir dieciocho años, se produce el relevo generacional. Se convierte en tu misión. Dios, que es Higgs en realidad, te ha encomendado por la eternidad custodiar el valor del número pi por encima de todo.

A ver, no nos pongamos tampoco dramáticos, no es nada tan loco, tampoco es tan difícil, ya sabes, 3,1415… todo eso. Lo de toda la vida. Lo que se enseña en los colegios. Ese número sagrado, no hay más, lo único de lo que te tienes que encargar, por encima de todo, lo mismo que hicieron tu padre, abuelo, y bueno, el resto, es que nunca nadie lo puede perturbar, por la eternidad, de ninguna manera.

Y como era tradición, tú lo habías aprendido desde pequeño, pi no es cualquier valor, un número así lanzado al aire, es una propiedad universal muy profunda que da sentido a los círculos, la figura geométrica más perfecta. Cualquier círculo, no importa cómo sea, de qué tamaño, del color que lo pintes, si tomas su longitud y lo divides por su diámetro te sale ese valor mágico, 3,1415… pi. Así que esa es precisamente tu labor, que los círculos se comporten, longitud entre diámetro siempre tiene que ser pi.

Al poco de comenzar tu cargo de guardián de pi, encuentras un problema. Sales de casa y… ahí está. Nunca habías visto un disco así en tu vida. Es un disco dorado, grande, compacto, de varios metros de diámetro y fino, que ha aparecido en tu mundo de la nada, y está ahí flotando. Tú, como siempre, guardián del número pi, haces lo que te toca. Sacas tu regla de Hello Kitty, das unos cuantos pasos para medir el diámetro y lo apuntas. Ahora vas a la parte de fuera del disco, haces todo el camino alrededor, sumas, apuntas y listo, lo tienes. Has calculado su longitud. Divides longitud entre diámetro y ahí está, una vez, más, 3,1415…. Pi, fenomenal. Respiras tranquilo, el disco es nuevo, pero todo sigue igual, el mundo humano de los péndulos, de las comunicaciones, de los mensajes de WhatsApp puede descansar tranquilo. Todo está en orden.

Un día despiertas y el mundo humano es una revolución, la gente grita y corre por las calles, hay fuego y ceniza cae del cielo, es un caos. Peor aún, todo está desfigurado, trastornado. Algo ha cambiado, nada está como debería, es un descontrol. Apocalipsis. Ni péndulos, ni comunicaciones, ni, especialmente WhatsApp, por no hablar de TikTok. Nada funciona. ¿Qué ocurre?

Rápidamente, como guardián de pi, te temes lo peor. ¿Será el nuevo disco de oro?

Vas allí donde el otro día lo descubriste y ves que algo ha cambiado. El disco está girando muy, muy rápido. Nunca has visto algo girar tan rápido. No tienes tiempo que perder, hay que ponerlo a prueba. Tomas tu regla oficial de Hello Kitty, la reglamentaria, y, como has hecho cada vez, lo mides. Diámetro del disco. *Check*. Longitud del disco. *Check*. Divides… y, oh, qué está pasando. No puede ser. Por Higgs, por Tutankamón. Pero si no da exactamente 3,1415… como debería ser. Da 3,02. Pi ha encogido. ¿Qué está pasando?

Y cuando estás a punto de llamar al escuadrón de combate, en misión hacia la Tierra, el matemático relativista del reino de Pilandia aparece casualmente y te grita: «¡Detente! ¡Insensato! Está todo bien. Nada ha cambiado. Todo sigue funcionando como siempre. El disco sigue respetando las reglas de las matemáticas, solo estás ante un disco relativista». Él te lo explica: «El disco se mueve, y muy rápido, en círculo. Al medir el diámetro no hay ningún efecto porque la relatividad no afecta a las longitudes en direcciones que no son la del movimiento, y el disco se mueve en círculo, así que no pasa nada, así lo establece la relatividad de Einstein. El diámetro te da igual que antes, cuando el disco no giraba. Pero, al medir la longitud, la cosa cambia, y mucho. Porque la dimensión de la longitud sí está en la dirección de movimiento y por Einstein sabemos que en la dirección del movimiento las cosas se encogen cuando se mueven. Es solo eso».

Midiendo el diámetro y la longitud de un disco que no gira.
El número pi es la longitud entre su diámetro.

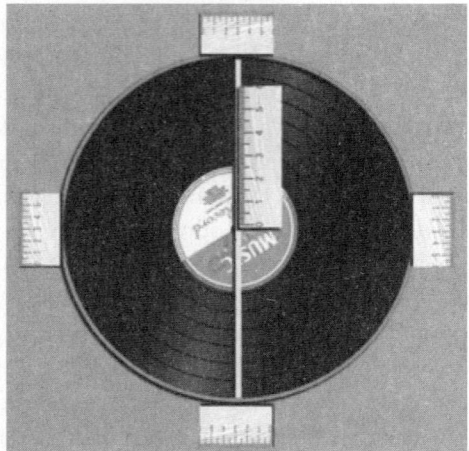

La misma operación pero para un disco que sí gira a gran velocidad.
Al medir el diámetro, la regla no se encoge puesto que el movimiento
en cada punto ocurre siempre en la dirección perpendicular a la regla y por
relatividad no hay contracción espacial en esa dirección. Las reglas que miden
la longitud, en cambio, sí se contraen al estar ubicadas en la dirección
del movimiento, sufren contracción relativista. La longitud, en este caso,
da un valor inferior al caso anterior.

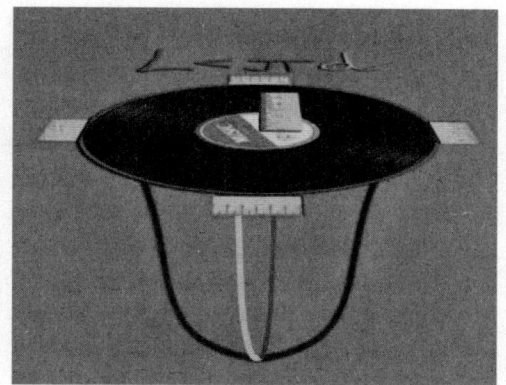

Un círculo de una longitud que es menor que pi veces su diámetro
solo se puede comprender en una superficie curva.

Cuando haces el cálculo te das cuenta de que tiene razón, es lo que está pasando, la longitud es menor que antes, el diámetro es el mismo, por eso la división te sale algo menor que pi. Así que solo es un efecto de la relatividad. Pero ¿cómo puede ser? ¿Qué sentido tiene un círculo donde su longitud no vale pi por su diámetro? El matemático relativista te lo explica: «Estás extrañado porque estás acostumbrado a la geometría plana, la euclídea, que es donde se cumple el teorema de Pitágoras, los ángulos de un triángulo suman 180 y pi vale 3,14. Pero en un mundo curvado esto no ocurre. Si dibujas un triángulo en una esfera, sus ángulos no van a sumar 180, sus lados no van a seguir el teorema de Pitágoras y pi no va a valer 3,14».

«Así que es eso —te dices—, el disco gira tan rápido que, por relatividad, su longitud se estrecha, y esto solo tiene sentido si el espacio se está curvando, se está plegando. Pero si el disco para, las cosas vuelven a la normalidad y pi vuelve a valer 3,14». Así que nada había cambiado, solo que nunca habías visto un disco girando. Entonces lo entiendes, miras a la Tierra y te enteras de que solo se había desatado una guerra más, que si un tuit de Elon Musk había enfadado a Kim Jong-un y vainas del estilo. Puedes descansar tranquilo, porque el mundo sigue siendo igual, una mierda, pero sigue igual.

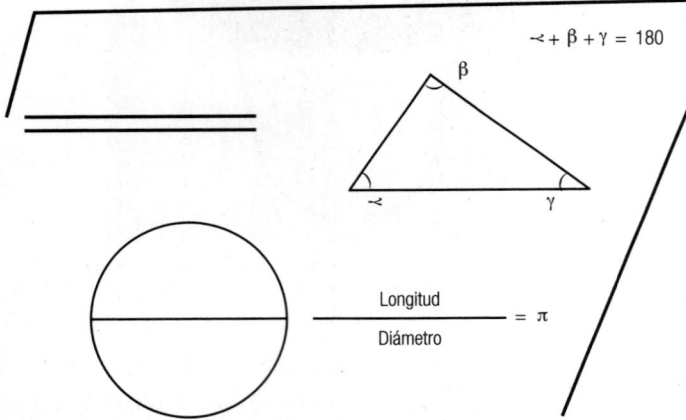

En la geometría plana o de Euclides se cumplen los preceptos geométricos a los que estamos acostumbrados: las rectas paralelas nunca se cortan, los ángulos de un triángulo suman 180 grados y la longitud entre el diámetro de cualquier círculo vale pi.

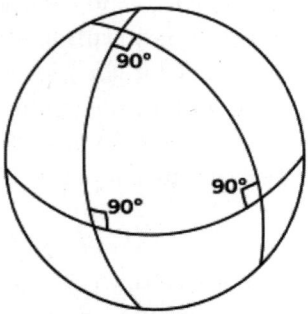

En la superficie de una esfera (un espacio no plano o no euclídeo) ya no se cumplen ninguno de estos tres principios geométricos. Mira esta esfera. Las rectas A y B nacen paralelas, pero se cortan en el polo. Los ángulos suman más de 180. Y si calculamos el valor de pi (longitud entre diámetro) para la curva del ecuador, nos da «longitud de la tierra» (que son 40.000 kilómetros aproximadamente) sobre «longitud de la Tierra entre 2». En esta curva pi vale 2.

—No entiendo qué tiene que ver el giro con todo esto. Estábamos buscando una aceleración.

—Sí. Y ahí la tienes. Un giro es una aceleración. Aunque la velocidad del giro sea constante, está cambiando la dirección de la velocidad. Y eso es una aceleración. Y esto tan raro que te he contado es lo que se conoce como la paradoja de Ehrenfest. Es la conexión que Einstein estaba buscando.

—A ver si lo he entendido todo. Me quieres decir que un giro, si es muy rápido, provoca que el espacio se curve, pero un giro es una aceleración. ¿Insinúas que la aceleración está relacionada con la curvatura del espacio?

—Así es. Has hecho todo el viaje. La gravedad es equivalente a una aceleración, un espacio curvo produce el efecto de acelerar, así que ahí lo tienes, la gravedad es causada por la curvatura del espacio.

—Padríííííísimo.

—Ese fue el punto de partida de Einstein. Y como tantas veces en la vida se cumple la regla de oro: «Lo importante no es saber, sino tener el teléfono del que sabe», esta vez también. Einstein lo tenía, uno de sus amigos incondicionales de la etapa universitaria, Marcel Grossmann, un excelente matemático que dirigiría a Einstein hacia la respuesta acertada. Grossmann recordaba que alguien ya había desarrollado poco tiempo antes las matemáticas del espacio curvo, el gran Bernhard Riemann. Ya estaba hecho el trabajo. Solo faltaba un *copy/paste*. En realidad, exagero, no fue tan fácil.

En 1912 dio con la teoría correcta, pero la rechazó por un razonamiento erróneo. Después de dos años de tentativas infructuosas, volvió a la teoría original en 1915, al poco de entrar en la Universidad de Berlín. Estaba listo para completar su segunda revolución. Había tardado ocho años.

En noviembre de 1915 presentó su teoría de la relatividad general, extenuado y extasiado. Como él mismo describió, estuvo varios días fuera de sí mismo debido a la excitación. Su teoría se puede condensar en una expresión, esta de aquí:

$$R_{\mu\nu} - \frac{1}{2} R \, g_{\mu\nu} + \Lambda \, g_{\mu\nu} = \frac{8\pi G}{c^4} \, T_{\mu\nu}$$

Que explica muy bien la esencia de la teoría. A la izquierda, la curvatura del espacio-tiempo, a la derecha el contenido de materia y energía. La cantidad de materia, la masa, y la energía generan una curvatura en el espacio-tiempo y es esta curvatura la que acelera los cuerpos con ese efecto que llamamos gravedad. O como resumiría uno de mis ídolos de forma brillante, en una sola frase: «La materia le dice al espacio cómo curvarse, el espacio le dice a la materia cómo moverse». Por cierto, ese ídolo se llama John Wheeler. Esta es la relatividad general de Einstein. Un cuerpo como el Sol, por tener masa, curva el espacio-tiempo. Ahora tú, en ese espacio-tiempo curvado, te ves caer hacia el Sol acelerándote, es la acción del espacio curvado actuando sobre ti.

Su nueva teoría de la relatividad era sencilla, elegante, bella y universal. Pero es que, además, al estar basada en la relatividad especial, sustituía a la teoría de la gravitación de Newton cubriendo sus defectos y limitaciones, ahora ya era compatible con la nueva forma de ver el espacio-tiempo. Asimismo, esta dejaba de ser una acción a distancia, algo que, como vimos, tanto desagradaba al propio Newton, y, por supuesto, también a Einstein que la llamaba «acción fantasmal a distancia». Con Einstein todo cambia, la gravedad se propaga a la velocidad de la luz por el propio espacio, son las ondas de gravedad en el tejido del espacio-tiempo, las famosas ondas gravitacionales que fueron detectadas hace unos años, son las que «transmiten» la gravedad. Pero especialmente, aún más importante, daba una respuesta al porqué de la gravitación, ¿qué vaina es? Ya lo sabemos, no hay ninguna causa misteriosa, nada que funcione a distancia, de forma mágica, instantánea; la gravedad es solo un efecto de la curvatura del espacio-tiempo, el espacio, cuando se curva, empuja la materia. Eso es precisamente lo que llamamos gravedad.

Y todo está muy bien… pero una teoría científica requiere de algún tipo de verificación para que se tome en serio. Tenía buena pinta, sonaba genial, pero… ¿de verdad el espacio-tiempo se distorsiona debido a la materia y la energía? Una de las primeras cosas que hizo Einstein con su teoría fue probar con un problema abierto en su época relativo a la órbita de Mercurio. La teoría de Newton daba una órbita que no coincidía con la que se observaba trazando su movimiento. Cuando Einstein probó con su nueva teoría… redoble de tambor… otro más aún, *tarururu*, emoción, tensión… qué pasará… otro redoble y… la gran sorpresa, encajaba a la perfección. Einstein más tarde declararía que sus cálculos correctos le produjeron fuertes palpitaciones. No me extraña.

—Lo cuentas de forma muy segura y persuasiva, pero cómo pueden tener la certeza de que es así y no es de otra forma. Se me hace que los científicos confían demasiado en sus teorías y en sus cálculos.

—Nunca se está seguro de nada en ciencia, el propio método científico te lleva a revisar continuamente todas tus convicciones, es un proceso infinito.

—Yo dudo de todo, hasta de mí misma, de mi existencia, de mi realidad. Y esto solo lo apoya. ¿Es que entonces no se puede estar seguro de nada?

—No es así tampoco; a medida que se hacen pruebas que confirman tus teorías, estas se van fortaleciendo, tu confianza en ellas aumenta. Pero eso no quita que llegue otra futura que pueda mostrar algún fallo. Está en continua verificación.

—Me parece muy loco que el mundo se pueda describir con matemáticas, que siga leyes precisas, que todo obedezca a procesos que se puedan medir.

—No me extraña que te sorprenda. Einstein decía que lo más incomprensible del mundo es que sea comprensible. Y Galileo, que la naturaleza es un libro escrito en el lenguaje de las matemáticas. No tenía por qué responder a proporciones y medidas... pero, en definitiva, lo hace. Nosotros solo somos esclavos de la realidad; como científicos, solo queremos observarla y aprender a leerla. No te olvides de quién es el maestro y quién es el aprendiz, en última instancia la naturaleza siempre manda.

—¿Y estamos hechos para entenderla?

—Eso no lo sé yo, y no lo sabe nadie. Tampoco hay que olvidar que actuamos desde nuestra posición, con nuestros sesgos y nuestra perspectiva, y con nuestras limitaciones. Quizá nunca lleguemos a responder todas las preguntas. Hay que ser consciente de nuestra posición ante la inmensidad del universo con humildad.

Y apliquemos todo esto a nuestra historia. Estamos con Einstein y esto es lo que nos dice, el espacio se curva según él predijo. Una idea genial, no cabe duda, pero necesitaba una verificación para poder empezar a tomarla en serio. Faltaba una demostración más firme que apoyara la teoría. Einstein decía: «Si Dios no construyó el mundo según la relatividad general, peor para Dios»; el ego científico es así de intenso, esto no es un argumento válido. Se necesitaba algo más. Pero de nuevo Einstein tenía una idea. Una de las predicciones de su nueva teoría es que sí, las nubes pesan, los pedos pesan, pero también, afirmaba él, la luz pesa. Claro, la luz no tiene masa, pero tiene energía, y ya vimos que la energía curva el espacio, así que genera gravitación, algo que no ocurre en la teoría de Newton. Pues probemos si esto es cierto. Veamos qué ocurre con la luz de una estrella cuando pasa cerca del Sol, ¿cambiará su trayectoria? Claro, el problema es obvio, ¿cómo vas a ver una estrella cerca del Sol, es decir, de día? Normalmente, no podemos. Pero hay una excepción que sí te permite verlas, se llaman eclipses.

Este era el plan, observar la posición de una estrella en el cielo, de noche, sin el Sol, y luego observar la misma estrella cuando el Sol está cerca, en un eclipse. Claro, al tapar la Luna la luz del Sol,

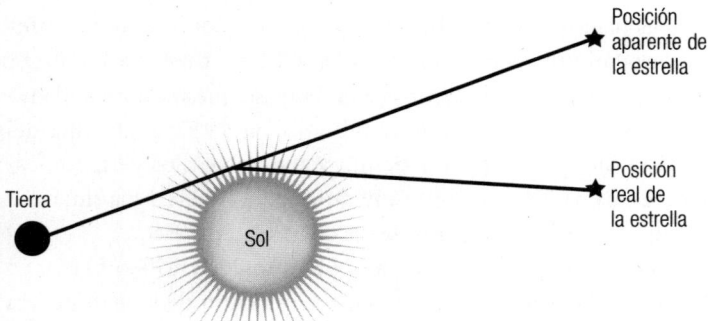

La luz de una estrella se curva al pasar cerca del Sol tal y como predice
la relatividad general. En el eclipse de 1919 se observó esa variación
de la posición de la estrella debido a la presencia del Sol.

se hace noche en pleno día y las estrellas se pueden apreciar, justo
lo que buscamos. Si entonces la posición de la estrella ha cambiado
con respecto a cuando se contempla esa estrella de noche, sin Sol,
solo puede ser porque la luz ha sido desviada por el Sol. La relatividad sería correcta. Había una forma de comprobar su bella y elegante teoría. Pero había que esperar a una buena oportunidad: un
eclipse total.

Mientras esperaba, su mundo estaba sumido en otras convulsiones. Su vida personal había estallado con la llegada a un Berlín
que Mileva detestaba. Al poco tiempo, estarían viendo cómo proceder con el divorcio. Su hueco lo ocuparía su prima Elsa, doble
prima, por madre y abuelo, y también mayor que él, con quien
seguiría hasta el final de su vida.

En el plano político la cosa no estaba menos agitada. En Alemania el ambiente era denso, comenzaban a crecer ideas de odio y
rechazo a lo exterior. Albert no lo podía entender, el mundo se
estaba volviendo loco. Se creó un manifiesto para el mundo civilizado que firmaron noventa y tres destacados intelectuales. Uno de
los pocos que se negaron fue Albert. Nada pudo evitar que estalla-
ra la Primera Guerra Mundial en 1914. Einstein, que no solo tenía

los pies planos que lo incapacitaban para la guerra, sino que también era un convencido pacifista, se echó las manos a la cabeza: «Temo el día en que la tecnología sobrepase nuestra humanidad».

Cayó enfermo, y muy debilitado, en 1917, por culpa del esfuerzo mental y la guerra, perdió veinticinco kilos y acabó postrado en cama. Fueron años muy duros para Albert. Una situación que iba a mejorar con el fin de la contienda en 1918.

Y llegó el año 1919, su año. El famoso científico británico Arthur Eddington, el más conocido astrónomo de su tiempo, era uno de los más fieros defensores de la teoría de la relatividad general y uno de los pocos que verdaderamente la entendía. Él, como Einstein, era consciente de que esta teoría no sería masivamente aceptada hasta ver cumplida su predicción. Eddington sabía que solo necesitaba medir la posición de una estrella en esa región del cielo durante un eclipse de Sol. En 1919 habría un eclipse total que sería visible desde el norte de Brasil y desde la isla de Príncipe, cerca de Guinea Ecuatorial, en la costa africana. Era su oportunidad de reivindicar la teoría.

Así, para maximizar sus opciones, Eddington organizó dos expediciones, una a cada emplazamiento, para hacer una medida precisa durante el eclipse total en mayo de ese año. Lo consiguió no sin su dosis de drama y mucha tensión. A la vuelta de la expedición los resultados fueron anunciados en una reunión doble de la Royal Society y la Royal Astronomical Society en Londres: la estrella «se ha movido» tal y como predecía la relatividad general; estaba comprobado: la luz se curvaba por la gravedad. Todo el mundo se rindió a sus pies, había llegado un digno sucesor de Isaac Newton. Era Albert Einstein.

Esta vez su fama no se restringió solo al mundo científico, tuvo una repercusión mundial a todos los niveles sociales. Albert Einstein fue elogiado como el mayor científico de todos los tiempos. Se desató la *einsteinmanía*. O, como él lo llamaba, el circo de la relatividad.

De estos tiempos son sus grandes giras por Estados Unidos, Europa y Japón, sus recepciones con príncipes y presidentes de Estado, sus visitas a Broadway, sus charlas con Chaplin, Marilyn Monroe o Gandhi, y su Premio Nobel, en 1923, por cierto, no por su relatividad, sino por el efecto fotoeléctrico. Todo el mundo hablaba de él y su relatividad general, desde reyes hasta taxistas, aunque nadie la entendiera. Te cuento una anécdota de estos años que deja entrever muy bien su carácter y personalidad: Einstein le dijo a Chaplin: «Lo que más admiro de ti es tu arte, y tu universalidad, todo el mundo te entiende, aunque no digas nada». Chaplin le respondió: «Cierto, pero tu gloria es aún mayor, todo el mundo te admira, aunque no entiendan ni una palabra de lo que dices».

Era alegre, ingenioso, carismático. Se acercaba a niños, pobres y reyes, siempre tenía algo ocurrente que decir, lo que despertaba la risa en la audiencia. Esta época está llena de anécdotas, historias y sus famosas citas, siempre certeras. Todo el mundo amaba a Einstein, los periodistas lo buscaban y él siempre tenía una sonrisa para todos. Y, además, ahora se había refinado. Ya no iba vestido como un andrajoso, trajes raídos y sin calcetines, como hizo hasta su llegada a Berlín.

Mientras, tan rápido como crecía su fama, también lo hacían sus detractores. Ser judío, alemán y pacifista no ayudaba. Ni de cara a los ingleses y franceses, ni a los alemanes. En Estados Unidos, el catedrático Charles Lane Poor llegaría a mofarse de las teorías de Einstein; en Alemania, Philipp Lénárd, Premio Nobel de física, se refería a él como fraude judío, incluso se llegó a crear una Liga de la Antirrelatividad para purgar la física judía de Alemania, a la que se unieron científicos importantes como Stark o Geiger.

Así, su vuelta a Alemania tras sus numerosas giras, no fue nada cómoda. La Primera Guerra Mundial había dejado una Alemania tocada económicamente y muy dividida, lo que hizo crecer el sentimiento de odio y rechazo, en particular hacia los judíos. Einstein fue víctima de esta nueva ola de antisemitismo. Ofrecieron recompensas por su muerte, compañeros suyos fueron asesinados y los actos de violencia contra judíos fueron en aumento. La situación se iba complicando cada vez más.

La cosa se puso imposible ya con la llegada del partido nazi al poder y el ascenso de Hitler en 1933. Los nazis confiscaron sus propiedades, su cuenta bancaria y prohibieron sus libros y artículos, siendo quemados en una plaza de Berlín. Como uno de los primeros en la lista de perseguidos por el nuevo régimen, Albert se vio en la necesidad de huir. Nunca regresó. Para Einstein el destino más atractivo era Estados Unidos, un pueblo libre y democrático, donde siempre había sido bien recibido. Eligió Princeton.

Los años treinta fueron también muy difíciles para él. Murió su mujer, Elsa, en 1936. A su hijo Eduard, ahora solo, le diagnosticaron esquizofrenia y tuvo que ser ingresado. Mientras, se veía apartado de la vanguardia de la física. Renegando de la teoría cuántica, se había lanzado a un esfuerzo en solitario, el de crear una teoría unificada de la electricidad, magnetismo y gravedad, sin éxito. Sus compañeros de profesión lo veían como un viejo dinosaurio. Y peor aún, uno de sus trabajos más importantes tuvo que rebelarse contra él. Hablo de su famosa ecuación: $E=mc^2$, fue la puerta al desarrollo de las bombas lanzadas en 1945 sobre Hiroshima y Nagasaki. Cientos de miles de personas murieron. Y todo comenzó, de alguna forma, con él, un declarado pacifista.

Einstein murió diez años después, en 1955. Solo y sumido en esa terrible contradicción: pacifista devoto, defensor de los derechos humanos, de las naciones unidas, del diálogo entre los pueblos, de la no violencia y padre involuntario de la mayor máquina de aniquilación que ha creado el hombre.

Se despidió lamentándose del mundo que dejaba tras de sí: «No sé cómo será la Tercera Guerra Mundial, pero la cuarta será con piedras y palos».

Einstein brilló como una supernova. A mí me encanta imaginarlo como ese niño rebelde, soñador, preguntón, con esos mofletes hinchados y el labio caído; apátrida, y ciudadano del mundo, inconformista y amante y defensor de la verdad. Ese niño jugando, mirando la brújula e imaginando fuerzas invisibles guiando partículas en el universo. «Solo aquellos que intentan el absurdo pueden lograr lo imposible». Recuerda, inconformismo y *kostet Mutter*, eso es puro Einstein.

Los logros de Einstein son interminables y lo abarcó todo, desde la física de condensados, el láser y la física de materiales, la mecánica cuántica, la física estadística, la cosmología, la astrofísica y, por supuesto, la relatividad. Todo ello lo eleva por encima del resto de los mortales y lo incluye en un selecto club, en el de las personas que más han contribuido al conocimiento del universo y que más impacto han tenido en la historia de la humanidad. En ciencia, solo Newton, si cabe, puede mirarle desde arriba.

Y dentro de sus grandes logros, su obra cumbre: la relatividad general. Una preciosa teoría, elegante, hermosa, sutil y con profundas implicaciones en cómo entendemos el universo. Una de las grandes obras de la humanidad, que, por impacto y belleza, merece entrar en el Olimpo de las mayores creaciones de la humanidad, con los conciertos de Mozart, las obras de Shakespeare... Una teoría que al fin nos lega una descripción completa de la gravedad, que termina el trabajo que Newton había dejado inacabado. Newton decía que la gravedad es una fuerza entre masas. Con Einstein ya no solo entendemos el cómo, sino también el porqué, dibujando toda la historia: un cuerpo por existir contiene una cantidad de masa, lo que hace que el espacio-tiempo se distorsione con él; ahora cualquier cuerpo en su entorno percibirá su espacio curvado por la presencia de esta masa, lo que afectará su movimiento, generando una variación de su velocidad, una aceleración, que lo moverá en dirección de la otra masa, provocando una trayectoria de atracción. Esa variación del movimiento debido a la curvatura del espacio provocado por la masa es lo que llamamos gravedad. Fin de la historia.

—Vale, el espacio se distorsiona por la presencia de una masa, ¿es algún campo cuántico? ¿Es causado por la inflación? Tengo la cabeza llena de preguntas, y cada vez más.

—No quieras correr antes de aprender a caminar. Está muy bien tener ese ímpetu, pero no dejes que te ciegue. Si te fijas, las grandes ideas son simples y disparan a conceptos muy básicos del mundo, el espacio, el tiempo, la masa… Por eso, hay que mantener los ojos bien abiertos y no dejar de asombrarse por el mundo que nos rodea. Hay que empezar por el principio.

—Cuestiones básicas cómo… ¿qué es la masa?

—Sí, ese es el tipo de preguntas que cambian el mundo. Y la respuesta… es que aquí la relatividad calla. Los cuerpos tienen masa, pero no sabemos por qué. Este hueco en la comprensión del cosmos quedaría abierto muchas décadas más, a la espera de alguien que pudiera apuntalar la teoría con un mecanismo que explique el origen de la masa: ese, amiga mía, es —bajó el tono— el mecanismo de Higgs.

—¿Higgs destronaría ahora a Einstein?

—No. En realidad, nadie lo haría. Las grandes revoluciones no suelen invalidar las teorías pasadas, sino incluirlas ampliándolas. Muchos de los avances en física no deben verse tanto como «teorías destronadas», sino como «mejoras». Caminamos a hombros de gigantes, recuerda. Pero respondiendo a tu pregunta… la historia se vuelve a repetir, las nuevas ideas se rechazan, luego se asimilan, se consolidan hasta consagrarse, solidificarse y acomodarse en nuestra concepción del mundo. Para avanzar se necesitan nuevas ideas transgresoras, espíritu revolucionario, irreverente e inconformista. El mundo no se cambia siguiendo directrices, planes maestros, simplemente obedeciendo. El cambio pica. Hay que desafiar todo conocimiento. Hay que atreverse a saltar al vacío. Hay que enfrentarse a lo establecido. Hay que aprender, más y más, hasta dominar lo aprendido, para luego olvidarlo todo. Hay que saber soltar la soga, cortar el cordón umbilical, arrancarte las cadenas.

Hay que implosionar todo desde dentro, caos y destrucción. *Kostet Mutter*, Cristina.

—No sé si seré capaz, pero es mi gran sueño, cambiar el mundo. Y lo he apuntado, inconformismo. Hay que ser un irreverente, como Einstein. Y mantener los ojos abiertos, nunca perder el asombro.

—Muy pocas personas están capacitadas para hacer algo así, hay que ser muy creativo, tenaz, pero, sobre todo, valiente. Nos aferramos fuertemente a lo que nos hace sentir seguros. Y no lo olvides, nadie es inmune a los prejuicios. De hecho, ¿te puedes creer que el mismo Einstein, que llegó a lo más alto desafiando a todo, fue víctima más tarde de sus propios prejuicios? Pero esto lo conoceremos más adelante en la historia, en la segunda parte de su vida.

—Ahora solo quiero seguir con la historia y viajar al Big Bang.

—Pues a ello vamos. Hemos viajado al futuro para avanzar en el conocimiento de la gravedad. Ahora toca hacerlo hacia el pasado. Necesitas entender lo que sucedió al inicio del universo. Te hablaré de un cura científico, de un *rockstar* de la ciencia, de un científico ruso medio loco que, como Einstein, tuvo que morder el polvo. Aprieta fuerte los puños que toca dar un gran salto.

—Padríííííísimo.

5

—Desde pequeña siempre dudé de mí misma. La verdad es que no encontrar a nadie que apostara por mí solo sirvió para confirmar que no valía.

—Y te has pasado el resto de tu vida boicoteándote a ti misma para demostrar a los demás que tienen razón, ¿no es así?

—No es fácil ser la oveja negra de la familia, ¿sabes? Cuando ni tus padres creen en ti...

—No tienes que demostrar nada a nadie.

—Lo sé. Pero ver una y otra vez cómo en el colegio, en la universidad, acumulo fracaso tras fracaso, es frustrante. Quiero hacer cosas grandes, pero... simplemente no valgo. No valgo para nada.

—Una nota mide tanto lo que vales como tu número de cuenta mide cuánto tienes en la vida. Hay muchas cosas que las calificaciones no miden, tanto como cosas de valor que no se cuentan en euros. Tú eres mucho más que un número. Tienes que creer más en ti misma. Sí, había notado que esa soberbia aparente escondía mucha inseguridad. Enérgica y preguntona, pero insegura, todos estamos hechos de contradicciones.

—Yo ahora mismo no creo en mí. Ni confío en nadie. Desde que mi padre... —Se sacudió su tono triste y melancólico y volvió ese brillo de niña curiosa insaciable a sus ojos—. Bueno, mejor sigo con mis preguntas, que son muchas y es más alegre. ¿Entonces, la maquinita esa que has creado tiene bosones o hace bosones o cómo? ¿Y qué es un bosón?

—Ya te has lanzado. Así me gusta. Pues es pronto para responder a esa pregunta. Recuerda que aún queda mucho camino.

—Del que se recorre con el cerebro, ya sé. ¿Adónde vamos ahora entonces?

—Vamos al pasado. A conocer una linda historia. Tenemos un sacerdote matemático que encuentra la forma en que el universo se creó, hasta un ruso medio loco, que intentó escapar de su país en un kayak lleno de coñac. Y, por supuesto, pelea, una batalla épica, entre dos formas opuestas de entender el universo. Pero empecemos por el principio, toca viajar a 1912. Y cuando uno viaja en el tiempo, tiene que hacerlo en condiciones. Agárrate fuerte que despegamos. —Una vez más, se subió a la silla—. Habrá que vestirse de época, un vestido largo a la moda, como lo llevan en París, o en Londres, con un tocado y unas bonitas zapatillas. El bolso también a juego. Y fuera el resto, nada de tecnología moderna de la que usamos hoy en día, coches a la antigua. Pero lo más importante… la mentalidad, y los conocimientos, la mente, el pensamiento, en qué crees, qué sabes. Resetea tu chip, y ponte en situación. Estás en una época en la que se pensaba que el universo era eterno, las estrellas no cambiaban, todo ha sido y será igual, para siempre. El cielo es inmutable. ¿Ya?

—Ya —dijo ella con cara de resignación mientras él se bajaba de la silla.

—Recuerda que nuestro principal enemigo son los prejuicios. No juzgues, solo déjate llevar. ¿Lista para que te estalle el cerebro?

—¡Más lista que nunca! Padríííííísimo.

—Pues con esa mentalidad, imaginando un universo eterno e inamovible, ya puedes deducir el gran disgusto que supone esta historia, la que te voy a contar. Comienza así, con un genio inusual, una persona muy diferente al resto. Nuestro Ironman, Albert Einstein.

Era el día más feliz de su vida. En noviembre de 1915, después de más de una década comiéndose la cabeza, finalmente Einstein publicó la teoría de la relatividad general, la teoría definitiva, uno de los mayores logros de la historia de la ciencia, una teoría que permitía explicar la gravedad con sus nuevas ideas sobre el movimiento. Lo había conseguido, era el sucesor de Newton, sería mundialmente famoso, había hecho historia. Y la teoría es muy bonita y todo muy bien, y deja unas ecuaciones que son para ponerlas en un papel, enmarcarlas y colgarlas en el salón, de lo preciosas que son. Era algo épico. Pero no había tiempo para eso que hacen muy bien los gatos, levantar la pata y chuparse los bajos, no, esto no era el final del asunto, sino más bien solo el comienzo. Era un grandísimo paso, pero quedaba la mayor parte del trabajo, resolver esas ecuaciones. Esto es como una receta de cocina. Una cosa son las instrucciones y los ingredientes, eso no te lo comes, no te veo a ti comiéndote un libro de Chicote, o la harina ahí, a cucharadas, no; y otra cosa es el resultado, la tarta, ahí sí que le hincas el diente. Pero para sacar la tarta de las instrucciones hay que trabajar, hay que ponerse en marcha. O como el fútbol, una cosa son las reglas y otra muy diferente el partido. Pues con esto sucede algo parecido. Estaban las ecuaciones de la relatividad, las reglas, faltaba resolver estas ecuaciones para ver qué nos quedaba, la tarta o el partido. Había que resolver las ecuaciones de la relatividad. Pero aquí está la cuestión más interesante, la ecuación de Einstein es una ecuación que describe la gravedad, y esta es la fuerza que domina en el cosmos, a nivel de estrellas y galaxias, pero también es una teoría sobre el espacio y el tiempo, así que resolver esta ecuación, en realidad, significaba entender el funcionamiento de todo, de nuestro hogar, del universo. Con esta ecuación, por fin, se podían responder preguntas del tipo: ¿cómo es el universo? ¿Cómo funciona? ¿Por qué él no me quiere? No. Esto último, no. Aun así, el premio no era pequeño. Comenzaba la carrera.

Y Einstein, como partía con ventaja, la aprovechó y fue el primero que se puso a la labor. No había tiempo que perder. Se estiró delante de su escritorio, se rascó el bigote, tomó un boli y se puso a trabajar. Así, ya en 1917, solo dos años después, tenía terminado y listo para publicación un artículo: «El universo según sus ecuaciones». Y tal y como tenía previsto, sería un universo maravilloso, hermoso, glorioso, exactamente como él lo veía. Un universo inmenso, inabarcable... y eterno. Sobre todo, eso: eterno. No podía ser de otra manera. Esta sería su gran obra, se dijo, en alemán. Pero cuando se fijó en sus ecuaciones y miró bien... se sacudió la cabeza, se rascó la barbilla... ¿qué estaba pasando? Parecía que el universo tenía otros planes, se rebelaba ante lo que, según pensaba él, debería ser su destino: el universo en su papel, según sus ecuaciones, no era eterno, no podía serlo, tenía que morir, desaparecer en una gran explosión.

—¿Cómo puede ser? ¿Un universo que muere? No tiene ningún sentido. La muerte, algo tan humano... ¿en el universo?

—Tan preguntona... me gusta. Pues eso es lo que vio en las ecuaciones. El poder de la gravedad. Dime, ¿qué pasa si dejas un coche cuesta abajo sin freno de mano? Cae, ¿verdad? Es decir, no sube ni se queda dónde está. El coche, como todo, tiene la horrible manía de caer. Todo por la gravedad, una fuerza que siempre está ahí, empujando la materia a caer, a colapsar. Pues ahora miremos al universo. La fuerza dominante a gran escala en el universo es también la gravedad, es la que manda en el cosmos. Pero como es una fuerza atractiva entre las masas, y siempre es así, entonces el universo solo tiene un futuro posible, colapsar sobre sí mismo. Según las ecuaciones, el universo tiende a comprimirse, a apretujarse. Lo mismo que el coche tiene que caer, la materia en el universo tiene que colapsar.

Vale, pero aquí está el conflicto, porque entonces ya no sería eterno, ya no sería como Einstein lo imaginaba. Einstein sentado, delante del papel, estaba perplejo. No lo podía creer. Pero eso le decían sus ecuaciones, se lo susurraban, oía una voz, como Gollum: «El universo se comprime… colapsa… pero las ecuaciones son mías… mi tesoro…». Imagina el trauma, él sentado en el escritorio, luchando contra la realidad; «No puede ser», repetía, pero en alemán. Sudando, frustrado, sufría agonizando, rebelándose contra su propia obra mientras oía las voces: «Colapsa, colapsa, miiiiii tesooooooro»… Pero tiene que haber algo, protestaba… tiene que haber alguna manera de parar esto… murmuraba por debajo de su bigote. Y, de repente, lo vio claro. Tomó sus ecuaciones, las puso delante de él, levantó el boli y a mano le puso un nuevo término, en medio, lambda, se escribe así: Λ, lo llamó la constante cosmológica. El último ingrediente que faltaba a su teoría para ser perfecta.

—Esto me ha parecido muy raro. Me has dicho que el fin de la ciencia es entender la naturaleza no hacer que se ajuste a nuestros deseos.

—Así es. Einstein estaba dejando que sus prejuicios pasaran por encima de lo que la naturaleza le estaba diciendo.

—Pero él mismo, que forjó sus teorías en una lucha contra los prejuicios, se estaba traicionando.

—No diría eso. Al final, esto solo demuestra que nuestras creencias se cuelan en nuestro pensamiento. Nadie es inmune, ni Einstein, a sus propios prejuicios. Somos humanos, Cris.

—Y ¿de dónde salía esa lambda? ¿Qué implica esa constante cosmológica? ¿Qué significa? ¿Por qué?

—En la gravitación de Newton lo que «pesa» es la materia. Es el papel de la masa, es el agente de la gravedad. Pero en la relatividad, en la gravedad de Einstein, no solo la masa «pesa», no es el único elemento que genera gravitación. Ya lo vimos, en la relatividad la energía también pesa. Un pollo asado recién salido del asador pesa más que cuando está frío, aunque sea el mismo pollo, solo porque al estar caliente tiene más energía, la energía pesa. Esto explica que un fotón pueda ser tragado por un agujero negro.

Bueno, y hasta aquí todo bien. Pero no es toda la historia, porque hay otro elemento en la relatividad general de Einstein, un tercer elemento más allá de la masa y de la energía, que también genera gravedad y que es especialmente interesante en este punto de la historia, es la presión. No entendemos qué es la presión hasta que ponemos una olla a presión en el fuego y después de un rato empieza eso a dar saltos. Técnicamente, lo que ocurre es que las moléculas del aire dentro de la olla tienen más energía debido al calor y golpean con fuerza la tapa, esa es la presión. También entendemos la presión en un campo de fútbol, de la gente gritando y animando a unos, insultando a los otros: «Hipotenuso», «Eres como épsilon, despreciable», «Árbitro, como juez eres poco ecuánime», y cosas así. El ambiente se caldea, hay mucha presión. O cuando vas en el metro a hora punta, que, de la presión de la gente que hay, te ves con la cara pegada a la puerta. Todo son ejemplos de «presión», de alguna forma. Pues esa presión que estamos contando, según la relatividad, si la pusieras en una báscula, pesaría. No me refiero a las personas o a las moléculas que están creando la presión, no, la propia presión en sí misma, por existir, como magnitud física, eso genera gravedad. La presión pesa, es difícil de encajar… pero es así. Y aquí, al contrario de los casos anteriores, aparece algo muy interesante. Porque no existe masa negativa, nadie la ha visto; tampoco existe la energía negativa, no le encontramos mucho sentido a algo así; sin embargo… sí que existe una forma de entender una presión negativa. La presión positiva es la de la olla exprés, o la del metro en hora punta, algo que está a reventar que presiona las paredes. Ahora, imagina lo contrario, una presión «de succión»; sería una presión que no empuja la tapa de la olla hacia fuera, sino hacia dentro. Eso sería una presión negativa, y algo así es posible. Pues bien, lo mismo que la presión positiva, como magnitud física, genera una gravedad de atracción, una presión negativa, de nuevo como magnitud física, genera una gravedad de repulsión. Sí, sé que suena contraintuitivo; imaginas la succión y te parece que es algo que empuja hacia dentro; debería ser atractivo. Pero no es así, esa succión, si la dejas actuar gravitatoriamente, generaría repulsión gravitatoria contra, por ejemplo, una masa.

Ahí lo tienes, esa es la clave para contrarrestar la gravedad de la materia y evitar que el universo colapse; metemos una gravedad repulsiva que compense exactamente la gravedad de atracción y listo. Esa presión negativa es precisamente lo que hacía ese nuevo elemento, la constante cosmológica, justo lo que Einstein buscaba. Tenía un ingrediente delicioso que añadir a su tarta del cosmos para que su universo fuera tal y como lo imaginaba: eterno, inmutable. Esa constante cosmológica estaría actuando en todo el universo para contrarrestar la gravedad atractiva que genera toda la masa del cosmos y dejar este pulso en el universo en empate. Como diría Thanos, perfectamente equilibrado, como todo debe estar.

Esto fue lo que hizo Einstein, añadió un elemento constante a su ecuación que provocaba una presión negativa. Él había conseguido lo imposible, que el coche no bajara la cuesta, que mágicamente se quedara donde estaba. Y a su truco salvador lo llamó así: la constante cosmológica. Einstein se sacudió las manos, satisfecho, lo había conseguido. Se quitó los zapatos, puso los pies en el escritorio. Triunfal, abrió el periódico y se puso a hacer sudokus. *Matchball* salvado. Todos celebraron el gran ingenio de Einstein, los científicos abrazaron esta nueva idea. Y el universo, eterno, podía respirar aliviado. Por el momento.

Porque nadie, absolutamente nadie, ni Einstein, ni Odín, ni siquiera Soros ni Bill Gates, nadie está por encima de las leyes del cosmos. Y el universo tenía otros planes. Y los iba a desvelar quien menos podrías imaginar, un joven belga que, tras servir en la artillería en la Primera Guerra Mundial, se ordenó sacerdote. Hablamos de un sacerdote cristiano, que estudió además física y matemáticas, y había siempre demostrado un gran talento para los números. Es el padre George Lemaître, que se iba a convertir en el mayor grano en el culo de Einstein. Sí, estaba solo contra todos los demás, pero tenía a diosito de su lado.

Así que Lemaître tomó las ecuaciones de Einstein y las resolvió, pero lo hizo con otra visión muy diferente. Y al hacerlo se dio cuenta del gran error que, según él, había cometido el maestro alemán.

Para entenderlo mira este libro. Yo lo lanzo al aire, ¿no? Y ya sabes lo que ocurre, el libro sube, alcanza una altura máxima donde se para y comienza de nuevo a bajar, esto es lo que solemos ver. Nada fuera de lo común por aquí. Pero hay una segunda posibilidad, que yo sea Thor y use Mjolnir para lanzarlo, y lo mande tan, tan, tan fuerte que nunca pare de subir. Se escapa para siempre, pasa Marte, Júpiter, el cinturón de Kuiper y no vuelve nunca. Esto es lo que hacen los cohetes, escapan de la Tierra porque tienen suficiente impulso para vencer la gravedad. Entonces, con el libro hay dos opciones, subir y bajar, o subir sin límite. Y solo dos, porque la opción de que el libro suba y en algún momento se pare y quede flotando, ahí, en medio del aire, esto no es posible, algo así no existe.

Algo así vio Lemaître en sus ecuaciones que le pasaba al universo bajo el efecto de la gravedad: o se expande, pero poco a poco comienza a recular fruto de la atracción gravitatoria y finalmente se comprime, o la gravedad no es suficiente para retenerlo y se expande como diría Buzz, «hasta el infinito, y más allá». Pero para Lemaître la opción de un universo «flotante» no tenía sentido. «Lo siento, Einstein, pero tu solución preferida, la que tú querías, no es posible». Eso, al menos, decía el sacerdote belga. Pero ¿quién tendría razón, Lemaître o Einstein y el resto de los científicos del mundo?

A decir verdad, Lemaître no estaba tan solo. De hecho, siendo también justos, no fue realmente él el primero en ver algo así, hubo un científico ruso que pensó una cosa similar antes que él, su nombre era Alexander Friedmann, y su historia da bastante pena. En el año 1922 Friedmann resolvió las ecuaciones de Einstein y llegó a esa misma conclusión: el universo no puede ser estable, tiene que evolucionar. El amable ruso publicó un artículo y envió una carta a Einstein: «Holi, estos son mis resultados, no te van a gustar, nada, gg, hasta luegui». A Einstein le hizo tanta gracia esta carta como a ti el chiste de Bohr —«¿Cómo eructa un electrón? Bohr»—, que es poco gracioso, y respondió corrigiendo a Friedmann en un artículo público, mostrando su equivocación: el ruso había cometido un error en los cálculos, pobre *loser*. Cuando Friedmann vio la respuesta del genio alemán no se lo podía creer, Einstein había metido la pata bien hasta el fondo. Friedmann le respondió señalando su error, pero Einstein estaba de gira mundial y no recibió la carta en un año. Cuando la leyó finalmente se dio cuenta de su error, corrigió públicamente su carta anterior y se dejó convencer por Friedmann, pero solo parcialmente. Sí, sus matemáticas eran correctas, pero su física era del orto, una aberración. Friedmann moría poco después, en 1924, a los cuarenta años de edad, de fiebre tifoidea. Sus ideas serían completamente olvidadas. Tanto que cuando las retomó Lemaître años más tarde pensó que era el primero en encontrarlas. No es poca cosa: Friedmann ha pasado a la historia, además de por otras cosas, por haber conseguido corregir a Einstein.

Pero volvamos a él, a Lemaître. Dijimos que hizo lo mismo que Friedmann, unos años más tarde que él, pero, a decir verdad, lo hizo mejor. Porque no solo entendió que el universo tenía que estar evolucionando, sino que se atrevió a imaginar cómo. «¿Si el universo se expande, nosotros qué veríamos?», se preguntó él, pero en francés. Obviamente, no leeríamos en algún lugar una etiqueta: «A partir de aquí el universo se expande»; por desgracia, no funciona así. Hay que buscar señas de esa expansión de alguna otra manera. Y Lemaître tenía una idea.

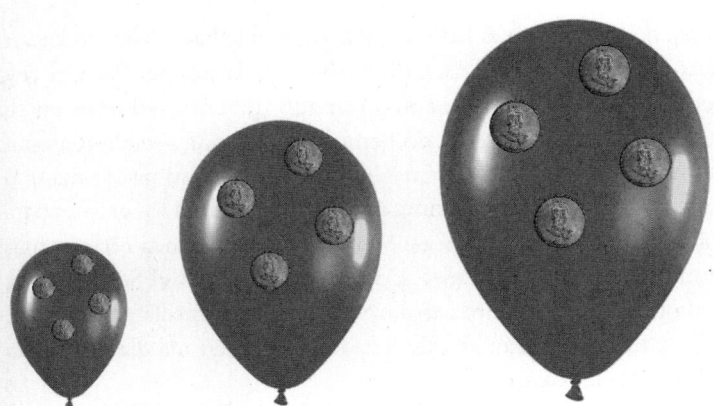

Si pones monedas sobre la superficie de un globo, al inflar el globo las monedas se separan entre sí. Esta es una buena analogía de la expansión del universo (el universo sería la goma del globo y su expansión sería su aumento de tamaño al inflarlo). Las monedas representan galaxias. Observe que desde nuestra posición (encima de una moneda) vemos cómo el resto de monedas (galaxias) se alejan, es consecuencia de la expansión del globo (universo).

Mira este globo. Ahora vamos a dibujar varios puntos sobre él. Y en este de aquí estás tú. Si inflamos el globo... ¿ves? Todos los puntos se alejan entre sí, así que, desde tu posición, desde el punto marcado, ves cómo el resto de los puntos se alejan. Es más, lo hacen de una forma muy particular. Para que lo veas, te voy a contar una historia.

Caballo está enamorado de torre, siempre le pareció la construcción más bella del mundo, sus ladrillos, sus almenas, su estructura, uf, caballo se ponía muy *hot* mirando a torre. Para caballo no había edificio igual, hasta la catedral de Burgos palidecía a su lado, era una delicia. Y caballo estaba muy feliz de estar al lado de torre, en el tablero, en el salón de la casa desde donde veía a torre brillar cada mañana. Pero su amor no iba a ser tan fácil, porque alfil era aún más galán y estaba más enamorado de caballo que este de torre, lo miraba y, por Higgs, qué patas, qué melena, era un papucho, su cara estaba tallada por los mismos ángeles. Era un caballo bien bellaco. Y estar al lado de caballo a alfil le hacía feliz, podía ver sus crines cada mañana, cada tarde y cada noche. Pero el rey, comenzó a estar cada vez más cansado de tanto seductor en su ejército, «Esto no es serio, no hemos venido aquí, al tablero, a estar con miraditas y tonterías», se dijo. Así que, con su poder mágico ancestral, dicta una maldición, dispuesto a separar a los galanes para siempre. Se acabó, desde ese día en adelante nunca estarán más juntos: les lanza un hechizo. Cada mañana, al salir el Sol, se creará una casilla nueva entre caballo y torre, y otra casilla nueva entre alfil y caballo, estarán así condenados a alejarse cada día más, hasta el final de los días.

La expansión del universo tiene lugar como en nuestro ficticio tablero de ajedrez, con casillas que se van creando entre las galaxias (representadas por las piezas). La velocidad de retroceso de una pieza (por ejemplo, el caballo) respecto de otra (la torre) va a depender de la distancia entre ellas, esta es la ley de Hubble.

Fíjate qué cosa más interesante ha pasado, interesante para nosotros, no para caballo ni alfil. Vamos a ver esta historia como la veía un físico. Vemos que el hechizo ha funcionado, caballo se aleja efectivamente de torre y lo hace a una velocidad de 1 casilla por día. A alfil le pasa lo mismo, se aleja a su vez de caballo y también a esa misma velocidad, 1 casilla por día. Pero ¿y alfil de torre? ¿A qué velocidad se aleja? Pues la respuesta es fácil, será la suma, 2 casillas por día, ¿no? Y si ocurriera lo mismo con la siguiente ficha, pasaría igual, se alejaría de torre a 3 casillas por día. La siguiente a 4 y así sucesivamente. Podemos, de hecho, formular una ley con esto:

las fichas se alejan de torre con velocidad de d*1 casillas por día, donde d es la distancia inicial a la torre. Para caballo será 1 casilla por día, para alfil 1*2 casillas por día... ¿ves cómo funciona? Vale, ya lo tenemos, tenemos nuestra ley física. Ya podemos volver al universo.

Lemaître observó algo. Cuando el universo se comporta como vio en sus ecuaciones, se expande. Esa expansión ocurre porque se está creando nuevo espacio dentro del propio espacio. Imagínalo como nuevas «casillas» de espacio que se crean, entre cada galaxia, de forma similar a como sucede en este ajedrez hechizado o en un globo. Tomas la goma del globo con los puntos, la estiras, los puntos se alejan. Ocurre porque hay más «goma» entre cada punto, la goma se ha expandido. Y pasa lo mismo que vimos en el ajedrez: cambia torre, caballo y alfil por tres galaxias cualesquiera y pasaría lo mismo, tenemos la misma ley de antes, las galaxias se alejan a velocidad d*v. Es decir, respecto a la galaxia en la que estamos, la siguiente galaxia se aleja a velocidad v, la que está más allá se alejará a velocidad 2v y la siguiente a velocidad 3v... Así es, la velocidad a la que se alejan las galaxias respecto a mí será mayor cuanto mayor es la distancia a mí, y lo hará de manera proporcional, según esta sencilla ecuación. Esta fue precisamente la ecuación que encontró Lemaître. Y con esto tenía un verdadero tesoro, una forma de confirmar sus ideas: «Si miran a galaxias vecinas —se dijo—, verán que se alejan de nosotros, más rápido cuanto más lejos están». Pero no era solo esto, había más. Volvamos al ajedrez.

Si te fijas bien, la ley que ha obtenido torre «que el resto de fichas se alejan de él más rápido cuanto más lejos están» también la podría obtener caballo. Para caballo, alfil se aleja a 1 casilla al día, pero reina lo hace a 2 casillas al día, rey a 3... es la misma ley que la de torre. Y alfil también vería lo mismo, con caballo y torre. ¡Qué interesante si lo aplicamos al universo! Cualquier galaxia vería lo mismo. No hay un sitio especial en el universo. El universo se expande sin centro, de igual forma para cualquier lugar del cosmos.

Esto es lo que observó y propuso Lemaître: «Miren cómo se desplazan las galaxias y saldremos de dudas». «Si se alejan más rápido según más lejos estén, tendré razón —él se decía—. Esto es lo natural en un universo que se expande». Lemaître estaba eufórico con lo que había descubierto, iba a cambiar completamente la física. Así que fue corriendo con sus ideas a Einstein, se encontraron en un congreso y lo hablaron. A Einstein, la verdad, esto que le contó le hizo tanta gracia como el chiste de Planck —«¿Qué ruido hace un electrón al caer? Planck»—, o sea, muy poca, menos aún porque era alemán y los alemanes, como todos sabemos, no se ríen. Einstein concedió que las ecuaciones estaban bien, que los cálculos estaban bien, pero, como ocurrió con Friedmann tiempo antes, encontró su matemática correcta, pero su física era aberrante, ridícula. «Sí, sí, cerebrito, todo bien, pero no te flipes, el universo no puede ser así», dijo, pero en alemán. Se fue y se puso a planchar sus camisas, que era lo que más le relajaba en el mundo.

George Lemaître, un total desconocido, frente a la mayor autoridad científica de su tiempo, Albert Einstein. Parece la historia del capítulo anterior cambiando los personajes, ahora Albert estaría personificando a los prejuicios. Lemaître lo tenía todo en contra, pero no le fallaría esa convicción. Imaginas lo que se dijo, ¿verdad? Sí, *kostet Mutter*.

Pero, al final, lo que importaba: ¿quién tendría razón? La clave la tendría un americano estirado, postureta y algo arrogante, que tiene nombre de telescopio (¿o será al revés?), sí, me refiero a Edwin Hubble. ¿Por qué? Porque estaba en el lugar adecuado, tenía el conocimiento, la idea… y claro, el mejor telescopio del mundo, «la bestia». Hubble llevaba ya entonces, en 1928, casi una década trabajando en el telescopio de Monte Wilson, el más potente de la época. Hubble observó durante esos años algo muy peculiar, según sus medidas parecía que las galaxias se alejan de nosotros, pero, es más, llegó a medir cuánto lo hacen y, *oh, là là*, sus medidas le daban la razón a Lemaître: las galaxias se alejan más unas de otras cuanto más lejos están, de la forma que había predicho exactamente el cura científico, el SMdani de la ciencia. Mic drop. Punto para el cura.

—Me parece increíble que aguantara toda una década luchando contra todos.

—Y contra todo. Me decías que tu sueño es conseguir algo increíble, único. Aquí tienes otro elemento importante, la palabra de este capítulo de la historia. Ya no es solo determinación e inconformismo, hay que tener FE. No una fe religiosa, bíblica, dogmática, es una fe en el sentido de convicción. Ya lo vimos, las nuevas ideas siempre generan incomodidad, necesariamente, si van a romper con todo, producir una revolución, tienen que molestar, confundir, irritar. Tienen que incomodar. Muchas de esas ideas revolucionarias luego se muestran equivocadas, quedan en nada, no todo vale. Pero las pocas que logran prosperar necesitan de personas con convicciones fuertes, que crean en ellas, como Einstein creía en su relatividad antes de cualquier prueba experimental, como Galileo defendió su teoría del movimiento, como Darwin la evolución. En el límite de la razón hay que buscar también con pasión.

Ahora la cosa estaba más clara y ahí ya poco podía hacer Einstein con su perreta, su universo estable, su truco de magia con la constante cosmológica y toda la pesca. No le quedaba más remedio que reconocer que estaba equivocado. Es más, poco a poco, Einstein se iba quedando solo con su idea. En 1930, Eddington, el astrónomo más importante de su era, que, a pesar de haber sido tutor de Lemaître, le pegó un visto con doble *check* sin respuesta que se oyó en Pekín a todas las cartas que le había escrito, finalmente reconoció el error de Einstein. El truco que este había creado para hacer «flotar» al universo no funcionaba. Quince años había quedado el genio alemán, erre que erre, pegado a su idea del universo flotante, pero ya no podía aguantar más ante la evidencia, era toda una ilusión. El mismo científico que había llegado a la cumbre del éxito desterrando prejuicios ahora era víctima de uno propio.

Cierto es que ahora, más de cien años después, podemos entender mejor el error de Einstein. Esa constante cosmológica que añadió en sus ecuaciones sí sirve para compensar la gravedad y dejar el universo perfectamente equilibrado, como le gusta a Thanos. Pero esa es una «falsa» solución, porque el universo así no está verdaderamente en equilibrio. Se parece a lo que pasa cuando colocas un lápiz de pie sobre la punta, si te esfuerzas mucho igual consigues que se mantenga un segundo en equilibrio, en pie, pero cualquier mínimo movimiento le hará caer. Al universo le ocurría lo mismo, su solución de equilibrio, con la constante cosmológica, no era estable, el universo tenía que estar en constante evolución, sí o sí. Eso es lo que vio Lemaître en las ecuaciones. A partir de entonces, Einstein repudió la constante cosmológica, la que había incluido ciegamente en sus ecuaciones una década antes.

Así que las galaxias se alejan porque el espacio se expande. Pero ¿eso qué quiere decir? Solo había una persona que estaba dispuesta a tirar del hilo e ir más allá: nuestro cura matemático que daba hostias matemáticas como panes. Lemaître tenía una idea: «Si cada vez las galaxias se alejan más y más, si miro al futuro, si le doy la vuelta, si retrocedo la película… estarán juntándose más y más —se dijo, pero en francés—. Eso quiere decir —se quitó las gafas y sacudió la cabeza creando un ambiente épico— que hubo un momento en el pasado donde toda la materia estaba junta, concentrada en un único lugar». Es el nacimiento del cosmos, el momento de la creación.

Esta ida de olla se le ocurrió al padre Lemaître en el año 1931, cuando publica un texto titulado *L'expansion de l'espace*, muy bello, donde usa un lenguaje científico a la par que poético para defender su nueva idea: el universo tuvo un inicio, un momento del que todo surgió. Fue la primera persona en hablar de la creación del universo, el Big Bang, él lo llamó el átomo primigenio.

Una vez más, Lemaître estaría solo, nadie apoyaría su idea. Por cuatro razones principalmente. La primera es que la idea estaba verde como la piel de un duende. El universo inicial sería una sopa de partículas y ahí dominan los efectos cuánticos. En aquella época, la teoría cuántica estaba en pañales, así que Lemaître no tenía las herramientas para plantear algo bien, serio. La segunda es que se enfrentaba con su teoría a un gran problema. Hubble había medido que el universo se expande a una tasa de 540 km/s/MPc, esa es la velocidad de expansión con la distancia, la ley que Lemaître había descubierto, lo del ajedrez. Pues bien, precisamente su inverso, si lo piensas bien te darás cuenta, debería darnos una idea de cuánto tiempo lleva el universo expandiéndose, y salía unos 2.000 millones de años. Con rocas terrestres ya se había tasado la edad de la Tierra y había salido… el doble, unos 4.000 millones de años. Además, un astrónomo, James Jeans, cifraba la edad de los cúmulos estelares en cientos de miles de millones de años. Una estrella no puede ser más vieja que todo el universo. El tercero… era más bien de tipo formal, estético… filosófico. Hubo tiempos en los que se describía el papel de la humanidad en el universo con nuestra especie en el centro, la Tierra en el centro del universo, el humano en el centro de la creación, el PP y el PSOE en el centro también… todo en el centro. Pero varios baños de humildad después, la cosa cambió y ahora los científicos se sentían más cómodos con teorías en las que la humanidad no ocupa ningún lugar privilegiado. Esta predilección por salirse del centro quedó encapsulada en un concepto, lo que se conoce como el principio cosmológico, que, con ese nombre, imagina que algo importante tiene que ser. Y lo que dice es muy simple: no hay ningún lugar especial en el cosmos, todos son equivalentes. Además, tampoco hay una dirección espacial privilegiada, todas en pie de igualdad. Bien, dotar al universo de un principio implica, de alguna forma, marcar una dirección privilegiada, pero no en el espacio, en el tiempo, hacia el futuro. Claro, encima, esta «creación» la había anunciado un sacerdote y empezó eso a oler a brasas. Quiero decir… empezó a oler a iglesia y a traer recuerdos pasados nada divertidos donde se quemó a mucha gente. Creo que hubo una reacción visceral en contra de una idea así, en parte porque sonaba muy religiosa. Ese es el tercer motivo. Y el cuarto… se me ha olvidado. Pero, a pesar de estos inconvenientes, el padre Lemaître nunca dejó de creer en su idea, una vez más, su «fe».

Así que le pasó a esta idea lo mismo que a tantas otras, a falta de más apoyo observacional y un mayor empuje teórico, la teoría del átomo primigenio de Lemaître no podía avanzar, se quedó languideciendo, en un cajón, viendo el tiempo pasar, mientras sus hojas se marchitaban y caían como la rosa de *La bella y la bestia*. Y de sus debilidades se hicieron fuertes teorías rivales, que surgieron para competir con esta visión del cosmos; la principal, la teoría del estado estacionario. Llega la pelea.

Esta teoría surgió de un científico estrafalario y muy brillante, el inglés Fred Hoyle, enérgico y beligerante, con un carácter similar al de Einstein, en constante lucha contra cualquier forma de autoridad. Era un lindo nerd, apasionado por la física y muy original. Y todo surgió cuando coincidió en Cambridge con otros dos del mismo palo, sus compañeros Thomas Gold y Hermann Bondi. Los tres tenían la intuición de que esto del átomo primigenio no era correcto, no les olía bien. Pero no se les ocurría ninguna objeción seria, y lo que es peor, ninguna alternativa convincente. Sin embargo, por fin surgiría una idea digna. Parece ser que les vino una noche al salir del cine, vieron *Dead of Night*, una película de terror estrenada en 1945 y que tiene la peculiaridad de que empieza exactamente como acaba, generando un bucle infinito. Menos mal que vieron esa y no *Tenet* o *Men in Black* o peor, la serie *Élite*. A saber qué habría salido si no. Pues algo parecido al bucle infinito de *Dead of Night* idearon estos tres científicos… pero para el universo, ¿por qué no habría de ser este de alguna forma cíclico? Así no tendría principio ni fin. Algo más parecido a lo que los científicos pensaban del universo. Pero espera, espera, espera… ¿esta gente se había vuelto loca? Pero si en 1929 Hubble ya había demostrado que el universo se expande, el universo «tiene que evolucionar», vio cómo las galaxias se alejan entre sí. Sí, lo vio, y es algo que no se puede discutir, el universo evoluciona, pero igual puede evolucionar de una manera cíclica, que tomado como un todo resulte constante en el tiempo. Me explico.

Sí, las galaxias se alejan entre sí, así que la materia se diluye. Es como cuando dejas caer una gota de café en un vaso de leche, al principio la gota de café está muy concentrada, pero poco a poco se reparte y se diluye. De la misma manera, al alejarse las galaxias, la materia se está diluyendo, hay menos densidad de materia. Vale, eso es así. Pero qué pasa si con la misma tasa que se alejan las galaxias se van creando otras por el camino tal que van rellenando los huecos que quedan, de manera que, al final, mirando el universo en su conjunto, la densidad no cambia. Es, en el ejemplo de la gota de café, como si a medida que se va diluyendo la gota, va cayendo otra más, en un vaso que cada vez se hace más grande. El café que se diluye es compensado por la gota que cae. Sí, hay una evolución, pero el estado del universo de manera global permanece constante. Y este trío, que tiene más peligro que la delantera del PSG, no se conforma con esta idea sin más, la desarrollaron matemáticamente. Para ello introdujeron un nuevo campo físico, el campo de creación, el responsable de ir creando materia según esta se fuera diluyendo por la expansión, para así compensarla. Esta era la esencia de la teoría de estos tres mosqueteros nerds, que defendieron con ferocidad, y de forma muy enérgica, poniendo contra las cuerdas a la teoría del átomo primigenio. Mientras, Lemaître, que se veía incapaz de defenderse, sufriendo los horrores de la guerra y sus consecuencias, había quedado aislado en la Universidad de Lovaina, de donde saldría en escasas ocasiones.

La batalla era desigual. El sacerdote confinado en Bélgica, recluido con sus ideas, viendo marchitarse las hojas de su teoría, mientras el popular trío, los Bee Gees de la física, la rompía con su modelo de creación continua. Y, en especial, Fred Hoyle, que se había vuelto una diva, un *superstar*. Desde la BBC inglesa buscaban un científico para un programa de radio, querían que fuera carismático, rompedor... y se fijaron en nuestro Freddy Mercury particular. Hoyle la sacó del estadio, como se dice, su programa fue un éxito. Se sentaba en el estudio y comenzaba a radiar sus ideas mientras la gente en sus casas enloquecía. Y, como puedes imaginar, un predicador no va a predicar lo del otro, sería como si a alguien le gustara oler los pedos de otro, no, eso no pasa. Uno huele los suyos. Igual que eso, tampoco veo yo a Mahoma hablando a las masas del cristianismo (Mahoma se sube a un montículo y dice... *Siuuuuuh*). Y como bien deduces, Hoyle usó estas conferencias para proclamar al mundo las virtudes de su teoría, el estado estacionario. Luchando por ellas, como siempre, con convicción, con terrible pasión, creyendo en ellas, con «fe».

Como anécdota traviesa y divertida —el destino es así de malicioso—, estas charlas también sirvieron para, de forma totalmente involuntaria y absolutamente contraria a sus intereses, darle nombre a la teoría rival. Vamos, que les salió el tiro por la culata. En un programa, Hoyle se refirió a ella hablando de un «Big Bang». El nombre resultó ser perfecto, recogía la esencia de la idea, era directo y efectivo, evocador y con gancho... así que caló profundamente y, de esta manera, tal cual, llegaría hasta nuestros días. No decimos «la teoría del átomo primigenio» o «el huevo cósmico», como la llamaba Lemaître. No, no, decimos la teoría del Big Bang. La verdad es que no suele pasar que dé nombre a una teoría la persona que la ataca con más fervor.

—Pero ¿de verdad se tomaron esta teoría en serio? La del estado estacionario. ¿Y la conservación de la materia y la energía? Se está creando materia de la nada.

—Sí, es así, y nuestro Freddy lo sabía. Pero él se justificaba diciendo que en el Big Bang también se supone que se estaba creando materia de la nada. Pero sí, tienes razón, aunque parecía estar ganando la batalla entre el público, a los expertos no les cuadraba del todo, era una teoría rara. Al final, esto no es cuestión de gustos. Yo puedo preferir que el mundo esté soportado por un elefante encima de una tortuga y debajo tres monos bailando cumbia… pero ¿a quién le importa lo que yo prefiera? Aquí mandan los datos y las observaciones, no va con votaciones del público, como Eurovisión.

—¿Euroqué?

—Ah, qué bien que ya no hay eso, mejor para ti. Y las observaciones, poco a poco, se fueron poniendo en contra del trío calavera. El primer gran palo se lo dio un radioastrónomo, Martin Ryle, que en dar tortas aún le ganaba al cura, este las entregaba a pares. Por algún motivo que yo desconozco, parecía tenérsela jurada al pobre Hoyle. Durante una década, toda una década, y con gran efusividad, se confabuló contra él, quería demostrar que su teoría era un error. ¿Ves? Una vez más esa «fe». Para ello, usó la recién nacida técnica de la radioastronomía, o lo que es lo mismo, observar las estrellas en el espectro de radio, de baja energía. Lo que Ryle mostró, de una forma accidentada y tras varios intentos fallidos, es que, observando lejos, o lo que es lo mismo, atrás en el tiempo, se podía ver que las propiedades del universo eran diferentes.

—Claro, si hay un estado estacionario, esto no puede ser; el universo es igual durante toda su historia, en promedio.

—Así es. Y Ryle tenía una forma de demostrarlo. Lo que buscó Ryle eran lo que se conocen como fuentes cuasiestelares o cuásares. Y lo que vio es que cuanto más lejos miraba, más cuásares había. Pero mirar lejos es mirar atrás en el tiempo. Ryle había demostrado que el universo no había sido igual durante toda su historia, como exigía la teoría del estado estacionario.

¿Suficiente para descartar el estado estacionario y confirmar la teoría del Big Bang? No, aún faltaba algo más, algún tipo de medida o descubrimiento que permitiese «ver» el Big Bang. Y algo así llegaría. Fue en el año 1964, y en una de las historias más rocambolescas de la ciencia que, además, nos dio una de las imágenes más famosas, más importantes y bellas de todos los tiempos. Una imagen que sería también el selfi más antiguo que existe, tenías tú solo 300.000 años cuando te lo tomaron. No, no es que seas un vampiro que viva miles de años, y aún después de tanto tiempo sigues yendo al instituto, como en *Crepúsculo*, qué tortura. Yo hablo de tus átomos, ellos sí han vivido durante miles de millones de años. Vas a flipar cuando conozcas esta imagen. Pero, espera, que me emociono, y ahí me lío y así no avanzamos. Volvamos atrás. Para que lo entiendas bien de verdad, con todos sus detalles, hay que volver a dar un salto en el tiempo y remontarse veinte años atrás, concretamente a los años previos a 1946 y conocer a uno de mis ídolos, el soviético George Gamow. Prepárate para descubrir a este torbellino de persona.

Gamow nació, en el año 1904, en Odesa, Ucrania, perteneciente por entonces al imperio ruso e integrada posteriormente en la Unión Soviética, justo un año antes de que Einstein pusiera la física como las puertas de un Lamborgini, patas arriba. Pues a este joven ruso parecía que le gustaba la ciencia desde muy pronto, para mayor alegría de su padre, profesor de secundaria, que hacía todo para animarlo hacia la astronomía, como regalarle un telescopio. Su espíritu científico y su originalidad quedan patentes en una anécdota de su juventud, muy divertida. Robó pan sagrado de la misa para compararlo con pan no bendecido a la luz del microscopio y ver si había diferencia. Igual esperaba ver la cara de Dios en los átomos diciéndole: «Hijo, no te hagas muchas pajas, que es pecado y salen granos». No lo sé, la verdad. Pero lo cierto es que ese experimento, según recordó, es el que le llevaría hacia el camino de la ciencia.

Su recorrido científico y académico fue excelente y verdaderamente envidiable, me hierve la sangre solo de pensarlo. Mira. En la Unión Soviética estudió en la Universidad de Leningrado, y tuvo como profesor al mismísimo Friedmann, el ruso que corrigió a Einstein. Tras ello consiguió realizar una estancia en el Instituto de Física Teórica de Copenhague, con el papa, el sumo pontífice de la física cuántica, Niels Bohr. Le siguió la Universidad de Cambridge, el congreso de Solvay, el Instituto Pierre Curie en París y la Universidad de Londres, para finalmente dar el salto a Estados Unidos, de donde ya no regresaría. Esto para un científico es como ir de Disneylandia a Eurodisney y de ahí a PortAventura y de ahí a la casa de Ibai. Puro disfrute.

Y puedes imaginar que, para un soviético, todos esos periplos, en esos años tan convulsos, no estaban exentos de un toque de drama. Gamow, cansado del régimen opresor de su país, intentó en 1932 desertar de la Unión Soviética escapando en un kayak desde Crimea buscando cruzar el mar Negro para llegar a Turquía. Y ojo, iba cargado de provisiones fundamentales para su supervivencia, en caso de cualquier tipo de eventualidad; había pensado en todo: llevaba consigo un buen cargamento de chocolate y coñac. Si fuera un vídeo de YouTube se podría llamar «Científico ruso huye en kayak, sale mal», porque las inclemencias del tiempo le hicieron abortar la misión y volver a tierra. Claro que fue solo por las inclemencias del tiempo; el plan era perfecto, sin fisuras, propio de una mente capaz de estudiar cada detalle. Ironía. Por suerte, su propia locura y esperpento le salvó de algo peor y consiguió burlar una pena de las autoridades fingiendo que había ido a hacer mediciones físicas, unas partículas que tenía que estudiar, porque pi cuadrado por r... Seguro que los policías pensaron: «Déjame en paz, friki, no me vuelvas loco, cerebrito», así que le dejaron marchar. Posteriormente conseguiría huir, esta vez por tierra, aprovechando la conferencia de Solvay. Le valió una sentencia de muerte, en caso de ser capturado. Poca broma.

Y todas sus anécdotas de vida, que están muy bien recogidas porque escribió mucho y muy bien, son más o menos así, típicas de una persona como era él, un cachondo, un bromista, un bufón. Cómo no voy a quererle, por Higgs.

Algo que no debe empañar, para nada, el nivel de sus investigaciones. Hizo mucho y todo bien. En Copenhague, con Bohr, ayudaría a sentar las bases de la teoría de fisión nuclear. En Cambridge, llevó a cabo estudios sobre las reacciones termonucleares en el interior del Sol. En Estados Unidos colaboró con Edward Teller para desarrollar la teoría cuántica de la desintegración beta, o una teoría de la estructura interna de las gigantes rojas. Y, además, fue un activo y original divulgador, escribiendo divertidos libros para todos los públicos. Pero de entre sus logros hay uno que destaca claramente sobre el resto: hacer una teoría cuántica moderna del nacimiento del universo.

Gamow se preguntó, si la teoría del átomo primigenio de Lemaître es correcta y le aplicamos la teoría cuántica, ¿qué encontraríamos? Gamow quería hacer física de los primeros instantes del universo. ¿Qué estaría pasando entonces? La respuesta que encontró a esa pregunta fue algo increíble. Pero para entenderlo hay que saber primero tres cosas importantes. La primera es que el universo, al poco de nacer, comenzó a expandirse sin parar. La segunda es que, según el universo se expande, la energía presente se tiene que repartir en más espacio, es decir, toca a menos. O lo que es lo mismo, cada vez hay menos densidad de energía. Esto es como cuando abres una bolsa de papas en el recreo. No tocan las mismas a cada uno si solo estás tú con tu mejor amigo que si viene toda la clase de golpe, que es lo que suele pasar. Más espacio, se reparte la energía, toca a menos. Y la tercera es que la temperatura es una forma de energía. Así que podemos juntar estas tres cosas y llegar a la clave de la cuestión: a medida que el universo se expandía, su energía se distribuía por el espacio, haciendo que su temperatura cayera. El universo, conforme pasaba el tiempo, cada vez estaba más «frío». Lo cual nos permite realizar una cosa fascinante y que nos encanta a los físicos: hacer una transformación, y usar entonces la temperatura como un reloj, como una medida de tiempo. Es algo similar a lo que ocurre cuando hablamos de año-luz, usamos una medida de tiempo, un año, como una de distancia, porque hay una relación directa, v=d/t que las relaciona. Pues aquí igual, como hay equivalencia tiempo-temperatura, bien podemos decir «han pasado X segundos desde el inicio del universo» que «el universo está a X temperatura», con la ventaja de que usamos una magnitud que es más interesante que el tiempo para hacer física: la energía.

El resto era pan comido (para Gamow, claro, no para ti, ni para mí); tocaba aplicar lo que había aprendido del mundo cuántico, las nuevas ideas y fenómenos como la radiactividad a un universo cada vez más frío. Este concepto de temperatura aplicada al nacimiento del universo fue la idea genial de Gamow, que serviría, además, de útil nexo entre la cosmología y la física de partículas. El genio de Gamow, ayudado por un estudiante de doctorado llamado Ralph Alpher, publicó sus resultados en 1946, y lo que había creado era épico: había reconstruido la «película» del universo, desde el mismo inicio, fotograma a fotograma. Un reportero de fútbol lo retransmitiría así.

Primer fotograma. Entran las partículas en el estadio, digo el universo. Las aficiones animan, es una auténtica caldera, qué buen ambiente hay hoy para presenciar este encuentro. Y el estadio está que arde, literal, la temperatura es altísima. El árbitro mira su termómetro… y comienza el partido, es el encuentro del siglo. Arranca con gran intensidad, las partículas se mueven como locas, de un lado para otro y van colisionando, qué tensión. Esto de verdad que promete.

Segundo fotograma. Sigue habiendo colisiones, las partículas se agarran y patean continuamente, qué agresividad, qué violencia, el partido está muy brusco, con mucha energía. Además, chicos y chicas, el estadio sigue estando muy caliente y el partido, como en el inicio, caldeado, pero, ojo, lo que me comentan por el pinganillo… que el universo se expande, ojo, que es verdad, vemos cada vez más espacio y eso cambia completamente las cosas. Miro mi termómetro y sí, en efecto, la temperatura está cayendo y, atención, que eso da lugar a un partido completamente diferente.

Tercer fotograma. En efecto, compañeros. El partido se está enfriando. Cada vez hay menos colisiones y de menos energía. Pero mira qué raro, ¿se están formando parejas? Compruebo el termómetro, ¿qué está pasando? Esto no lo hemos visto en ningún otro inicio del universo, ¿cómo puede ser? El árbitro para el partido, consulta el VAR y… sí, es inaudito, ha surgido la luz, el universo se ha hecho visible. Es un momento increíble, es épico. Esto es historia del fútbol, señores y señoras.

—¿Tú estás bien de la cabeza?

—Nunca me habían hecho esa pregunta. Ah, sí, tú misma, hace un rato.

—Pero ¿qué quieres decir? La verdad es que no he entendido nada.

—Ah. El VAR es un sistema de telearbitraje que se usa…

—No. Me refiero al partido, no tiene sentido para mí.

—Fácil, Gamow se dio cuenta de que, si Lemaître tenía razón, el universo tuvo que vivir varias etapas, físicamente muy diferentes, dadas por su temperatura. H_2O.

—¿Qué?

—El H_2O, ¿qué es?

—Agua.

—Bueno, depende de la temperatura. A veces es hielo o vapor. Entonces, imagina que te cuento este partido de fútbol. «El árbitro mira su termómetro, -10 grados, pita y comienza el partido. Vemos un frío y aburrido bloque de hielo en medio del campo, y pasa el tiempo y el mismo aburrido bloque de hielo, pero, ojo, que hay un bloque de hielo y está ahí, en medio del campo, haciendo cosas de bloque de hielo, es decir, nada».

—Vale, sí, estás muy loco.

—Espera. «Pero, ojo, me avisan por el pinganillo que está ocurriendo algo inaudito, ojo, que esto es historia del fútbol, el hielo está cambiando. Sin moverse, desde el centro del campo, vemos que está pasando algo, sale… ¿agua? El árbitro mira su termómetro, estamos en los 0 grados, y sí, me confirman, está habiendo cambios».

—Sí, ya entiendo, no te enrolles más. Me estás poniendo muy nerviosa. No hay nada raro. Es solo un hielo que se hace agua. ¿Por qué tanta historia?

—Porque no es solo eso. No es solo hielo que se transforma en agua. No dejes que por cotidiano tu razón te ciegue ante un fenómeno tan espectacular. Estás viendo algo increíble, asombroso, es una transición de fase, el hielo pasa a agua, el agua a vapor según la temperatura sube a los 0 grados y luego a los 100. Pero, en el fondo, tenemos lo mismo, es una misma molécula, pero en tres estados completamente diferentes, en función de cómo se agrupan entre ellas. El resultado es tres estados irreconocibles, con propiedades completamente distintas, pero no deja de ser lo mismo, H_2O, lo único que ha cambiado es la temperatura.

—¿Y qué?

—Pues lo mismo que la molécula de H_2O tiene varias fases según cambia la temperatura, el universo con sus partículas tiene varias fases conforme su temperatura cambia. El universo se expande, como consecuencia la temperatura baja, y en un determinado momento se produce una transición. Quizá, se dijo Gamow, hay algo que podemos ver en esa transición.

Entremos en la mente de Gamow. Cuando surge el universo nacen muchas partículas, muchísimas, están por todas partes. Él supuso que eran solo neutrones, bueno, no es verdad, pero tomemos que es así. Estos neutrones chocaban todo el tiempo entre sí, estaban a muy alta temperatura, las colisiones eran muy violentas. Pero Gamow sabía algo interesante, estos neutrones tenían la manía de convertirse en protones y electrones y estos creaban fotones, así que al cabo de un rato este universo era una sopa de estas cuatro partículas: protones, neutrones, electrones y fotones, siguiendo las reglas cuánticas. Y eso era una *rave* a lo loco, el *tomorrow land* de la física de partículas, un auténtico descontrol.

Pero ojo con los fotones porque tienen un papel importante en esta historia. Por procesos cuánticos, los fotones pueden ser absorbidos, como tragados, por los electrones, los hacen desaparecer. A cambio, los electrones ganan energía. Y, más tarde, esos mismos electrones los pueden vomitar, tal cual, los vuelven a emitir. Es bulimia cuántica. Pero esto solo ocurre a cierta temperatura; por debajo de ella los electrones pasan de los fotones y estos siguen de largo. *Ghosting* de toda la vida. Justo ahí lo tienes, un conjunto de partículas cuyo comportamiento cambia al tiempo que lo hace la temperatura: eso es una transición de fase, como el cambio de agua a hielo. Esto me recuerda… a mí, esto me recuerda… ¿a qué…? Ah, sí, a mi colegio religioso, a las convivencias.

Bueno, te cuento la historia. Yo de joven fui a un colegio religioso, de esos que solo ponen chicos en una clase, todos juntos. Que todo muy bien hasta que todo muy mal. Sí, cuando llegas a esa edad, la edad de florecer, por decirlo de una forma fina. Pues eso, las hormonas nos salían por las orejas, el cuerpo de un adolescente que son fuegos artificiales, qué te voy a contar a ti que tú no sepas. Pues esas convivencias tenían una peculiaridad y es que nos juntaban con un colegio de monjas, de chicas. Esto es como un dedo y un enchufe. Meter un dedo en un agujero de un enchufe bien, meter ese dedo en el otro agujero bien, meter dos dedos en dos enchufes mal. No lo hagas, por Higgs. Ya ves por donde voy. Esas convivencias eran un descontrol, como echarle Mentos a la Coca-Cola. Había un chico que se acercaba a una chica, una chica que se acercaba a un chico… método científico, curiosidad, todo legal, así es la vida. Pero cada vez que un chico se acercaba a una chica con demasiada intención, o al revés, uno de los catequistas se acercaba a romper la pareja. Ocurría una y otra vez durante el día, en la mañana en el desayuno, a media mañana en las oraciones, al mediodía con la lectura de los Evangelios, por la tarde en los juegos de grupo. A cada rato, siempre: pareja que se formaba, pareja que se rompía y todo volvía a la normalidad. Aquí no ha pasado nada. Pero el partido es muy largo, puedes ganar una batalla... pero no la guerra. Según el tiempo pasa, el sol cae, la noche llega. Ha bajado la temperatura, el cansancio se apodera de todos, pero la curiosidad no tiene freno. Chicas y chicos se vuelven a buscar, con mismo énfasis y misma intención, pero esta vez los cuidadores ya no tienen energía para romper la pareja, han perdido la batalla. Se ha formado una pareja inseparable. Al menos por esa noche.

Esta historia ahora tal vez te pueda servir para entender mejor este momento tan singular del nacimiento del universo. El universo, al poco de iniciarse, era una sopa muy caliente de protones, neutrones y electrones, junto con muchos fotones. Claro, ya lo sabemos, a los protones les gusta estar junto con los electrones, al hacerlo forman una estructura que conocemos como átomo. Y les gusta porque la fuerza eléctrica les impulsa a juntarse, es una fuerza de atracción entre ellos. Sin embargo, esta fiesta cósmica estaba llena también de fotones. ¿Qué ocurría? Ya lo sabes, los electrones absorben los fotones y, al hacerlo, el átomo se rompe: tan pronto como una pareja se formaba llegaba un fotón a romper la unión. Como resultado, el universo estaba constituido por una sopa de partículas, no era posible la formación de átomos. Pero, ojo, que hay más, durante esta fase del universo, los fotones no eran libres, estaban condenados a servir a esta función de romper átomos, ser absorbidos y escupidos de nuevo, eternamente. Esto es como los perros que vomitan, se comen su vómito para luego volver a vomitar, qué asco. O como la leyenda de Prometeo y el águila o el del día de la marmota, los fotones estaban condenados a repetir ese mismo ciclo una y otra vez: a cada rato golpeaban un átomo y desaparecían, para al cabo de un tiempo reaparecer y volver a comenzar. Conclusión: los fotones no podían viajar por el universo. El universo era opaco, no había luz. Pero, a medida que el universo se expandía, la temperatura bajaba y bajaba. Esto afectaba a los fotones, que se iban debilitando, perdían energía. Hasta que llegó un momento, 380.000 años después del comienzo del universo, que había bajado tanto la temperatura que los fotones ya no tenían suficiente energía para romper un átomo. Pasaban de largo, el *ghosting* cuántico. Y con ello se produjo la transición de fase, como el hielo que se vuelve agua. Con el universo, igual. Ahora el universo era suficientemente frío para que los electrones pasasen de los fotones, y estos siguiesen de largo. Cuando llegaba un fotón a un átomo recién creado, lo atravesaba sin ninguna consecuencia. El fotón seguía de largo. «Hasta nunqui». El universo entraba en una nueva era. La era de la luz. Podemos decir que, en ese momento, 380.000 años después de que el universo naciera, se hizo la luz.

Y aquí viene lo importante. En esta transición de fase, similar a la que ocurre cuando el hielo se vuelve agua, pasa algo singular. Los fotones, como el genio de *Aladdín* al final de la película, ya son libres, no responden a los deseos de nadie, y comienzan a vagar por el universo, a explorarlo, a recorrerlo. Y lo llevan haciendo desde entonces, desde ese momento puntual de la historia del universo, cuando solo tenía 380.000 años. Yo lo imagino, porque tengo mucha imaginación, como el holandés errante de los *Piratas del Caribe*, que viaja sin rumbo ni intercesión para la eternidad. Igual, estos fotones llevarían viajando por el cosmos desde entonces sin interrupción. Habría entonces miles de millones de holandeses errantes viajando por el cosmos. Lo que implica que nos hagamos una pregunta… ¿acaso podremos «verlos»? ¿capturarlos? La respuesta es… sí.

O eso decían, al menos, Gamow y Alpher en ese artículo mítico. Vale, no lo contaron con el holandés errante ni la fiesta de catequistas ni ese extraño partido de fútbol, pensarían que estaban locos, e igual acertaban, pero ya me entiendes, yo tenía que simplificar.

¿Y qué pasó? La verdad es que... nada. La vida siguió, como siguen las cosas que no tienen mucho sentido. Eso es solo una letra de Sabina. Pero la realidad es que el día antes de enviarse ese artículo científico para su publicación y el día después no fueron días muy diferentes. O lo que es lo mismo, todo siguió igual. Esta investigación crucial para el devenir de la física se quedó olvidada en un cajón.

Siendo justos, la verdad es que Gamow y Alpher se pasaron de pioneros. Sus ideas estaban demasiado adelantadas a su época. Experimentalmente no existían antenas que pudieran captar esos fotones primigenios. Y, en la teoría, la gente estaba a otras cosas, peleándose por entender el mundo de lo pequeño, no de lo grande. Sin saber precisamente que es lo grande lo que permite entender lo pequeño. Y viceversa. Da igual, solo visualízalo. Una idea genial flotando en la nada rodeada de ruido que no lleva a ninguna parte. Eso fue lo que ocurrió.

Y entonces pasó la serendipia. Una historia improbable, por estadística ridículamente factible. Pero precisamente por ello, eso la hace una historia especial. ¿Me acompañas en ella?

Volvemos a viajar en el tiempo, ahora unos veinte años al futuro. Ya es 1964 y en el laboratorio de la Bell Telephone, en Nueva Jersey, unos chicos jugaban con una antena de radio, un reflector de 20 pies en forma de cuerno. Esos chicos se llamaban Arno Penzias y Robert Wilson, y jugar... bueno, no era como el Minecraft, el LOL o la brisca. Pero ellos se lo pasaban muy bien, a su manera. Tanto, que lo hacían por gusto, no era su trabajo, lo hacían por un fenómeno extraño que llamamos curiosidad. Su objetivo: estudiar las ondas de radio de nuestra galaxia. ¿Y esto qué es? Digamos que una especie de luz de baja energía que se emite en nuestra galaxia, con eso vale. Hablamos de un tipo de medida muy compleja. Intentemos ponernos en su lugar. Medir algo así es muy difícil porque estas ondas de radio tienen mucho «ruido». Quieres observar algo, pero alrededor tienes otras cosas que te ciegan lo que quieres ver, así que al final no ves nada. Piensa en un estadio de fútbol. Quieres escuchar lo que dice el árbitro, estás en la parte baja del estadio, tienes una buena entrada, pero el resto de la gente habla tan fuerte que no oyes nada. Hay mucho ruido. O como pretender ver una luciérnaga por su luz cuando está posada en el foco del Bernabéu, imposible.

Bueno, que no nos inunde el pesimismo, porque hay formas de eliminar el ruido realmente. Si estudias una fuente pequeña, como una estrella o una galaxia, puedes suprimir el ruido que se te cuela en la medida, y que viene de cualquier otra fuente de ruido, como la propia antena, o la atmósfera, simplemente apuntando a otro lado que no tenga señal, esa medida te da todo ruido. Así que si lo que sale se lo extraes a la medida en la estrella o la galaxia, le estás quitando el ruido. Es como esos auriculares de reducción de ruido, que toman una muestra del sonido exterior para invertirlo y así anularlo. O como un profesor que te dice que en el examen solo van a entrar cosas que no ha dicho en clase. Si has apuntado lo que ha dicho en clase puedes ir quitando temas, el ruido, y quedarte con lo que te importa, lo del examen. O jugar al mus con una persona que tiene muchos tics, esto sería un disparate, pero imagínalo. ¿Cómo sabes si eso que acaba de hacer con la boca es una seña o es solo un tic? Fácil. Tienes que estar un buen rato con esa persona antes de la partida y anotar todos sus tics; luego, durante la partida, se los restas y te quedas con lo «nuevo», lo que salga tiene que ser una seña.

Pero esta vez era un poco más difícil, porque querían observar toda la galaxia y ahí la señal está en todo el cielo, no hay un «otro» lugar donde mirar para comparar y restar el ruido. Por eso era una medida especialmente delicada, una que requiere tener tus fuentes de ruido muy controladas, en especial, dentro de la propia antena. Y ahí, dale que te pego, Penzias y Wilson, obsesionados con el ruido para que no hubiera nada, ni una mínima pizca de él. Dedicaron días y días a tratar este ruido. Y una vez estuvieron seguros al

10.000 por cien de que el ruido de la propia antena estaba controlado y era muy bajo, llegó la hora, se pusieron a mirar al cielo. Estamos en primavera de 1964 y cuando Penzias y Wilson lo hicieron
se llevaron una gran sorpresa. ¿Qué era? ¿Qué vieron? Al contrario
de lo que esperaban, aparecía una cantidad apreciable de ruido, y lo
que es peor, no parecía venir de ninguna parte en especial, era
independiente de adonde se apuntara la antena. Ni siquiera podía
proceder de nuestra galaxia. Tampoco cambiaba con la hora del día
ni la estación del año, era un ruido constante, uniforme, omnipre-
sente. Como «Despacito» cuando se puso de moda, que estaba en
todas partes. Pues lo mismo, no había forma de librarse de él. ¿Qué
estaba pasando?

La solución a este enigma resultó estar en la que podría ser la
llamada de teléfono más importante de la historia de la cosmología. Penzias llamó para contarle esta vaina al astrónomo Bernard
Burke, este conocía a Peebles, un físico de Princeton, que trabajaba
con su tutor Dicke, sobre el universo primitivo y había hecho
unos cálculos similares a los de Gamow. De hecho, ya estaban buscando una radiación que pudiera venir del «Big Bang». Cuando
Penzias habló con Dicke, este lo tuvo claro: ese «ruido» que no
conseguían quitarse de encima no era sino la radiación fósil proveniente del Big Bang. Se trataba de uno de los mayores hallazgos de
la historia, y lo habían hecho sin querer, ni siquiera se habían dado
cuenta. Al recibir la famosa llamada, Dicke, decepcionado, solo
pudo decir: «Se nos han adelantado». Penzias y Wilson recibirían el
Premio Nobel de física en el año 1978. Pasarían a la historia como
los descubridores del eco del Big Bang, y la demostración última y
definitiva de que sí, el universo tuvo un inicio, un comienzo.

Para alivio nuestro, la justicia del destino quiso que el padre
Lemaître viviera lo suficiente para saber de su victoria final. El 20
de junio de 1966, unos días antes de morir, ingresado por leucemia
en el hospital, fue informado del gran hallazgo. Lemaître respondió: «Me alegro, ahora, al menos, tenemos la prueba».

Con satélites como el COBE o WMAP o Planck se formaría la imagen moderna, como la de abajo. Estás viendo la temperatura de esa radiación según a donde mires en el espacio. ¿No es increíble?

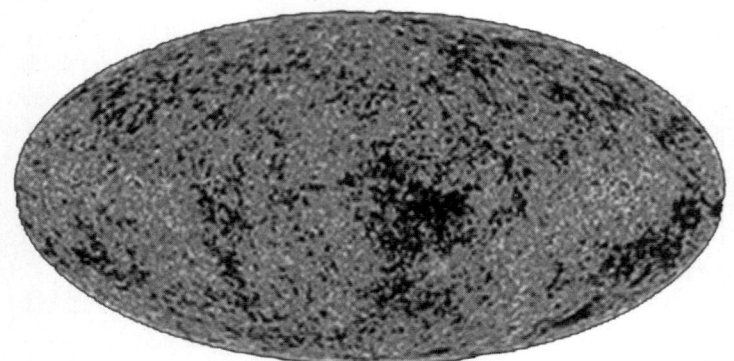

Imagen del fondo cósmico de microondas (CMB) capturado por el satélite Planck en el año 2018. Los colores (miradla en internet) representan fotones de diferente energía en la bóveda celeste. Esta imagen demuestra que recibimos este tipo de radiación en todas las direcciones del espacio, de una energía muy similar y en un acuerdo excelente con la teoría del Big Bang.
Es una de las más importantes de la historia de la ciencia y la demostración definitiva de que el universo pasó por una fase de altísima densidad hace unos 13.000 millones de años, tal y como predice la teoría del Big Bang.

Y con esto se cierra la historia: Einstein obtiene las ecuaciones que describen el universo, pero se empeña en que tiene que ser estático; Friedmann y Lemaître encuentran que esto no puede ser así, que en ningún caso las ecuaciones permiten un universo estático, ni siquiera con constante cosmológica, el universo tiene dos opciones, contraerse o expandirse, partiendo siempre de un punto inicial de creación; Hubble demuestra esta expansión del universo consistente con la teoría de Lemaître; Lemaître propone la teoría del huevo cósmico; Gamow le da un toque moderno incorporando la reciente desarrollada física de partículas; Wilson y Penzias descubren la radiación primigenia del universo. Ha nacido la teoría del Big Bang.

Y esto sería todo, que me tengo que ir. He quedado con un chico que conocí ayer para contarle esta historia del Big Bang. Pero, además de todo esto, no lo olvides, convicción. Y nunca dejes de asombrarte por el mundo que está a tu alrededor, estamos rodeados de belleza, disfrútala y redescúbrela, vive esa curiosidad al ver un hielo derretirse, contemplando esa «magia» de la transición de fase. Recuerda que algo parecido llevó a Wilson y Penzias a su gran descubrimiento. Lo hicieron por simple curiosidad. Igual el tuyo te está esperando detrás de algo cotidiano, de eso que llaman normalmente anodino.

—Inconformista y con «fe».

—Y cree en ti. Tú misma te estás poniendo tus propios límites. No tienes que demostrar nada a nadie. Solo tú escribes tu propia historia.

—Gracias, doc. ¿Y qué quedaría?

—Quedan demasiadas preguntas en el aire. ¿Cómo fue el inicio del universo? ¿Qué lo provocó? ¿De dónde salió toda la energía? La clave estaría en la inflación. Eso lo cuento mañana. Pero para entenderlo bien todo, antes tienes que hacer una parada en el CERN, en el año 2008. Justo ese año se iba a poner en marcha la máquina del Big Bang. Lo cuenta en este libro, toma, lee el segundo capítulo y mañana me lo devuelves. A las nueve de la mañana en mi casa, no llegues tarde. Pondremos en marcha la máquina definitiva.

—Pero, espera, ¿dónde es?

—Te haré llegar la dirección, yo me encargo. Y asegúrate de que nadie te siga. Lo que te voy a contar va a cambiar el mundo. Para siempre.

—Hasta mañana.

6

¿Recordáis el gol de Sergio Ramos en el último minuto en la final de la Champions en Lisboa contra el Atlético? ¿Sí? ¿No? ¿Ese impulso para elevarse, el movimiento angular de giro de cabeza para rematar, la trayectoria parabólica de la pelota y cómo colisionó con el palo? Pues no tiene nada que ver con lo que os voy a contar, pero no viene mal nunca recordarlo.

Volvamos a la historia

Mi vida había dado un giro. No porque hubiera grandes cambios realmente, seguía estudiando ingeniería, durmiendo en casa de mis padres, ni me hice otaku, rockero o cambié de sexo. En promedio, todo era igual. Pero a la vez tan diferente, porque el cambio no era por fuera, estaba por dentro, solo visible para los ojos más entrenados: había encontrado una meta, un objetivo, un sentido a mi vida. Mis ojos brillaban. Y eso, *jejeje* (risa malvada), igual para ti no parece gran cosa, pero, para un chico de veinte años que anda algo perdido por la vida, lo significó todo.

Yo siempre fui de luchar por mis objetivos. Así que me puse manos a la obra, tenía que conseguirlo. Lo primero que hice fue programarme bien, calendario en mano, como me gusta hacer. Veamos, es el año 2003, estoy en tercer año de estudios, el acelerador se va a poner en marcha dentro de cinco años, es decir, tengo 5x365 días más uno, que uno de esos años es bisiesto, para conseguir hacer méritos para entrar a formar parte de este selecto equipo. Sí, es el CERN, allí están los mejores del mundo, tengo que estar a la altura. Así de fuerte fue entonces mi resolución, mi apuesta; si quiero encajar allí, habrá que hacer un gran esfuerzo. Para empezar, acabar la ingeniería, me faltaban tres años; además, estudiar físicas, son cinco años; un máster en física de partículas y... ¡ah! Cierto, los idiomas. Mínimo, inglés y francés. Y todo, claro, según mi realidad, de familia muy humilde desde los dieciocho años que era independiente económicamente, es decir, había que trabajar. Tenía por delante cinco años. No había tiempo que perder.

Así que me puse a estudiar. Lunes, estudio; martes, estudio; miércoles, estudio; jueves, estudio; viernes, estudio, sábado, perreo (que también hay que alimentar estas caderas de hijo de Chayanne); domingo, estudio... Por la mañana, ingeniería; por la tarde, físicas; por la noche, Batman. Había que multiplicarse y hacer grandes esfuerzos y sacrificios. En verano, en vez de vacaciones... tocaba estudiar físicas. Los fines de semana, en vez de ir a la playa con mis amigos... era momento de leer un libro. En vez de una siesta... lápiz y papel. ¿Fue duro? Por momentos. Pero me gustaba mucho lo que hacía, y tenía esperanzas de conseguirlo. Por eso era feliz, inmensamente feliz. Cualquier sacrificio merecía la pena. Estaba camino de lograr mi sueño.

Y el tiempo pasó, y mi programa fue cumpliéndose de forma milimétrica, paso por paso, como un proyecto de ingeniería alemana, meticuloso. Acabé la ingeniería en 2005, con un proyecto final desarrollado en la agencia espacial francesa (el CNES), con una estancia de investigación en Toulouse, Francia, sobre navegación con satélites en la futura nueva constelación de satélites GALILEO. El espacio fue y sigue siendo otra de mis pasiones. Además, por aquel entonces, ya había rematado los tres primeros años de físicas por la universidad a distancia y, terminada la ingeniería, podía ir a acabarla en una universidad presencial. Un obstáculo aparentemente insalvable me separaba de mi sueño, no había física en mi ciudad, e ir a Madrid suponía un gran gasto que yo no podía afrontar. Además, en España, solo becan los primeros estudios, no las segundas carreras; tendría que pagar para estudiar. Ahí apareció la Fundación Mapfre Guanarteme, que tuvo la bondad de becarme, aun presentándome fuera de plazo, y financiar mis gastos. Nunca me pidieron nada a cambio. Se lo daría de vuelta multiplicado por mil. Gracias.

Entre 2006 y 2008 no solo hice los dos años que me faltaban de física, sino también un máster en física fundamental y hasta quinto de francés de la escuela de idiomas. Y puede que no diga nada nuevo, pero el proceso no fue nada fácil; de hecho, la situación resultó rocambolesca. En algunas asignaturas estaba en quinto sin haber terminado cuarto, por lo que ni las primeras semanas del semestre podía descansar, las pasaba en la biblioteca estudiando las asignaturas previas para entender las que cursaba. Estudiaba como si fuera una profesión, en jornadas diarias de ocho horas, inflexible y metódico. Pero, poco a poco y con mucho esfuerzo, todo se iba acomodando. Y fui cumpliendo objetivos, uno por uno, la carrera de física, el máster, los idiomas… ¿Que si en esos años nunca tuve dudas? Por supuesto que sí, dudaba de todo, de si estaba haciendo lo correcto, si debería dedicarme a otra cosa, que si no valía o no era suficiente para ser físico. Me pasaba con frecuencia. Y encima, volviendo a estudiar físicas con veintidós años, era el mayor de la clase, me sentía otra vez fuera de lugar. Fueron años complicados, no lo voy a negar, pero marcados por luchar para conseguir lo que me había propuesto. Podemos decir que había dudas, pero haciendo balance siempre ganaba la determinación y el sueño que había nacido en mí.

Finalmente, llegó el momento de la verdad, habían pasado cinco años desde que me marcara mi meta, había llegado 2008, el año clave, cuando todo empezaría. Me presenté a un puesto en el CERN, como parte del final de los estudios… solo para ser rechazado. Poco después, un segundo intento, que tampoco tuvo efecto.

Pensaba que lo merecía, que había trabajado tan duro y durante tanto tiempo... ¡no podía ser! Me pareció muy injusto. Sentía mucha frustración y llegaron de nuevo las dudas, ¿acaso no valgo? Lo he intentado todo, con todas mis fuerzas, ¿igual no soy suficiente? Pero quise probar una vez más. En este caso, era un puesto para hacer el doctorado, cuatro años de investigación en un experimento del CERN, en el LHC, con un centro de investigación español que colabora con el CERN, el CIEMAT. Era una opción única... un sueño... el resultado lo darían en febrero de 2008 y resultó ser... POSITIVO. Lo había conseguido. La perseverancia y la determinación habían dado sus frutos. Después de dos rechazos, a la tercera había salido. Los dos anteriores que no me quisieron y me rechazaron ahora están bajo tierra, jajaja (son físicos de neutrinos, trabajan en minas a gran profundidad).

Había conseguido algo increíble. Lo que para un cinéfilo supone ir a Hollywood, para un futbolero Maracaná, para un ingeniero la NASA, algo así es para un físico viajar al CERN, ese centro que sueñan visitar Sheldon Cooper y Leonard en la serie *The Big Bang Theory*. El mayor laboratorio de física de partículas del mundo, con el mayor experimento jamás construido. Ese lugar sería mi nuevo sitio de trabajo.

Así que imaginad mi emoción el primer día que me presenté allí, en el centro de investigación de Madrid. Haría el primer semestre en remoto, desde allí, pero con datos del CERN. Más adelante lo continuaría, pero ya instalado en Ginebra. Yo no daba crédito, de verdad que me costaba asimilarlo. Hasta que no tuve mi propia cuenta en el CERN, mi propio email (*santaola@cern.ch*) (me mandaba emails a mí mismo desde otra cuenta solo para abrir un mail desde el CERN. Ahora no me escribáis, no existe ya esta cuenta), no me lo podía creer. Pero era real, lo había conseguido. Llamaba a mis amigos para contárselo, no cabía en mí de la emoción. No imagináis cómo se siente uno cuando lucha tanto por conseguir algo y al fin lo logra. Fue un año maravilloso, de ensue-

ño, que pasé principalmente aprendiendo sobre el LHC, el experimento del que ya formaba parte, CMS, y en general sobre física de
partículas. Pero también detectores, mi cometido ese primer año
sería empezar a familiarizarme con la detección de partículas, en
especial, de una que ya se ha convertido en mi partícula favorita,
sobre la que haría mi tesis: el muon. Estaba trabajando con los
detectores de muones, las cámaras de deriva. Estaba ayudando a
poner en marcha el detector que entraría a funcionar a final de ese
mismo año 2008, con las primeras colisiones.

Y entonces llegó el momento, el día que tanto había soñado.
Mis directores de tesis me propusieron un viaje a Ginebra, al
CERN, mi primera toma de contacto. Desde su creación hasta
nuestros días, el CERN ha conseguido ser referente mundial en
física de partículas y testigo de grandes logros, descubrimientos,
inventos; ha sido punto de encuentro de grandes físicos, de intere-
santísimas discusiones y más de una anécdota. Por allí han pasado
ganadores del Premio Nobel de física como Carlo Rubbia, Samuel
Ting o Jack Steinberger, con quienes no es difícil coincidir en la
cafetería o en los pasillos; se han hecho descubrimientos históricos,
como las corrientes neutras o los bosones electrodébiles W y Z; y
se han llevado a cabo importantes desarrollos tecnológicos como
las cámaras multihilo, el enfriamiento estocástico o la World Wide
Web (www). Sería un sueño visitarlo. ¿Que si quería ir? Por
supuesto que sí. No dudé en aceptar.

Recuerdo cada detalle de ese viaje, la preparación de la male-
ta, el vuelo, los nervios, la emoción y, desde luego, mi llegada al
CERN. Fue de noche, un sábado, era octubre, hacía frío y estaba
muy perdido. Además, por aquella época estaban construyendo
una nueva línea de tranvía que llegaría hasta el CERN, así que
estaba todo patas arriba, en obras y llegar no era nada fácil. Dos
autobuses, con cambio. No imagináis la emoción que me hizo
subir al segundo. Arriba, en letras luminosas ponía su destino final,
CERN. Cuando llegué, no salía de mi asombro. Una imagen que

había visto tantas veces en internet, que ya resultaba tan familiar, pero que para mí seguía siendo tan ajena. Como un lugar de cuento de hadas, de fantasía o el castillo de una leyenda, que interiorizas como parte de tu imaginario, pero no lo contextualizas con la realidad. No es malo el símil, porque me sentía como un niño en Disneylandia. Ahí estaba el globo emblemático de la entrada del CERN, el paseo de las banderas que recuerdan su naturaleza internacional, y en serio, perdonad si me paso de friki, pero cada adoquín de la acera, cada piedra de asfalto que había... era mágico. Eran el mismo lugar que habían pisado mis ídolos, Heisenberg, Feynman, Bohr. Y yo estaba ahí, siguiendo su camino.

Imaginad la escena. Si el centro de Ginebra (Suiza) es un lugar que podemos imaginar como tranquilo, muy «europeo», con poco tráfico, muy limpio, pensad entonces en el extrarradio. El CERN se encuentra a las afueras de Ginebra, a unos 7 kilómetros del casco urbano. Está tan fuera de la ciudad que casi está fuera del país, a solo 100 metros ya aparece la frontera con Francia. Así que, en el CERN, te sientes Heidi, en el campo, literalmente en medio de la nada. Vale, una versión *nerd* de Heidi. Y otra cosa que rápidamente impresiona es que es un centro enorme, gigante, la vista no da para abarcarlo todo. Es como estar en una ciudad de científicos, en la capital mundial de la ciencia, en un auténtico paraíso friki.

Pero no era momento de ensoñaciones, tendría mucho tiempo más para ir asimilándolo más adelante. Ahora tocaba seguir las instrucciones que me habían dado los días antes: ir a la entrada B, a la garita de seguridad y pedir mi acceso y la llave de la habitación (síííí, iba a dormir en el CERN). Recorrí en solitario la larga avenida que llevaba a la residencia del CERN mientras iba apreciando cada edificio, cada nave, es más, cada calle. Notaba sutilezas preciosas, como que las calles tienen nombre de científico, yo estaba en la RT Einstein. Los edificios tienen números caprichosos y son muy viejos, son historia. Tan viejos que parece un viaje en el tiempo. Pero le da encanto, magia, de hecho, uno llega a percibir el verdadero trasfondo, lejos de buscar aparentar poder u ostentación, muestra humildad, porque lo verdaderamente valioso está en el interior, en las máquinas que contienen y los brillantes cerebros que las manejan.

Rápido, según avanzaba, distinguí una nave que ha alojado al primer acelerador del CERN, a mi izquierda, y mientras caminaba, iba imaginando lo que podía ocurrir en el interior de cada edificio, algunos son de oficinas, allí estarían algunos de los mejores científicos del mundo desarrollando sus teorías y haciendo importantes cálculos; otros son talleres, en donde estarían diseñando y probando las tecnologías de aceleradores más punteras del mundo. Finalmente, acompañado de mi fantástica imaginación, llegué a la residencia, encontré mi habitación y me tendí en la cama. Era tarde, pero no podía pegar ojo. Me había costado mucho tiempo y esfuerzo, pero lo había logrado, había cumplido mi sueño. Era muy feliz. Por cierto, ¿creéis que en algún momento en ese año me preocupé por encajar? No, ni un solo minuto. Interesante, ¿no?

Por la mañana me levanté pronto, no había tiempo que perder. Era mi primer día. Desayuné en el restaurante R1, me costaba contener la emoción, rodeado de tanta gente importante, era parecido a como había imaginado. Mesas utilitarias, extendidas por todo el espacio, sin gran glamur o toques de superficialidad, y ningún lugar especial, ceremonioso, todos, desde el estudiante recién llegado al premio nobel de física (hay siempre varios por allí) en pie de igualdad. Como ocurre con las ideas, que no importa de quién vengan, solo de su valor, allí nadie es mejor que nadie, nadie más importante que nadie. Es un lugar inspirador, de intercambio, uno de los lugares que más me marcaría de mi tiempo allí. El desayuno, por cierto, nada del otro mundo.

Recogí mis platos y lo puse todo en la bandeja, la coloqué en su lugar y me dispuse a comenzar la jornada, mi primera jornada en el CERN. Mi despacho estaba cerca de la cafetería, en el edificio 32. Solo había que subir unas escaleras y recorrer unos cuantos pasillos para volver a subir dos pisos más. Al entrar intenté capturar cada detalle. Ese iba a ser mi lugar de trabajo para los próximos tres años. Me senté y comencé a trabajar. Ahí arrancaba mi aventura con el experimento CMS del mayor y más potente acelerador del mundo, el LHC. ¿Pero qué es el LHC? ¿Cómo funciona? ¿Y CMS? ¿Y cómo pueden ayudarnos a entender mejor en qué consiste el universo?

Romper la materia

Si quieres ver cómo funciona algo, quieres acceder a su interior para entender su funcionamiento, una cosa que puedes hacer es abrirlo y descubrir qué hay dentro. Por ejemplo, pongamos que tu abuelo te ha dado un reloj de cuando era joven, de esos de bolsillo que eran muy raros, con la cadenita. De joven tenía un profesor que llevaba uno, le llamábamos Rigodón. Pero esa es otra historia. El caso es que ahí está el reloj, era el reloj favorito de tu abuelo y lo guardaba desde bien joven. Pero tú, que eres muy curioso quieres saber qué pasa dentro, qué tiene, quieres ver el mecanismo interior. Pues, vale, genial, no es problema, tomas un destornillador y lo abres, lo examinas, y ahí lo tienes, el mecanismo interno. Luego a ver cómo lo montas y se lo explicas a tu abuelo. Pero ahora imagina que el reloj no tiene tornillos, no se puede desmontar. Bueno, pues aquí ya hay que tomar otro tipo de medidas más drásticas. Tomas el objeto en cuestión, proyectas tu brazo tan atrás como puedas, te balanceas hacia delante y zas... lo lanzas contra la pared. Todo es pura física, los músculos de tu brazo transforman energía química en energía cinética; cuando sueltas el reloj, la energía cinética de este lo hace trasladarse por el espacio hasta que llega a la pared, la energía cinética se convierte de golpe en energía térmica y esta en energía del guantazo de tu madre por romper el reloj del abuelo todo por indagar en las leyes de la física. «Pero, mamá, es un experimento», «Pues ahora prueba este otro experimento», *zas*. La colisión ha roto el dispositivo y esto nos permite acceder a su interior para entender su funcionamiento. *Très bien*.

Pues con los sistemas que estudiamos en física de partículas pasa algo parecido, si quieres saber cuáles son las partes de un átomo, pues no cojas un destornillador o una llave Allen, porque un átomo no es un mueble de Ikea; por desgracia, porque todo sería mucho más fácil, eso no te va a servir. En cambio, puedes hacer otra cosa. Por ejemplo, colisionarlo, para que la energía de la colisión libere las partes para poder estudiarlas. Decimos que colisionar algo nos permite acceder a su interior.

De hecho, fue algo así lo que nos permitió por primera vez mirar dentro de un átomo. Fue el neozelandés Ernest Rutherford en un precioso experimento en el año 1908, uno de los más bellos y profundos de la historia de la ciencia. Rutherford un día estaba aburrido viendo *La isla de las tentaciones* y, aprovechando los anuncios, se puso a lanzar partículas alfa (son núcleos de helio, es decir, dos protones y dos neutrones) contra una fina lámina de oro (Rutherford, antes muerto que sencillo). Entonces se pensaba que la materia estaba formada por átomos que consistían en una masa positiva que estaba impregnada con electrones en su superficie. Es el modelo de *muffin* de Thomson, el primer modelo atómico. Seguro que se le ocurrió un día que tenía hambre. Bueno, el caso es que tienes que imaginar una magdalena con el bizcocho hecho de carga positiva y las virutas de chocolate la carga negativa, algo así. Para Thomson, los átomos eran robustos, macizos y pesados, unidos uno junto a otro, en formación militar, como una malla impenetrable. De esta manera, Rutherford esperaba que sus proyectiles (partículas alfa) rebotaran contra la lámina de oro y volvieran al chocar contra los átomos macizos. Pero no fue eso lo que observó (mientras de fondo oía como Tania discutía con Alejandro). Para nada. Lo que pasaba era bien diferente. Casi todas las partículas atravesaban la fina hoja de oro (¿?) y unas pocas, muy pocas, sufrían un choque brusco que las hacía rebotar casi frontalmente. No podía ser el átomo un *muffin* sólido, tenía que ser algo muy diferente. De este experimento se concluyó la imagen de átomo que hoy tenemos todos en la cabeza, la típica que sale en logos, camisetas o en la intro de *The Big Bang Theory*: un núcleo central, muy masivo y positivo, rodeado de los distantes, pequeños y ligeros electrones atados con barras. Un clásico.

Se estaba viendo que colisionar partículas era útil para mirar dentro de un átomo, por lo tanto, podemos decir que un colisionador funciona como un microscopio, uno muy potente. Allá donde no llega el ojo mirando con un microscopio de toda la vida, alcanzamos usando un gran colisionador, que será mayor cuanto más pequeño es lo que queremos ver. Pero, ¿cómo chocar cosas permite «ver» algo? ¿Y por qué es necesario que sea grande? Te lo cuento, pero mejor que cojas primero aire, que viene explicación de las intensas.

Modelo popular de un átomo.

Sabemos de toda la vida que la luz es una onda y esta se caracteriza por sus picos y valles, en concreto por cada cuanto se van repitiendo estos picos y valles; es lo que se conoce como longitud de onda, la distancia entre dos picos consecutivos. En el mar, sería la distancia entre dos olas seguidas. Fácil hasta aquí. Pues bien, son los picos y valles de las ondas los que actúan como «pruebas» en la materia, son los que hacen visibles sus detalles, son la «lente» del microscopio. Con las partículas de materia, como el electrón, pasa lo mismo. Se puede entender que los electrones funcionan como «ondas» de materia. Por eso, cuando se hace una colisión de electrones, la longitud de onda de la partícula que se colisiona tiene que ser como mucho del tamaño de lo que queremos observar, o no veremos nada, no tendremos resolución. Así que cuanto menor es lo que queremos ver, menor tendrá que ser la longitud de onda de lo que colisionamos. Pero aquí viene el problema, la cuestión, el intríngulis, la vaina: por cuántica, la longitud de onda de una partícula es inversamente proporcional a la energía que lleva. Es decir, y aquí está el punto clave, redoble de tambor, luces de neón, si queremos ver cosas pequeñas necesitamos colisionar partículas de alta energía, tanta mayor energía cuanto menor sea lo que queremos ver. Así, los físicos decían, día tras día, ¡necesitamos aceleradores cada vez mayores! Serían microscopios más potentes. Primero fueron del tamaño de una mano, luego del de una habitación, más delante de una nave entera… hasta los actuales. Hoy los aceleradores de partículas que sirven parar estudiar la composición de la materia son de varias decenas de kilómetros. El LHC, el acelerador más grande del CERN, es el mayor colisionador del mundo y, por lo tanto, también es el microscopio más potente que ha existido jamás. Son 27 kilómetros de microscopio. Tremendo.

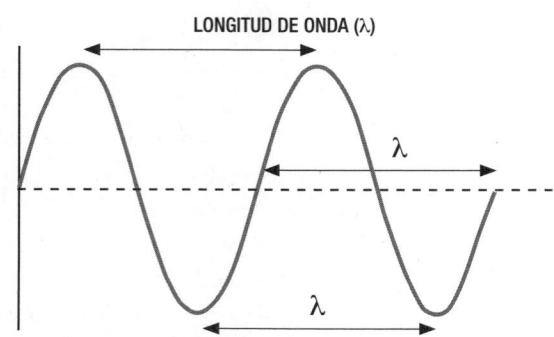

La longitud de onda es la distancia entre dos picos consecutivos de una onda.

Muy bien, ya puedes respirar, distender músculos y articulaciones, relajar esfínteres. Lo peor ya pasó. Ahora toca solo quedarte con este punto tan importante: un acelerador es un potente microscopio para ver el interior de la materia, allí donde no llega ningún otro instrumento. Y cuanta más energía consiga juntar en la colisión, mejor. Pero ahora que has aprendido esto tan importante... olvídalo, porque, en realidad, un colisionador es mucho más que eso, muchísimo más. Un acelerador no solo es un gran microscopio, es también un telescopio y un instrumento para viajar en el tiempo. Sí, señoras y señores, niñas y niños, vacas y vacos, habéis leído bien, un acelerador de partículas es una máquina del tiempo, hacia el pasado. ¿Cómo te has quedado? ¿Rubio? ¿Te ha depilado las cejas? No es para menos. Pero para entender esto último, bien en profundidad, aunque ya de por sí todo esto es verdaderamente profundo, hay que explorar las propiedades del mundo cuántico relativístico, te va a estallar la cabeza. Coge aire, una vez más. Bienvenido a la magia cuántica.

Magia cuántica

Ha llegado el mago más importante del mundo a la ciudad. Todos se maravillan con sus trucos: descubrir la carta que tiene otra persona, hacer desaparecer cosas, cortar gente por la mitad... (si esto se pudiera hacer de verdad y fuera legal, yo me haría mago). Pero ¿sabéis qué? La ciencia es tan espectacular que muchas veces la gente llega a confundirla con la magia. Y con razón las confunden. Nosotros, los físicos, hacemos trucos similares. Incluso mejores. Tenemos el mentalismo, cuando sin tocar una estrella podemos conocer detalles profundos de ellas, o el escapismo, cuando los científicos asfixiados por la falta de recursos y atados por pésimos contratos huimos de nuestro país. Y por supuesto, cómo no, también reproducimos el truco más representativo del mundo de la magia: el del conejo y la chistera.

Seguro que ya lo conocéis. El mago, en pleno apogeo de su espectáculo, muestra una chistera vacía. Con un toque de varita hace aparecer de su interior un conejo. Lo pilla por las orejas, lo muestra y hace una reverencia al público con gran satisfacción. Los asistentes, en puro éxtasis, aplauden fervientemente. Este es un truco clásico y muy impactante. Porque todos sabemos que las cosas, los conejos o los contratos, no aparecen de la nada. Y así lo repiten día a día magos de todo el mundo. No parece gran cosa, nada que no hayamos visto nunca. Por el momento. Porque vamos a repetir este truco, pero a lo bestia, y no con magia barata, sino con todo el poder de la física. Señoras y señores, niñas y niños, vacas y vacos, abrid bien los ojos, porque, ante todos vosotros, se presenta el mago más intrépido, el más ingenioso y espectacular, el más rápido y habilidoso, el que hará saltar de su asiento hasta al más escéptico. Con todos ustedes… ¡el universo!

Sí, el universo hace este truco continuamente, no hace falta que haya un cumpleaños con payasos, ni que echen un programa de magia en la tele, es que, en realidad, ni siquiera hace falta que mires. El universo repite ese maravilloso truco en cada momento y en todo el espacio: saca conejos de la chistera. Bueno, chistera… el universo no tiene de eso, pero sí tiene algo aún mejor, es el espacio vacío. Ahora os voy a contar cómo hace el universo para que, de este vacío, con un toque de varita cuántica, saque, aparentemente de la nada más absoluta, muchas partículas: piones, electrones, kaones, muones y muchas otras cosas acabadas en «ones». ¡Tachán! El público fascinado ruge en sus asientos. Pero ¿cómo lo hace? ¿Dónde está el truco? Simple, es un efecto de la mecánica cuántica.

El mago saca el conejo o cualquier otra cosa porque el sombrero tiene un doble fondo. Pues bien, el universo también lo tiene. Si el sombrero del universo es el vacío, el doble fondo que lo esconde todo es el vacío cuántico. ¿Pero qué es esto del vacío cuántico? ¿Qué tiene que ver con el otro vacío, el de toda la vida? Mirad. El vacío normal, el de siempre, es ese que hace el charcutero cuando le dices: «Ponme el jamón al vacío, que mi hijo se lo lleva a Alemania». Este vacío, el charcutero, no requiere mucha historia, consiste solo en sacar del espacio toda la materia que hay en él. Por ejemplo, en tu habitación para conseguir este vacío habría que sacar sillas, mesas, el póster de Spiderman, el osciloscopio, los mangas, los cubos de rubik, los Funkos, y todo lo demás. Pero todo, todo, no olvides el aire, eso también. Ahora ya sí que sí tendríamos el vacío de toda la vida, el que conocemos, el vacío charcutero. Pero nuestro vacío cuántico, el vacío con el que vamos a hacer magia, es bien diferente. Siendo honestos, la palabra vacío no le hace justicia, porque es justamente todo lo contrario a lo que puedes imaginar cuando dices esa palabra. Porque en el vacío cuántico no es que encuentres «algo», es que encuentras «todo». Este vacío, en realidad, está lleno de actividad frenética, de toda la actividad posible. Se parece al bolso de Mary Poppins o el bolsillo de Doraemon, con la diferencia de que está en cada rincón del espacio, en tu cuarto, en la calle, en una galaxia distante. En resumen: si extraes todo lo que hay en cada pedazo de espacio del universo, te queda el vacío charcutero, pero, a decir verdad, de forma escondida hay algo más profundo ahí, es el vacío cuántico.

De hecho, este contraste entre vacío charcutero y vacío cuántico es como lo que ocurre en estas películas de gánsteres, que entran de repente en un restaurante chino, de esos que están muertos porque nunca hay nadie. Pero, como hemos visto en muchas películas de gánsteres, a nosotros no nos engañan, porque sabemos que no es así, que tras una trampilla secreta se accede al sótano, que esconde justo lo contrario, todo el bullicio, el humo, barullo y alcohol, una casa clandestina de apuestas, malabares, faquires y un tipo que echa fuego por la boca. Ambos lugares, el restaurante sin vida y la fiesta ilegal, representan el vacío charcutero y el vacío cuántico, la chistera y su doble fondo. Pero ¿qué es este vacío cuántico? ¿De dónde sale este descontrol? El culpable es el principio de incertidumbre.

El principio de incertidumbre

Uno de los principios más sorprendentes e impactantes de la mecánica cuántica es este principio de incertidumbre. Proviene de considerar que la materia se describe por ondas, que tiene comportamiento ondulatorio, como una ola. Una onda típica se muestra en esta imagen:

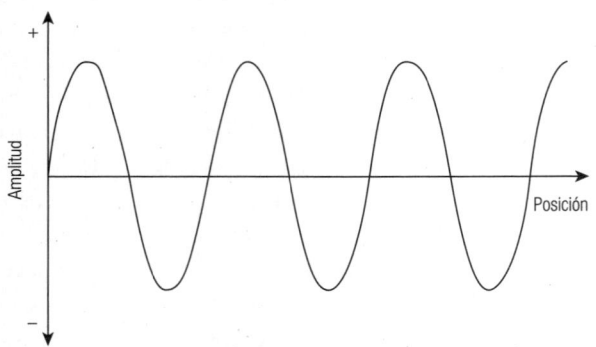

Una onda es una perturbación que se propaga por el espacio,
descrita matemáticamente con la función «seno».
Esta onda relaciona las magnitudes de velocidad y posición.

Y se puede describir matemáticamente de forma muy simple así *phi = sin(vx)*. La v es la velocidad y la x es la posición, que, al estar en la ecuación de esa manera, juntas, aparecen conectadas, no son independientes, se dice que son dos magnitudes conjugadas. Pues bien, debido a esto, al estar conectadas, no se pueden conocer con total exactitud las dos a la vez: cuanta mayor precisión se tenga en una de ellas, menor será en la otra. Esa es la esencia del principio de incertidumbre. Es como un cubo de Rubik para una persona que no sabe hacerlo. Imagina que la cara verde es la velocidad y la azul es la posición. Esa persona se pone a hacer la cara azul… y lo consigue, está perfecta, pero mira la verde y es un desastre, así que se pone a arreglarla y… ¡lo consigue otra vez! Pero mira la azul… y se ha desastrado. Cuando dos magnitudes se conjugan, sus propiedades están conectadas de tal manera que precisar en una es desbaratar la otra. No es nada extraño, es pura física. Como un globo de los largos, de los que usan los payasos para hacer perritos, que aprietas por un lado, ese se hace pequeño, pero a cambio hace crecer el otro. Pues esto es lo mismo.

Pero indaguemos más en este principio, de manera más formal, para entenderlo bien de verdad. Se escribe así:

$$\Delta x \, \Delta v > h$$

Se lee «la incertidumbre en el valor de la posición por la incertidumbre en el valor de la velocidad tiene que ser mayor que la constante de Planck». *Wow.* Ya está, así sin más. Uno de los principios más profundos del universo, que más ha costado asimilar, se lee en una sola línea. Pero no te aceleres, aquí hay mucha física.

Empecemos por las magnitudes, ¿qué es eso de la incertidumbre, ese triángulo? Es una forma de expresar el desconocimiento de una magnitud, el rango de posibles valores que puede tener. Por ejemplo, si mido una mesa y me sale de 2,1 metros y estoy usando una regla con marca de centímetros, sé que en realidad ese valor no es exacto, porque tengo cierta incertidumbre en el valor real, debido a la precisión de mi medida. Mi rango de medida irá de los 2,09 metros a los 2,11 metros, más o menos, o lo que es lo mismo, tengo una incertidumbre de 2 centímetros. Ahí tenemos esos dos símbolos, los triángulos, son incertidumbres en la medida de dos magnitudes, la posición y la velocidad. Son una muestra de la precisión con la que estoy midiendo, de esa regla que uso para medir. Pues el principio de incertidumbre me dice que para dos magnitudes conjugadas sus incertidumbres están relacionadas con una constante, la h, es la constante de Planck.

Pero ahora notemos algo más curioso. Lo que ves no es una ecuación, de las que solemos ver por ahí normalmente, porque no hay ningún signo «=». Es, en cambio, una inecuación, donde en vez de un «=» tenemos un signo como este «>», que hace que todo sea completamente distinto. Pues para que entiendas bien cómo funciona una inecuación como esta, te voy a contar una historia.

Imagina que eres carpintero y entra un cliente un poco raro en tu tienda. Va a hacer una cena de Navidad con toda la familia. Te dice: «Vienen los suegros, los cuñados, sus hijos, hasta el portero del edificio me traen estos gorrones. Bueno, tiene que ser una mesa muy grande para que yo pueda respirar. Me da igual cómo la hagas, eso sí, el área como poco tiene que ser de 25 metros cuadrados».

Tú, que además de carpintero eres físico porque ves vídeos de Date Un Vlog y ya eres un experto, te pones a pensar. El área de un rectángulo es largo por ancho, por lo que nuestro cliente nos está poniendo un condicionante tipo: largo x ancho > 25 m^2, si miras bien esto es una inecuación. Pero entonces, ¿qué tienes que hacer?

Pues fíjate lo que ocurre. Tú tienes listones que pueden ser de 1 metro por 1 metro, de 1 por 2, de 2 por 2, de 2 por 3, de 4... todas las combinaciones enteras. Pero si caes en la cuenta, no te vale cualquier combinación. Si tomas como largo un listón de 10 metros, el ancho no puede ser de 1, ni de 2, no se cumpliría la inecuación (10 y 20 son menos que 25), pero sí de 3, que daría 30 metros cuadrados, que es mayor de 25. Lo tienes, apuntas: «Si el largo es de 10, el ancho, al menos, será de 3 (te vale también 4, 5, 6...)». Ahora piensas otras opciones, por ejemplo, si para el largo prefieres tomar uno de 5 metros de lado... ahora para el ancho ya no te sirve de 3 metros, como antes, tiene que ser de 5, ¡al menos! En general, ves lo que está ocurriendo. Podemos reducir el largo, pero solo si aumentamos el ancho en proporción para así cumplir la restricción, esos 25 metros cuadrados. Es decir, podemos concluir que, en una inecuación como esta, cuando uno de los dos factores baja, el otro tiene que subir por fuerza para cumplir la inecuación. Es como un balancín de un parque de niños, si uno sube, el otro baja. Además, no es posible que una de ellas valga 0, porque algo por 0 siempre va a ser 0. Rompe totalmente la inecuación. Eliges una opción de la tabla y tu cliente se va satisfecho. Lo has conseguido.

Largo (m)	Ancho (m)
1	26
2	13
3	9
4	7
5	6
6	5
7	4
9	3
13	2
26	1

Pero ahora pasa algo muy curioso. Sigues en tu carpintería y te llega un cliente aún más raro, dice que va a organizar una cena para Ant-Man y sus hormigas y quiere una mesa rectangular para su casa, le da igual el tamaño de cada lado, le es totalmente indiferente, siempre y cuando el área de la mesa sea mayor de 15 centímetros cuadrados, que para Ant-Man va que chuta.

De nuevo una inecuación como la de antes: largo x ancho > 15 cm^2.

Tú rápido caes en la cuenta, es algo parecido al cliente anterior, pero es aún más fácil, no tienes que darle demasiadas vueltas. Con tus listones de múltiplos de un metro de lado vale, da igual cuál de ellos, cualquier combinación cumple con las necesidades del cliente: ya sea 1 metro por 1 metro, 2 metros por 1metro, 4 metros por 10 metros... no hay ninguna restricción en este caso. Puedes hacer lo que te dé la gana, el cliente va a estar satisfecho igualmente. Así que puedes concluir en este segundo caso, y estarás acertando, que cuando la condición es mucho menor que los factores, la restricción no es relevante. Además, otra vez, la opción de que un lado valga 0 no tiene sentido. Le das al cliente su mesa y se va satisfecho. Misión cumplida.

Ahora toca volver a la realidad, a la física. Fijémonos en el principio de incertidumbre otra vez.

$$\Delta x \, \Delta v > h$$

Así que podemos aplicar ahora todo lo que hemos aprendido del carpintero a esta situación. Pero antes debemos notar una cosa, h, la constante de Planck, vale $6.62607015 \times 10^{-34}$ julios por segundo, eso es un 0 coma, seguido de 34 ceros, y la cantidad. Algo ridículamente pequeño para nosotros. Así que como h es muy pequeña, para nuestra escala, en nuestro día a día pasa como el segundo caso, la cena de Ant-Man. Delta x y delta v son y serán siempre mucho mayores, por lo que tú nunca vas a sentir esta restricción, está muy por debajo de nuestro nivel. Por ejemplo, veamos un caso, por desgracia, muy común. Te saca una foto el radar de la autopista, ¡sonríe! Bueno, por suerte, es solo un caso hipotético y que nos sirve para hacer física. Con la foto puedes saber la posición en la que estás sobre la superficie de la Tierra. Solo tienes que revisar Google Maps y así sabrás tu posición. Pero no será exacta, es decir, habrá un error de medio metro, o varios centímetros en el mejor de los casos: esa es la incertidumbre en la posición. Pero también con el radar puedes saber la velocidad a la que va el coche, pero de nuevo, no de forma perfecta, hay cierto margen de error. Esa es la incertidumbre en la velocidad, que para los radares normales puede ser del orden del 10 por ciento, es decir, hablamos de varios km/h. Vale, ahí lo tenemos, para este caso delta v y delta x respecto a h son tan grandes que la ecuación no aplica, no tiene restricción, no tiene ningún impacto, es el caso de Ant-Man. Es por esto por lo que la cuántica y el principio de incertidumbre no tienen ningún efecto en nuestro día a día. Tú puedes seguir haciendo tus cosas como si nada, no te va a afectar. El balancín que conecta estas dos magnitudes es tan pequeño que no nos altera. Es irrelevante.

Pero ahora imagina que usamos un radar para electrones, tomando una foto que nos dice su posición y velocidad con incertidumbres bajísimas, a la escala del electrón. Ahora ya hay que tener en cuenta el principio de incertidumbre. Para no pasarse del límite, h, si delta v es muy, muy, muy pequeño, entonces delta x tiene que aumentar para compensar. Si delta x es muy, muy pequeño ahora es al revés, delta v tiene que crecer en consonancia. Ahora el balancín afecta, a todo fuego. Además, no lo olvidemos, este principio impide que uno de los dos valga exactamente 0.

¿Y qué tiene que ver esto con el universo? Este es el mecanismo que usa el mago del universo para hacer su truco de magia cuántica.

Magia cósmica

Lo que mencionamos antes del principio de incertidumbre ocurre, como hemos visto, con la posición y la velocidad, porque aparecen juntas en la ecuación de onda de las partículas, son magnitudes conjugadas. Pero no son las únicas. Hay otras dos que también aparecen juntas en esta misma ecuación, son la energía y el tiempo. Así que, por ser conjugadas, ocurre con ellas algo parecido, bueno, idéntico: se cumple el principio de incertidumbre, cuanta más precisión se alcanza en una de ellas, por ejemplo, el tiempo, menor conocimiento tengo del otro, por ejemplo, la energía. Entran en el juego del balancín que contamos antes. Pero ahora esto tiene una repercusión en la forma en que entendemos el universo, que es espectacular. Agárrate bien, porque hoy es un día único en tu vida, no volverás a ver el mundo con los mismos ojos. Vamos allá.

Tomamos nuestro cuarto, quitamos pósteres, libros, mesa y estantería. Queda el aire, lo sacamos. Tenemos el vacío, el de toda la vida. Pero aquí hay un problema. El vacío tiene energía 0, exactamente 0, con total precisión, sin ninguna incertidumbre. Pero acabamos de ver que por el principio de incertidumbre eso es imposible, lo estaría violando. El 0 no es una posibilidad. Con lo cual concluimos algo importante, el universo aborrece el vacío, el vacío perfecto simplemente no puede existir.

¿Cómo lo evita el universo? Creando energía, de forma espontánea, de la nada, gratis, sin ningún aporte externo. ¿Te das cuenta de lo que esto significa? A la mierda todo lo que nos contaron en el colegio, fuera todos los libros de física, por la ventana, a salir corriendo desnudos por la calle como Arquímedes. ¡Qué mentirosos! Todo eso que nos decían «la energía ni se crea ni se destruye» pues, *zas*, en toda la boca, no es verdad, porque el universo sí puede hacerlo: con el principio de incertidumbre. Este principio nos permite, por un tiempo suficientemente corto, saltarnos la ley de leyes, la ley de la conservación de energía. Esto es verdaderamente flipante. De locos.

Pero volvemos al principio de incertidumbre y al balancín. Se ha creado energía de la nada, violando un principio sagrado, la ley de leyes. Pero esto tampoco va a ser un todo vale, un carnaval de locura y descontrol y todo gratis. Al universo le gusta la rectitud, así que este relajo de crear energía sin coste lo permitirá solo durante el mínimo tiempo necesario para que esto tampoco sea un desmadre. ¿Cuánto tiempo? Volvamos a nuestra inecuación. El tiempo que permite esta energía gratis es el que dicta el principio de incertidumbre, y aquí nos acordamos de la mesa de Ant-Man. Vamos a la regla anterior, al balancín: cuanta más energía, menos tiempo; cuanta menos energía, más tiempo.

Si estás flipando absolutamente en colores, recupera la compostura porque aún hay más. Sí, esto que estás viviendo es una montaña rusa y estás justo acabando de bajar una gran pendiente, despeluzado, descamisado, y sin aliento, pero tranquilo, que ahora viene un doble *loop* mortal, con *twist* y salto mortal al vacío. Viene, de hecho, lo mejor. Vamos allá.

Recordemos lo que hemos aprendido de esta última parte: de la nada se puede crear energía si es por un periodo muy corto de tiempo siguiendo el principio de incertidumbre, es decir, cuanta más energía, menos tiempo. Pero ahora revisemos algo que aprendimos en *El bosón de Higgs no te va a hacer la cama*, la famosísima ecuación de Einstein, $E=mc^2$. ¿Que no recuerdas lo que quiere decir? Tranquilo, yo te lo explico. Vamos a leerla juntos. E, es la energía, m es la masa y c es una constante, es la velocidad de la luz en el vacío, unos 300.000 km/s, más o menos. Si te fijas bien, al ser c constante, esta ecuación es muy parecida a esta otra que seguro conoces muy bien: D\$ = TC D€. Vamos, esta la usas con una soltura que Einstein estaría orgulloso. Pues fíjate que nos dice esta última ecuación, tenemos dos cantidades de lo mismo, dinerito rico, conectadas a través de una constante, es una tasa de conversión de divisa, la tasa de cambio. Nos dice que 20 pesos mexicanos es 1 euro. Ya está. Es una ecuación que conecta dos cantidades que son lo mismo, dinero. Pues si la comparas, esta otra $E=mc^2$ es lo mismo, tenemos dos magnitudes conectadas por una constante, así que podemos sacar la misma conclusión: masa y energía son lo mismo, con la c, la velocidad de la luz como constante de «cambio de divisa» o de equivalencia, que al ser una cantidad tan grande y encima al cuadrado, ya nos desvela el poder del átomo, un poquito de masa concentra enormes cantidades de energía.

Ahora, como energía y materia son intercambiables, dos caras de una misma moneda, y sabemos que la energía se transforma (eso lo aprendimos en el colegio también, pero esta sí es verdad), el vacío al crear energía de la nada también puede, ojo… ¡CREAR MATERIA de la nada! Sí, es verdad, será durante un tiempo muy corto, el balancín es muy pequeño, al poco esa nueva partícula desaparece, pero, aun así, se hace continuamente.

Y recuerda que este comportamiento cuántico ondulatorio de la materia ocurre cuando la partícula «no es observada». ¿Esto no os suena un poco a *El juego del calamar*? ¿Semáforo verde, semáforo rojo? Tú puedes hacer todo tipo de monerías con la energía en el corto tiempo que tarda el muñeco ese tétrico en darse la vuelta, como saltarte la ley más imponente del cosmos, la conservación de energía, y crear materia de la nada. En ese momento te paras y sigues las reglas. ¿O a un banco y sus administradores mientras nadie los mira? Y muy español, latino en general, eso de crear una ley, para luego saltársela, pero solo durante un corto espacio de tiempo, mientras no miran… En España decimos «hacerse el sueco», aunque para una ley científica que descubrimos, o mejor honramos, ya le podrían poner nuestro nombre, ¿no? Principio de incertidumbre a la española, o algo así.

Sí, si estás flipando fuertemente estás en tu derecho. ¿Me estás diciendo que el universo permite robar energía del vacío saltándose la ley universal de conservación de energía mientras sea durante un tiempo suficientemente corto y con ello crear materia? Así es, joven amo, dijo el genio. Esa es la chistera del universo, el vacío cuántico, gracias a su magia más potente, el principio de incertidumbre, salen continuamente conejos donde no había nada. Bueno, conejos no, salen partículas subatómicas que no estaban ahí antes, como electrones, protones, piones, kaones, antipartículas, bosones de Higgs… ¿Cuáles de ellas? La verdad es que TODAS, sin restricción. Mientras no se observe, estarán ahí, naciendo y muriendo, durante el corto lapso de tiempo que les permite el principio de incertidumbre. Por eso se llama a estas partículas así, partículas virtuales, que no reales, porque existen de forma temporal dentro de este vacío cuántico antes de volver a destruirse. De este modo, el vacío cuántico es como ese local de apuestas clandestino, un auténtico jolgorio. O como un baño de burbujas. Partículas virtuales que se crean y se destruyen todo el tiempo, en continua efervescencia. Como delfines que solo salen del agua momentáneamente a respirar y vuelven a esconderse en las profundidades del océano, así es el universo, en cada lugar y en cada momento.

Otra manera de verlo —y si estás ahora mismo asfixiado con el agua al cuello y te cuesta respirar, solo sáltate este párrafo y maldice a toda progenie, ve al baño a vomitar y continúa como si nada— es con la visión de Feynman de la mecánica cuántica. Imagina un electrón paseando tranquilamente por la orilla del mar un viernes por la tarde, después de un largo día duro de trabajo en la oficina generando repulsión eléctrica con otros electrones, vamos, lo de siempre. Si dibujamos su paseo del viernes por la tarde por la orilla con la idea clásica sería algo así (1). Sin embargo, eso sería un gran error, no es toda la historia, porque no estamos teniendo en cuenta el vacío cuántico. Feynman consiguió una nueva formulación de todo esto del vacío cuántico, y al hacerlo encontró algo maravilloso y verdaderamente muy loco. Más que nada que hayas leído hoy. Con su descripción matemática, vio que, debido al efecto del vacío cuántico en la evolución de una partícula, su camino no es tan triste y aburrido, pasan otras cosas, muchas más. De hecho, pasa todo lo que puede pasar, y por si esto no fuera suficientemente disparatado, además todo pasa a la vez. Así que junto con esta historia del electrón paseando por la playa, hay otra, en paralelo, en la que de la nada se crea un fotón virtual y vuelve a absorberse (2). ¿Viola la energía? Sí, pero es rápido y nadie lo ve, no pasa nada. Pero esto no es nada, porque, en realidad, uno de esos fotones podría desintegrarse en un par electrón positrón a su vez (3). Incluso aún peor... Todas las historias de este electrón son posibles. ¿Y cuál ocurre realmente? Feynman nos dice que todas a la vez están ahí, sucediendo. *Puuuuuuuuut.*

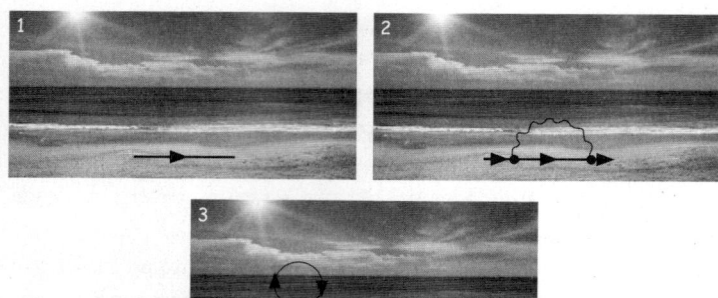

Un electrón sigue una trayectoria recta clásica. La moderna teoría cuántica
nos dice que esto no es así, es solo parte de la historia. Debido a los efectos
del vacío cuántico esta trayectoria se ve afectada por otras posibles historias que
involucran partículas virtuales que nacen y mueren, alterando la trayectoria.
Según la moderna teoría cuántica, todas estas historias están ocurriendo a la vez,
en paralelo. Lo que vemos finalmente es un efecto suma de todas estas historias.
Si esto te parece muy loco, es que has entendido la idea. En cualquier caso
se trata de física avanzada, no desesperes.

¿A que, aunque estabas ahogado, has leído el párrafo? A que sí.
A pesar de que te dije que no lo hicieras. Porque te conozco y sé
que eres así de masoquista y te gusta el dolor. Yo lo sé. Pero ha
merecido la pena. También lo sé. Ahora ves el mundo de una forma diferente.

Pero queda una gran pregunta. Vale, estas partículas virtuales,
aunque tienen una existencia efímera, casi fantasmagórica, realmente están ahí. O eso dices tú, Javier, porque... ¿y cómo lo sabemos? Porque esto se puede medir, y resulta que sí, ahí están. Desde
medidas asociadas al efecto Casimir o las predicciones de la teoría
cuántica en medidas precisas como la del momento magnético del
electrón... Cada medida que se ha hecho al nivel de la cuántica
confirma que esas partículas están ahí. Es más... es posible llegar a
verlas, no de forma indirecta, sino con tus propios ojos con otro
truco científico. ¿Qué te parece si te digo que sí hay una forma de
arrancarlas de ahí, del vacío cuántico, de su virtualidad, y traerlas a

la realidad? No hace falta que respondas, es una pregunta retórica, de esas que hacen los libros y que si respondes mientras lees en medio del metro queda medio raro. Pues ahí va. El truco es el siguiente. Las partículas están atadas al vacío y a esa existencia tan efímera porque violan el principio de conservación de energía, se han creado de la nada, por eso han de volver a su lugar en la inexistencia. Pero si nosotros conseguimos aportar esta energía al vacío, la energía extra creada de la nada que las ha hecho posibles en el mundo virtual durante ese corto espacio de tiempo, podríamos entonces arrancar estas partículas de sus garras, hacerlas reales y así poder observarlas, medirlas y estudiarlas. Nos las quedamos para nosotros. Es decir, estas partículas virtuales están como atrapadas en la prisión de Azkaban, donde están condenadas a crearse y destruirse por toda la eternidad, pero si vamos allí y pagamos el precio de su libertad, conseguiremos que escapen y vengan a nuestro mundo. Eso sí, habrá que «pagar» su precio. ¿Cómo? Pues si su condena a la inexistencia es porque violan el principio de conservación de energía, habrá que pagar haciendo que la conserven, es decir, hay que pagar en energía. ¿Cuánto? Recuerda $E=mc^2$, la energía está conectada con la masa según esta ecuación, lo que significa que se necesitará más energía cuanta más masa tenga una partícula. Así, el vacío cuántico es como un mercado, solo que pagas con energía en vez de con dinero. Y en ese mercado hay una frutería, con frutas muy baratas como el electrón o el muon que tienen poca masa y por eso requieren poca energía para sacarlas del vacío; o el bosón Z o el top, que son muy masivos y hay que aportar mucha energía para extraerlas. Que cuestan como los aguacates, madre mía cómo se ha puesto el kilo, y lo rápido que se echan a perder. Son de mírame y no me toques.

Y este es el fin del viaje. Los aceleradores de partículas, como el Gran Colisionador de Hadrones (el LHC) en Ginebra, Suiza, aprovechan precisamente esto, la existencia de partículas virtuales en el vacío cuántico para traerlas a la vida. De esta manera, un acelerador no solo es un gran microscopio que permite ver dentro de la materia, sino que es también un sintetizador de materia, una chistera que, usando la magia del vacío cuántico y el principio de incertidumbre, paga para dar libertad a las partículas del vacío y volverlas reales. De una colisión pueden salir cientos de ellas, convirtiendo la colisión en un *squirting* cósmico.

Te dirás, «Bueno, esto está bien, pero construir una máquina que cuesta más que los terrenos del Paco, con las gallinas y todo, solo para sacar partículas como chorros, no sé yo si compensan unos fuegos artificiales tan caros». Pues tienes razón, si solo fuera esto, tampoco sería para tanto, un juguete caro y ya está. Pero es que hay mucho más. Y te juro que esta es ya la última curva de la montaña rusa, lo prometo. Además, queda por saber por qué hacer algo así permite viajar en el tiempo. Para entenderlo solo hay que meterse en el cuerpo de un físico de partículas, cerrar los ojos y soñar.

El sueño de un físico

Un futbolista sueña con marcar un gol en un mundial, un actor con recibir un Óscar, un astronauta con viajar a otro planeta… ¿pero con qué sueña un físico de partículas? ¿Y si te digo que con coleccionar Pokémons me creerías? Bueno, pues así es, pero quizá no literal. Vamos a verlo.

La profesión del físico de partículas, el que trabaja en el CERN colisionando partículas, no es muy diferente de la de un entrenador pokémon. Un entrenador quiere tener los mejores pokémons para sus combates. Por eso viaja con sus *pokeballs* buscando hacer nuevas capturas. Un físico de partículas igual, solo que en vez de pokémons captura partículas subatómicas. Por eso este *squirting* cósmico es interesante, es como una parada pokémon, ahí hay partículas que capturar. Pero, es más, porque las partículas que pueden salir de este *squirting* cósmico no serían cualquier partícula, son partículas nuevas, exóticas. Si estas partículas fueran pokémons no serían de los normales, no es un Rattata de toda la vida o un Pidgeotto, un cualquiera, vulgar. No, estamos hablando de un pokémon legendario. Uno que no está a nuestro alrededor normalmente, a nuestro alcance. Y como entrenador pokémon esto es lo más bonito que puedes ver en tu vida. Pero estas partículas, hoy tan raras y tan difíciles de conseguir, son legendarias, hubo un momento en la historia del universo donde fueron muy comunes y fáciles de atrapar. Entonces era solo cuestión de sacar tu *pokeball* y ya, de lo corrientes que eran, el sueño de cualquier entrenador pokémon. Ese momento tan especial en la historia del cosmos fue el mismo instante de su nacimiento, hace 13.800 millones de años, lo llamamos el Big Bang.

¿Pero por qué en el Big Bang había tantas partículas legendarias y por qué ahora ya no quedan? Deja que te cuente esto, que es un poco complejo, con una historia.

Tony Stark cumple cincuenta años y ha decidido que, para celebrarlo, va a montar la fiesta más grande que jamás nadie haya imaginado. Grande literal, va a durar años. Y la va a hacer en su yate de tres pisos y quiere que no falte nada, esto es lo más importante. Así que avisa a Happy que estará al cargo de que todo salga bien y que, como ha insistido, no falte nada, lo ha dicho una y otra vez. Y Happy tiene vía libre para disponer de lo que necesite, que no repare en gastos. Quiere que haya mucho y de lo mejor. De hecho, los pocos segundos que ha podido hablar con él solo le ha dicho: «Está todo *pagao*», «Que no se respire miseria» y «Que no decaiga la fiesta». Está claro clarinete. Así que Happy monta un equipo, son veinte personas, con la intención de tener todo controlado, que no se le escape ni un detalle. Lo más importante, ya lo sabe: «Que no falte nada». Por eso ha dispuesto cámaras por todo el yate monitorizando las existencias desplegadas y tiene sensores con inteligencia artificial para que le informen de cualquier cosa que escasee. El protocolo también está listo: si algo falta, él recibe un aviso y rápidamente se lo comunica a su equipo en tierra, que busca el producto en el mercado, lo compra, viaja en lancha hacia el yate y lo repone. Está todo pensado.

Y llega el día de la fiesta. Y se lía una buena. Todo el mundo bebiendo, comiendo, bailando. Y lo mejor de lo mejor, máximo glamur, sin escatimar, botellas de Moët, caviar ruso, plátanos de Canarias… Todo y mucho de lo mejor. Ah, bueno, y siempre por eso de completar, en una esquina, botellas de agua y trozos de pan. Y el plan de Happy funciona a la perfección, cada vez que se abre una botella de Moët y se acaba, recibe un aviso, él informa a su equipo en tierra, un voluntario va al mercado, lo compra y en lancha se lo hace llegar al yate donde se repone y la fiesta continúa como si nada.

Y así sigue la fiesta por días, por semanas, por años. Al principio, no pasa nada, las gallinas que salen por las que entran, pero esto no dura para siempre y el dinero poco a poco se va acabando. Así que hay que hacer ajustes, las botellas de Moët se agotan, no hay más, y con el dinero que queda ya solo da para reponer el vino de cartón; el caviar se ha acabado, pero todavía hay algo de jamón York para un sándwich mixto, y siempre por ahí, de recurso, en la esquina, las botellas de agua y el pan.

Cuando Tony cumple los sesenta años, el dinero se le ha acabado, y no solo eso, se han agotado todas las existencias, incluso para el sándwich mixto. Ya solo queda el agua y pan duro. Para el resto de la fiesta hasta el fin de la eternidad solo eso: agua y pan duro. Sí, la fiesta se ha vuelto un aburrimiento.

Algo así ocurrió con el universo. Poco después del Big Bang, el universo era como la fiesta de Tony en su yate, estaba lleno de todo tipo de partículas. ¿Cuáles? Bueno, según $E=mc^2$ las partículas «cuestan» su masa en energía, así que cuanta más masa tienen, más caras son en energía. Más «cuesta» crearlas. Pero en el Big Bang la energía era tan, tan, tan grande que del vacío cuántico podía comprar muchas partículas, el universo se lo podía permitir.

Así que, en realidad, había de todos los tipos posibles. El dinero le alcanzaba. No había límite ni restricción, con solo decir: «Está *to pagao*» ahí lo tenía de nuevo. No importa lo que costara, «que no se respire miseria», decía el universo. No se reparaba en nada. Así, las partículas en este instante existían a raudales, en abundancia y en toda su diversidad. Iban por ahí, andaban vagando por el espacio, colisionando entre ellas. El universo era una auténtica fiesta, una orgía cósmica: mucha energía, mucho calor, mucha colisión, todo actividad. «¿Qué hace un bosón como tú en un Big Bang como este?». Lo pasaban muy bien. Cierto es que muchas partículas de estas, las más masivas, eran muy inestables y ellas solitas se desintegraban y desaparecían. Como las botellas de Moët de Tony, se abría una, se acababa, pero no había problema, había dinero de sobra, volvían a aparecer, se reponían.

Pero el tiempo pasaba, y según el tiempo fluía se creaba nuevo espacio en el espacio: se estaba expandiendo. Y como cuando tus padres se expanden y tienen más hijos, que tocan menos regalos en Navidad porque el dinero es el mismo y tienen que repartirlo, con el universo igual, la energía era la misma, pero el espacio era mayor, así que se diluyó, a cada rincón del espacio le tocaba menos energía. Estaba bajando la temperatura, se estaba enfriando el universo. Tony se estaba quedando sin dinero. Y a medida que bajaban las posibilidades... había que reconsiderar las compras. Ya no había para reponer las botellas vacías de Moët o el caviar que se había acabado. Con las partículas lo mismo, la energía ya no era suficiente para traerlas de vuelta a la vida, las más «caras», las de mayor masa. Así que con el enfriamiento progresivo del universo muchas de sus partículas desaparecieron, se extinguieron: el universo ya no tenía energía para sostenerlas, para darles vida. Esto ocurrió unas pocas fracciones de segundo después de nacer, el universo era muy joven.

Hoy en día, después de 13.800 millones de años, el universo se ha expandido y enfriado tanto, que eso es solo un lejano recuerdo de un tiempo donde el universo era más divertido. Sí, en la fiesta ya no queda nada, solo agua y pan duro. Nunca el universo había sido tan aburrido. Como ocurrió con los dinosaurios, que se extinguieron hace 60 millones de años y lo hicieron para siempre, la mayor parte de las partículas desaparecieron entonces y solo podemos ver y estudiar unas pocas, la punta del iceberg, las más aburridas, protones, neutrones y electrones. Allá donde mires solo hay eso: protones, neutrones y electrones. Mientras, el resto está inaccesible, no hay forma de contar con ellas. Excepto... sí, lo has adivinado, en ese lugar donde existe de todo, en la chistera del universo, el vacío cuántico. Allí están ocultas a nuestros sentidos, sumergidas en el vacío cuántico, inaccesibles para nosotros, no las podemos alcanzar, han desaparecido para siempre.

Y lo peor de todo es que en ellas está la llave para abrir la puerta a la comprensión del universo, su origen y su evolución, entender esas partículas y el entorno en el que surgieron. Y es que en el Big Bang se supone que el universo era muy simple, muy sencillo. Hoy el universo es un caos, mira por la ventana, luces, olores, colores, cosas ligeras como una nube y pesadas como un yunque, rápidas como el viento, lentas como el desarrollo de una berza, grandes como portaaviones, pequeñas como un pensamiento. Electricidad, sólidos, radiactividad, plasmas, circuitos, gases, virus, palancas, cristales, un niño llorando, una rana... intentar entender todo es una odisea, y más si se pretende hacerlo de una manera unificada: ¿qué tendrá que ver una gota de agua con una fumarola? Crea tú una ley universal a partir de lo que ves a tu alrededor, si es que puedes. Sin embargo, ¡ay, el Big Bang! Solo una sopa de partículas uniforme, chocando entre sí, pero sin lío, sin formar nada, *pim pam.* Como una mesa de billar muy grande. ¡Qué delicia para un físico! Es más, por razones que ahora no voy a explicar en esos instantes todas las fuerzas del cosmos eran iguales, y todas las partículas eran una sola, describir el universo era tan fácil, como montar un puzle de una sola pieza. El Big Bang es el momento más oportuno para encontrar la ley de la unificación, la teoría definitiva del universo.

Y ese es el sueño de un físico, viajar al Big Bang. Si pudiéramos ir de alguna manera allí, las leyes de la física entonces aparecerían ante nosotros con total claridad, podríamos encontrar la ecuación última que describa el cosmos, la unificación de las fuerzas. Por eso es tan importante revivir estas partículas, retornar al inicio de los tiempos, cuando el cosmos era una fiesta de partículas. Por eso necesitamos recrearlas, traerlas de vuelta al mundo, como los dinosaurios en Jurassic Park. Es por esto por lo que yo veo a un físico de partículas como un auténtico paleontólogo del cosmos.

Pero, claro, aquí hay un problema, nadie ha conseguido hasta ahora viajar en el tiempo, no ya 13.000 millones de años al pasado, ni siquiera un segundo, ni se espera que algo así sea posible, al menos en pocos años. Entonces… ¿eso implica que tenemos que renunciar a nuestro sueño de crear una teoría definitiva del universo? Para nada. Sí, igual no podemos viajar literalmente al pasado para ir al Big Bang y estudiarlo, pero… ¿y si hubiera alguna forma de recrearlo?

Una máquina del tiempo

Y, por eso, ser físico mirando en la materia que nos rodea hoy en día es muy aburrido. Superaburrido. Y, por eso, en cambio, colisionar partículas es tan divertido. Me recuerda mucho a Pepe.

Pepe es feliz. Vive en su campo, en las montañas. Allí vive solo y sin compañía. No tiene vecinos, no tiene amigos, pero él disfruta de su soledad. Todo lo que tiene en el mundo es su casa y su huerta. La verdad es que no necesita nada más. Solo tiene un pequeño inconveniente, come todos los días exactamente lo mismo: vive de lo que le da su huerto, lechuga, col y alcachofas. Pero es feliz. Pepe se levanta cada mañana, va a la cocina, toma un bol de cereales al que le echa alcachofas, así sin más. Es su desayuno. Luego va a su huerto, trabaja todo el día, cuidando sus plantas, cultivando la tierra, sembrando y regando. Al mediodía para, come lechuga, así, a palo seco, sólida como un ladrillo, sin rebajar ni nada. Por la tarde, cuida la col, que se come por la noche, sin aderezo, tiesa y seca como un bocadillo de polvorones. Y así cada día de su vida. Pepe es feliz, pero como Harold, sufre en silencio.

Un día, su suerte cambia. Mientras desayuna con su bol de alcachofas, Pepe ve por la ventana a lo lejos cómo comienzan a construir algo… ¡qué bien! Tiene compañía, ¿qué estarán haciendo? Cada día se despierta con ilusión y ve cómo progresa la construcción, cómo avanza. Y así durante un largo mes, con su bol de alcachofas en la mano, desayuna mirando las obras progresar. Hasta que un día, ya está, terminado, se ve como una bonita pequeña nave. El último día colocan en el techo un cartel enorme, bien visible. Pone «CERN». ¿Qué será?

A la mañana siguiente, Pepe se levanta con mucha ilusión, quiere ver qué hay en «CERN». Desayuna su bol de alcachofas acompañadas de absolutamente la mayor nada que puedas imaginar, se viste, coge unas monedas que tiene y va a «CERN». Lo que allí encuentra… ¡es increíble! ¡Es un mercado! A la vista, en cajas verdes, en la entrada, tienen todo tipo de verduras: zanahorias, tomates, pepinos, cebolla, pimientos… entra y ve fruta, quesos, yogur, nueces, cereales… ¡Qué increíble! Su sueño hecho realidad. Por fin puede dejar de desayunar alcachofas, puede añadir nuevos ingredientes a su ensalada de lechuga, puede ponerle kétchup a la col. ¡Es un mundo nuevo! Pero Pepe, para poder llevarse estos nuevos manjares a su casa, tiene que sacar las monedas y pagar. Las zanahorias a 1 euro, los pimientos a 2, el queso a 8, los aguacates a 30… Cuanto más dinero tiene Pepe, más cosas nuevas puede probar. Así, en «CERN», Pepe es realmente feliz.

Los físicos somos Pepe, vivimos en un mundo aburridísimo, que solo tiene protones, neutrones y electrones. El resto ya se extinguió hace tiempo. Pero, por suerte, existe un mercado que se llama CERN, que es capaz de producir partículas de muy alta energía, ese es el dinero. Al colisionar estas partículas tan energéticas contra el vacío cuántico podemos usar esa energía para «comprar» muchas partículas nuevas, que no están en nuestro entorno, que viven su existencia virtual en el vacío y que fueron muy importantes en el inicio del universo. Cuanta más energía tengan las partículas que colisionan, más «dinero» tenemos para comprar más partículas nuevas ($E=mc^2$). Podemos ir con ello rescatando partículas que se extinguieron en la fiesta del cosmos según este se fue expandiendo y enfriando, reviviendo la fiesta de Tony Stark al revés y hasta, quizá, si colisionamos muy fuerte, acercarnos al Big Bang, el inicio del universo, cuando las leyes de la física eran más simples que nunca.

Y de ahí la obsesión por colisionar cada vez a mayor energía: cuanta más energía concentres en menor espacio, más densidad de energía, más atrás viajas en el tiempo. Lo puedes ver de esta forma: ahora en el universo tenemos muchas galaxias, muchos planetas, muchas cosas, mucha energía, pero distribuida en mucho espacio, el universo es inmenso; pero, si echamos atrás al tiempo, vemos cómo las galaxias, los planetas y estrellas cada vez están más juntos, más y más, haciendo que la energía esté más concentrada; en menos espacio, hay más densidad de energía. Viajando atrás en el tiempo, hacia el Big Bang, la energía se va haciendo progresivamente más concentrada. Así, concentrando energía en colisiones, estamos viajando atrás en el tiempo, a estados del universo muy lejanos al pasado, nos acercamos sin cesar al Big Bang. Y al hacerlo, son más y más las partículas que descubrimos, a las que tenemos acceso, tenemos más dinero para comprar en el mercado del cosmos y son más claras las leyes del universo. Por eso buscando colisionar cada vez a más energía, podemos viajar más atrás en el tiempo. Con el LHC podemos llegar a 10^{-21} segundos después de que el universo naciera. Y eso es absolutamente épico.

Pues ahí lo tienes, ya sabes por qué hay que colisionar partículas: nos permite viajar en el tiempo al mismo Big Bang para entender cómo era cuando nació, lo cual a su vez nos ayuda a entender también cómo es hoy y cómo será mañana (o sea, no literal, sino un mañana poético, tipo cuando todo se vaya a la mierda y eso).

Y ahora viene la gran pregunta... ¿seremos capaces quizá de colisionar tan fuerte el vacío cuántico como para que nos traiga de vuelta un bosón de Higgs? La clave estaría en un acelerador, el llamado a conseguirlo: el LHC.

El LHC

La historia de la física de partículas del siglo XX y lo que llevamos de siglo XXI puede resumirse entonces con una sola expresión, bien española: «Ande o no ande, caballo grande». Bueno, mejor que ande, porque si no, no sacamos nada.

Y se tuvo mucho éxito. Según se incrementaba la energía de colisión fueron saliendo nuevas partículas. Primero fue el electrón, luego el protón, le siguieron el antielectrón, el neutrón, el muon, el pion, los compuestos de quarks, el charmonio, las partículas extrañas, el tau, las partículas *beauty*, los bosones W y Z, el gluon y finalmente el quark top, la última en ser descubierta; fue en Tevatrón, en 1995. Con ello se completaba el modelo estándar de partículas, la teoría física más exitosa de todos los tiempos, que aglutina el conocimiento humano en física durante más de dos mil años. Una auténtica obra maestra de la ciencia a la que han contribuido los más grandes de todos los tiempos, desde Faraday, Maxwell o Ampere, hasta Einstein, Dirac, Heisenberg, Pauli o Feynman. Ese modelo estándar fue coronado con la guinda del pastel. En 1964, François Englert, Robert Brout y Peter Higgs propusieron un mecanismo que completaba el modelo estándar y daba una predicción, un bosón de alta masa: el bosón de Higgs. ¿Pero dónde estaba el bosón de Higgs? Habría que ir al Big Bang a buscarlo o quizá… si no… ¿sería posible sacarlo del vacío cuántico? Para ello habría que hacer colisiones a una energía nunca alcanzada.

Pero hay un problema muy grande con todo esto, la teoría que describe al bosón de Higgs, el mecanismo de Higgs, no es capaz de predecir su masa, no nos dice nada de cuánto vale. No sabemos su «precio» en el mercado «CERN». Eso sí, sabemos que tiene que ser muy alta, de hecho, ese es el problema de que hasta ahora nadie lo haya encontrado, es demasiado alta: ningún acelerador tiene energía ($E=mc^2$) para crearlo. Así, se lanzaron aceleradores en varias partes del mundo para darle caza, en Chicago Tevatrón, en Ginebra el LEP, pero no fue suficiente. Incluso comenzó a construirse uno inmenso en Texas, de 100 kilómetros, que no llegó a terminarse. El bosón de Higgs escapa a cualquier intento de detectarlo. Por ahora. Es tan escurridiza esta partícula que muchos científicos llegaron a dudar de su existencia, no deja de ser una mera teoría, como tantas otras que también fracasaron. ¿Y si lo que realmente ocurre es que no existe el mecanismo de Higgs? ¿Y si el modelo estándar estaba mal? La cuestión era demasiado importante para dejarla escapar, había que ponerle remedio. Así que finalmente un grupo de científicos en los años noventa decidió que había llegado la hora. Había que dar caza a la última partícula del modelo estándar o descartarla para siempre. Tenían algo a su favor. Se sabe, por teoría y experimentos varios, que el Higgs tiene que costar más de 40 euros, eso como mínimo (en términos científicos son 100 GeV). Pero lo más interesante es que también hay un límite superior al precio, no puede ser más de 100 euros (unos 600 GeV), la teoría lo impide, es imposible. Así que, construyendo una máquina que consiga generar esos 100 euros, saldremos de dudas, estará o no estará descubierta o descartada para siempre. Es un ahora o nunca. Así nace el LHC, una máquina para cazar al bosón de Higgs.

Todo es eso, nada más. De verdad, no hay más cosas. Ya te puedes relajar. Bájate de la montaña rusa y respira. Ahora toca un suave paseo por el cosmos.

Decimos que la clave está en la energía y la cota la da el bosón de Higgs: si queremos producir este bosón que cuesta 600 GeV de energía, pues habrá que hacer colisiones de partículas a, al menos, esa energía, 600 GeV.[*] En realidad, luego en la práctica es mayor, se necesita más. Y es que las colisiones, por decirlo de alguna manera, «no aprovechan toda la energía» disponible. Por fin, el consenso se alcanza en unas diez veces más, se harán colisiones a 7 TeV, suficiente para producir con margen muchos bosones de Higgs. Y, ¡amigo! Eso es todo lo que hay, el resto es un problema de ingeniería, no de física; encontrar la forma de producir esas colisiones a esa energía es cosa de ellos: los ingenieros. Hablamos de dipolos, cuadrupolos, cavidades de radiofrecuencia, sistemas de vacío, obra civil, criogenia, superconductividad… pura ingeniería. Pero eso también nos gusta… no nos vamos a quedar con la curiosidad, así que… a por ello.

Hay dos posibles diseños para un acelerador. El más simple, el que le viene a todo el mundo a la cabeza, es una línea recta formada por máquinas que acelere. Al final de la línea se pone un blanco, con el que choca, y ya. Como en esos vídeos de *crash dummies*. Similar. La máquina que aceleren, además, es algo sencillo, lo tienes en tu casa en todas partes; por ejemplo, en tu mando a distancia, es una pila. Una pila tiene un polo positivo y otro negativo. Sabemos que las partículas cargadas se sienten atraídas por el polo contrario, que las acelera en línea recta. Pues ahí lo tienes, «una pila es un acelerador de partículas», dijo, sosteniendo el mando a distancia en lo alto con las dos manos, como si fuera Rafiki. Pues nadie

---

[*] Un electronvoltio es una unidad de energía equivalente a la energía que gana un electrón que se acelera con un campo eléctrico de un voltio de intensidad.

podría contradecirle, es pura verdad. De hecho, los aceleradores de partículas están hechos de eso: pilas. Eso sí, unas pilas más sofisticadas; se llaman cavidades de radiofrecuencia. Es un concepto un poquito más sutil que el de las pilas, pero lo vas a entender. En esta cavidad se crea una onda resonante de carga, una ola, donde lo que sube y baja en esa ola es la «carga», con la cresta siendo un polo positivo y el valle uno negativo. Y se hace que esta ola, además, avance y de forma síncrona con el paso de la partícula que llega. Ahora imagina que llega un protón y cae justo en la parte positiva de la ola, pues será empujada por ella hacia delante, hacia el valle negativo. Pero, como va a la misma velocidad, nunca la alcanzará, siempre tendrá la parte negativa delante, tentándola, para que avance. Si me permitís el símil un poco tonto, es como un burro con la zanahoria atada a un palo. El burro camina para coger la zanahoria, pero nunca lo consigue, siempre la tiene por delante. O uno más de mar, la partícula surfea la ola mientras toma energía de esta para avanzar. Eso es una cavidad de radiofrecuencia.

Si fuera solo esto, pues genial, tenemos un buen acelerador. Ponemos muchas cavidades una detrás de otra, cada cavidad le da un empujón a la partícula y la partícula acelerada llega al final, con mucha energía, se pone una diana y a chocar. Pero hay una forma muy inteligente de darle una vuelta a esta idea, nunca mejor dicho, y hacer que esta partícula gane más energía. Cuando acaba la última cavidad, acaba la fiesta. Pero… ¿y si en vez de eso hacemos que la partícula dé la vuelta y entre de nuevo en la primera cavidad? Se podría alcanzar una mayor energía. Acelerar una partícula así sería como empujar a un niño en un columpio, en cada vuelta se le da más energía, vuelve, y un empujón más, y más… hasta que el niño da la vuelta al columpio y vomita. Luego acabas en la cárcel. Pero el experimento lo valía.

Eso es precisamente lo que se hace en el LHC. Hay un segmento del túnel que está formado por cavidades de radiofrecuencia que aceleran las partículas, pero una vez acaba el camino, se dispone para que den la vuelta y todo comience una vez más. Así a cada vuelta, un empujón, y otro, y otro más… hasta que alcanzan la energía de colisión, y empieza la fiesta.

Y si para acelerar se usan «pilas» para hacer que las partículas den vueltas, no hay que mirar muy lejos, en tu casa tienes todos los materiales, en concreto en la nevera. ¡Chorizos!, no, ¡yogur de avena!, tampoco. Mejor mira por fuera. Ahí, justo, en la puerta. ¡Los imanes! *Yesssss*.

Un imán es un dispositivo muy simple, pero muy curioso. Tienes dos polos, uno positivo y otro negativo, con la propiedad de crear lo que llamamos campo magnético a su alrededor. Cuando pasa una partícula cargada por ese campo, ocurre algo interesante: la partícula sufre una fuerza que la hace girar en círculo. Es perfecto, justo lo que necesitamos, un elemento que hace que la partícula vuelva a la casilla de salida, completando un círculo. A los imanes que se usan en el LHC se les llama dipolos. Precisamente por eso, porque tienen dos polos (al contrario de los octupolos, que no es un pulpo con helados, es un imán con ocho polos).

Pues armados con estas dos tecnologías ultramodernas, una pila y un imán, ya podemos hacer nuestro acelerador. Sería algo así: pila, pila, pila, pila, imán, imán, imán, imán… imán, imán, imán… y lanzamos la partícula a girar y girar y girar… y cuando la partícula tiene mucha energía, *pam*. Colisión. Ahí lo tenemos.

Pero paremos un poco a profundizar en los imanes (los dipolos), porque son auténticas maravillas de la tecnología y porque nos acerca un poco más a entender cómo funciona esta increíble máquina.

Queremos hacer un gran imán. Genial. Hasta aquí todo bien. Pues tenemos dos tipos de imanes en la Tierra. Uno, son los imanes como los de la nevera, los *neveroimanes* (no vayas a buscar la palabra, tranquilo, me la acabo de inventar sobre la marcha). Son «piedras» especiales que tienen la propiedad magnética como un don, y un don, como dice el tío Ben, es una gran responsabilidad.

La de estas piedras es sostener la lista de la compra y cualquier otra tontería (como esos cursis «te amo» que dejas a tu compañero de piso del que estás secretamente enamorado) que se ven en otras tantas neveras. Y dos, son los imanes como el que genera el campo magnético de nuestro planeta, el que marca el norte de la brújula, son llamados electroimanes. ¿Por qué? Pues porque sus propiedades magnéticas no vienen como un «don», sino por la electricidad que circula por ellos. Fue el danés Oersted quien primero observó que la corriente que pasa por un cable genera un campo magnético. Genial. Pues si ponemos un buen carrete de cables y le hacemos pasar una buena corriente tendremos otro tipo de imán, es lo que se llama, por motivos evidentes, un electroimán. Pues este segundo tipo tiene algo muy interesante, y es que su campo magnético se puede modular, regular a voluntad, sin más que subir o bajar la corriente, son campos magnéticos que se pueden sintonizar. Es este el tipo de imán que nos interesa.

¿Y por qué? Bueno, primero, porque con los electroimanes se consiguen campos magnéticos mucho mayores que con los *neveroimanes*. Punto a favor para los electroimanes. Y, segundo, porque vamos a necesitar, y mucho, sintetizar el campo magnético.

Porque si queremos que una partícula gire, primero tenemos que vernos las caras con nuestro amigo Newton. Estás en la Piston Cup, eres Rayo McQueen, siempre quieres ganar. Pero esta vez lo tienes muy difícil. Es la última curva, vas segundo a muy poco del primero, puedes conseguirlo, pero tienes que apurar bien. Por suerte, cuentas con una gran ayuda, tu copiloto es el mismísimo Isaac Newton. Lo que es genial, porque, como sabéis, Newton es un gran conversador, yo le di 5 estrellas en BlaBlaCar. Pero, en especial, porque es un gran físico y sabe mucho de curvas y trayectorias. Así que miras a Newton y te dices: «¿Por qué no?», y pisas a fondo el acelerador. Llegas a la curva, aprietas hasta el fondo y... te vas *alv*. Newton se tapa la cara, se avergüenza de ti. ¿Por qué? ¿Qué ha pasado? Simplemente por no hacer caso a sus tres leyes y por no ver mis vídeos donde lo cuento. Girar en una curva implica cambiar de dirección de movimiento, y para ello siempre se necesita hacer una fuerza: es esa fuerza la que cambia de dirección venciendo a la inercia de seguir en línea recta. ¿Y quién hace esa fuerza? Fácil, es el neumático contra el suelo, frotándose mutuamente de forma muy intensa. Sí, hasta la vida amorosa de un neumático es más provechosa que la tuya. Pero ese frotamiento tiene un límite, si vas demasiado rápido, la inercia gana a esa fuerza de fricción, el neumático no puede más y patina, te sales de la curva, has perdido. Por no saber física. Otro año será.

Con un protón en un acelerador pasa algo parecido. Él va tan feliz recto según acaba la fila de pilas cuando, de repente, aparece un imán que le hace girar. Pero él, claro está, tiene mucha inercia, porque va muy rápido, él quiere seguir recto. Si el imán no le da la fuerza oportuna, el protón descarrilará y tendremos el desastre. ¿Qué podemos hacer? Bueno, pues para resolver esta situación volvamos un año después a la Piston Cup, con Rayo McQueen, esta vez sí para ganar.

Este año las cosas se repiten, pero no exactamente, porque has dedicado todo el año a leerte el Alonso-Finn y te has vuelto un auténtico físico. Y ahí está, la famosa curva de la Piston Cup que tan mal te trató el año pasado. En este quieres aprender de tus errores, quieres pasarla muy rápido, pero sin derrapar. Quieres ganar, así que tendrás que tomarla lo más rápido que puedas. Arranca la carrera… Y todo va estupendamente. Según tú vas dando vueltas, alcanzas más velocidad, parece que le has cogido el truco. Y así vas progresando y progresando… hasta que llegas a la última vuelta. Un año más, como segundo; si quieres ganar, tienes que arriesgar. La penúltima curva arriesgas, la tomas a tope, al máximo de posibilidades, literalmente al límite… pero no consigues adelantar al primero. Te das cuenta de que, si no logras ir un poco más rápido que el máximo, vas a perder. Estás acabado. Claro, si excedes el límite igual le adelantas, pero vas a derrapar y salirte de la curva; si no lo excedes, genial, haces la curva, pero quedas segundo. ¿Qué hacer? Pero no, porque este año has sido más listo y de copiloto, en vez de Newton te has traído al genio de la lámpara. Aprovechando la recta, sueltas el volante, frotas la lámpara, sale el genio y pides un deseo: «Quiero poder ir más rápido en la siguiente curva sin derrapar». El genio te responde: «A sus órdenes, mi amo». Saca un libro de física, un birrete de académico, un par de *papers* de física y te dice: «Tu enemigo es la inercia, tus aliados son el neumático y la curva. Si quieres superar la velocidad, tienes dos posibilidades en tus dos aliados. Una opción es mejorar el neumático, con más agarre, que permita dar una fuerza mayor al coche contra el suelo sin derrapar. Esta solución está muy bien. La otra es un poco más difícil, pero también funcionaría. Habría que hacer la curva un poco más suave, alargándola, también serviría. Al ser la curva más ligera, la fuerza que necesita es menor, por lo que ahí lo tienes, ahora ya puedes subir un poco más la velo...». *Pum.* Lo que se alargó demasiado fue su discurso, te golpeaste contra el muro. Genio, la próxima vez no te enrolles tanto.

Con el acelerador de partículas ocurre algo parecido. Si quieres conseguir la velocidad más alta que ningún otro acelerador ha conseguido nunca, tienes dos opciones. O mejoras esa tracción, esa fuerza que te hace girar, es decir, mejoras los imanes para que den un mayor campo; o bajas la curva, o lo que es lo mismo, haces un círculo mayor. En un círculo más grande, cada tramo ve una curva más leve, por lo que la inercia es menor, lo has conseguido, has aumentado la velocidad. Y así es en la vida real. Los aceleradores juegan con estos dos parámetros para alcanzar sus objetivos de energía, el campo magnético que dan los imanes y la circunferencia del acelerador. Para lograr tu objetivo tienes que jugar con estas dos posibilidades.

Y es así como hace el LHC. Sabemos la energía objetivo, 7 TeV. Vale. Y tenemos ya un túnel construido de 27 kilómetros en el CERN (lo hicieron para un acelerador anterior, el LEP). Y la verdad es que no te vas a poner a construir otro túnel cuando ese ya está bien mamado. Pues entonces, dada la energía final y dada la curva, la potencia del campo entonces está determinada: si queremos alcanzar esa energía con esa curva, necesitamos contar con imanes muy potentes, de unos 9 teslas de campo magnético, 100.000 veces el campo magnético terrestre. Esos son los neumáticos que permiten girar mejor. A decir verdad, no necesitas siempre la máxima potencia, eso solo es cuando van lo protones a toda velocidad. Cuando se están acelerando poco a poco, en las primeras vueltas, necesitarás menos, pero como los imanes son modulables, no hay problema. Cuando las partículas ganan más y más velocidad, tú vas subiendo más y más la corriente de los electroimanes, de forma acoplada a como ganan inercia los protones para que nunca se salgan de su circuito, un tubo de unos 5 centímetros de ancho. Sí, construir esos imanes es el mayor reto tecnológico del LHC.

Y se consigue así. Primero hay que elegir la tecnología. Un campo magnético tan alto va a requerir de altísimas corrientes, tan elevadas que ningún material las va a soportar por el calor que generan las resistencias de los cables, aparte del coste energético de perder tanta energía en forma de calor. La solución… la superconductividad. Este es un estado de la materia en el que se encuentran algunos conductores por el que la resistencia, mientras están en ese estado, se hace totalmente 0, no tienen ninguna resistencia. ¡Qué bueno! Porque matamos dos pájaros de un tiro; por un lado, ya no tememos al calor que se genera; por otro, no perdemos energía por el camino. Solo hay un «pero», la superconductividad solo se consigue en condiciones muy estrictas, tienen que ser bajas corrientes y a temperaturas muy extremas. ¿Mucho? Vaya que sí. Un frío mayor que el del espacio exterior, hablamos de –271 grados, o lo que es lo mismo unos 2 K. ¿Y el problema de las corrientes bajas? Bueno, eso lo solucionamos a lo bestia. Si no se puede tener un cable que lleve mil amperios, tomemos mil cables que lleven un amperio cada uno. Cada imán del LHC lleva un paquete de cables, cada uno de los cuales consta de diminutos filamentos, más finos que un cabello humano, enrollados. Si se pusieran uno tras otro, daría para ir y volver a la Luna varias veces. Los imanes son de una aleación de niobio y titanio, un material que tiene unas propiedades óptimas de superconductividad. Para enfriar, se usa helio líquido que fluye por los 27 kilómetros de túnel. Es la parte que más consume energía de todo el LHC y sin duda el componente tecnológico más delicado. Esta es la solución tecnológica del acelerador: una combinación de cavidades de radiofrecuencia y dipolos magnéticos superconductores.

Y el diseño, para no enrollarme más, queda así. Cada imán superconductor es un tubo de más o menos medio metro de diámetro, compuesto de hierro y contiene dos líneas que son tubos de vacío por donde pasarán los protones en direcciones contrarias. Esos dos tubos de vacío son «abrazados» por los paquetes de cables superconductores que crean el campo magnético, que es dirigido por el hierro del dipolo y atraviesa el tubo de vacío. Cada uno de estos tubos miden unos X metros y pesan unas X toneladas. Las cuentas son fáciles de hacer, si necesitamos cubrir 27 kilómetros con tubos de X metros, nos hacen falta más de 1.000 de estos dipolos, en total son 1.232 dipolos superconductores.

Los protones van en paquetes de 10^{11} protones por paquete y unos 7.000 paquetes por haz; cada paquete va separado del anterior y del posterior unos 7 metros. Cada haz se introduce en uno de los tubos de vacío y se les hace correr en paralelo, en direcciones opuestas, haciendo el recorrido una y otra vez mientras ganan energía. Cuando consiguen llegar a los 7 TeV, estos haces se cruzan para la colisión. Y tú te estarás diciendo… ¿por qué tantos protones? Porque son muy pequeños y es muy difícil hacerlos colisionar. ¡De cada encuentro de 10^{11} contra 10^{11} solo chocan unos 20! El resto sigue de largo como si nada. Esto está genial, porque el haz solo ha perdido unos pocos protones y puede seguir su camino, dar la vuelta al circuito (da unas 11.000 vueltas por segundo) y está listo para un encuentro más, un nuevo grupo de colisiones. Cada paquete es verdaderamente pequeño, mide x por x y es una auténtica maravilla tecnológica cómo es controlado, consiguiendo colisiones cada 25 nanosegundos, o lo que es lo mismo, 40 millones de veces por segundo. Una locura.

Y si eso fuera todo… tendríamos un juguete que colisiona partículas muy caro, pero que no serviría para nada. Las colisiones generan muchas partículas interesantes que se extraen del vacío cuántico, recreando con ello el origen del universo. ¿Qué hacemos con ellas? Pues necesitamos un dispositivo que sea capaz de detectarlas, identificarlas y medir bien sus propiedades: son los detectores de partículas.

Detectores de partículas

Crear las partículas con la colisión es solo una parte de todo el trabajo. Ahora toca la parte más dura, buscar cada partícula que sale, etiquetarla y clasificarla. Eso es tarea de los detectores de partículas.

En el LHC, para detectar, identificar y medir las partículas que salen en la colisión se usan cuatro grandes detectores: ALICE, LHCb, ATLAS y CMS. Me voy a centrar en este último porque es claramente el mejor (no es porque sea en el que trabajé yo, prometido). ¿Cómo se diseña? Vamos a verlo.

Empecemos por los principios de diseño. Como el objetivo de un detector es detectar todas las partículas que se crean en la colisión es importante que sea hermético, cerrado. Además, todas las direcciones son igualmente importantes, así que lo haremos simétrico. Por estas cuestiones y otras, el diseño ideal es un cilindro, en su interior ocurre la colisión. Como encima tiene que identificar cada partícula que sale, mejor es que tenga varias capas, cada una que esté especializada en estudiar un tipo de partículas. Así hay

capas especializadas en detectar fotones, electrones, otras en protones y neutrones, otra en muones… Cada partícula que pasa por el
detector deja una traza característica, viendo esa traza es fácil ver
qué partícula fue la que pasó por ahí. Y como tienen que medirse
sus propiedades, muy en especial su energía, es importante que sea
grande, para poder medir bien la trayectoria de la partícula porque
eso nos da su energía. Cuanto más larga sea esa trayectoria más
resolución tendremos al medir la energía. Si juntamos todo, tenemos claro el diseño, un cacharro enorme de 21 metros de largo
por 16 metros de diámetro y 15.000 toneladas, en forma cilíndrica,
simétrico, con varias capas y bien cerrado para que no se escape
nada. Así es CMS.

Cada subdetector tiene su propia historia, con sus propias
dificultades y complejidades y ha supuesto un reto su diseño, fabri-
cación y validación. Ha sido construido en diferentes partes del
mundo, por varios equipos de personas, para finalmente ser integrado en Ginebra, en el LHC, a 100 metros de profundidad. Cada
uno de estos detectores es una auténtica catedral de la ciencia.

Todo junto forma un gran detector que es capaz de captar
cada partícula que se genera en la colisión, esos fuegos artificiales o
squirting cósmico que provoca entregar tanta energía al vacío cuántico. Y lo tiene que hacer con gran precisión, eficacia y velocidad,
captando todo. Un detector, como CMS, es como una gran cámara
fotográfica que captura 40 millones de imágenes por segundo, cada
imagen la procesa y la almacena, y genera una lista de partículas
que se han producido en la colisión. Estamos listos para hacer física, para buscar nuevas partículas.

En el despacho

Yo, cuando llegué ese día a mi despacho, sabía que me esperaba un
largo camino de mucho trabajo y responsabilidad, iba a formar

parte de algo increíble, así que también era un gran privilegio. Era con lo que había soñado, un proyecto único que iba a entrar pronto en funcionamiento para estudiar de una forma nunca antes vista el cosmos, nos permitiría revelar nuevos misterios. Era apasionante. Pero tan pronto accedí al despacho, me di cuenta de que no había tiempo que perder en ensoñaciones, el momento de la verdad había llegado.

Cuando yo me incorporé a la colaboración, el experimento CMS estaba ya fabricado, pero no montado ni instalado. Faltaba poco, lo habían previsto para finales de 2008, estaban en la fase final, la fase crítica. Y no podía fallar nada, todos lo sabíamos, de nada servía hacer increíbles colisiones si todo no funcionaba a la perfección en el detector, lo que se registrara no valdría para nada. Y era un equipo muy complejo, formado por muchas personas, unas 3.000, en el que todo tenía que funcionar como un reloj, cada subdetector, cada capa de detección, cada tecnología, tenía que cumplir su objetivo, de lo contrario nada de lo que haría el resto serviría. Imaginad la responsabilidad, como la de cada uno de los que allí trabajábamos. La presión era grande, la competencia feroz. Con lupa nos miraban nuestros rivales, en Estados Unidos en Tevatrón, en el propio CERN desde ATLAS. De vedad, nada podía fallar.

Así que mi primera tarea, como no podía ser de otra manera, me hizo sentir pequeño, insignificante, pero con mucha responsabilidad. Iba a trabajar en las medidas que se estaban tomando para comprobar que el equipo funcionaba bien, en particular uno de los subdetectores, uno de los más importantes, las cámaras de muones. Había que validar su funcionamiento y calibrar bien el detector, que todo estuviera listo para el gran día. Era todo un reto.

Que este detector, las cámaras de muones, es importante está en el propio nombre del detector, CMS, la M es de muon. Y es importante porque al ser los muones partículas que lo atraviesan todo, se pueden estudiar en mejores condiciones. De la colisión salen cientos de partículas que se extraen del vacío, muchas son absorbidas por las primeras capas del detector. A la parte externa solo llegan las que tienen más capacidad de penetración y lo hacen en un entorno lejos del ruido de la colisión, del impacto y, por lo tanto, en unas condiciones más sencillas para hacer una buena medida. Son partículas que se pueden medir muy bien, con gran precisión. Además, uno de los mecanismos más atractivos y prometedores para encontrar el Higgs es detectando muones, no podía ser más estimulante. Pero tampoco más intimidante.

En los primeros tiempos, como no había muones de las colisiones, porque no se había encendido aún el cacharro, había que validar estas cámaras usando muones cósmicos, muones que vienen del cielo. Fue un trabajo estresante, pero muy satisfactorio. Al poco ya se bajó el detector a la caverna, al lugar que le corresponde, 100 metros bajo la superficie y se repitieron las medidas. Sentíamos mucha responsabilidad. Pero cada test daba resultados positivos, todo estaba en orden, las medidas eran correctas, podíamos respirar. Ya faltaba menos.

Y así pasaron los meses previos, entre los nervios y la responsabilidad, comprobando que todo iba bien. Hasta que llegó el día más importante de mi vida (por lo menos, por aquel entonces), el día en que se pondría en funcionamiento la máquina. Se inyectaron los protones, dieron varias vueltas, cuando de repente… ¿por qué tantas luces rojas? ¿Qué estaba pasando en la sala de control? ¿Qué era esa niebla que se veía en las cámaras del túnel? ¿Qué diablos pasaba? Nuestras peores pesadillas se habían cumplido.

Día 3

7

—Cristina, Elrubius, pasad —dijo Salvador.

—¿Qué acertijo es ese, tío? ¿Resolver un problema? —preguntó Elrubius.

—¿Un problema de geometría? —se interesó Cristina.

—Mi casa es como la de Platón, que no pase nadie que no sea geómetra.

—Te pasas —soltó ella.

—Por Higgs, era un simple problema. Además, Ironman sabía matemáticas, ¿no? Entonces, por qué te quejas.

—Vale, doc.

—¿No os ha seguido nadie? ¿Seguro? —Pasan sin responder, Salvador cierra la puerta con cuatro cerrojos—. Va. Menos quejas y vamos al lío. Hoy es el gran día. Llevo cuarenta años esperando este momento. Rápido, entrad, entrad.

—Pues si has esperado cuarenta años, no entiendo las prisas ahora —se quejó Elrubius.

—Según mi reloj… tenemos justo 1 hora y 48 minutos para… ponerlo en marcha.

—La máquina de Higgs… y ahora ya podemos decirlo sin que nos mires raro —sonrió Cristina.

—Sentaos en el sofá. Lo tengo todo listo… El agua, las galletas y, ah… aquí, la hoja con la ruta… deja que me ponga las gafas… Newton, gravedad, relatividad, Einstein, Big Bang, expan-

sión del universo, todo *check*. Vale. Faltan dos puntos importantes…
y estaremos listos. Tenemos una hora y un poco más.

—Si no te pones con numeritos de subirte a la silla, creo que
debería dar tiempo —dijo el chico.

—No coartes mi libertad artística. Queda lo mejor… Cómo
no emocionarse. Entonces… Sí. Vamos a llegar al fondo de la cuestión, veremos qué es el bosón… Pero para entenderlo se sufrió
mucho. El siglo XX fue un siglo muy duro para los científicos. Apareció un juego cruel, sádico, sangriento, que les llevaría literalmente al límite.

—¿Qué juego? —preguntó Cristina.

—Un juego del calamar, para científicos. ¿Lo conocéis?

—Me llamaron Elrubius, ¿tú qué crees?

—Yo también —admitió ella—. Pero ¿quién haría algo así?

—Lo inició un científico alemán, no sabía bien lo que estaba
haciendo. Luchó todo lo que pudo por contenerlo, se esforzó para
no dejarlo salir, pero no pudo. Su nombre es Max Planck, el Hulk
de la física. Pero no nos adelantemos, sigamos donde lo dejamos.
¿Listos para que os estalle el cerebro?

—Padrríííííísimo —exclamó la chica.

—Con Newton, el Anakin de la física, empezó todo. Él había
encontrado la forma de describir esa fuerza universal, la gravedad,
como una fuerza que es proporcional al producto de las masas que
se atraen y que cae con la distancia al cuadrado, pero con ese
Hypotheses non fingo dejaba claro que la cosa no iba con él, que él
ya había trabajado suficiente, ahora le tocaba el turno a otro, al
siguiente. Lo de encontrar el motivo para la gravedad era tarea para
casa, a ver si había un valiente que se atreviera.

Einstein, el Ironman de la ciencia, unos doscientos años después, es ese loco inconsciente que toma la tarea de Newton e
intenta completar su trabajo. Primero, inicia una revolución en
1905 con la relatividad especial, transformando nuestra forma de
entender el espacio y el tiempo, y luego, como si esto hubiera solo

sido un aperitivo, dos años después, empieza una cruzada por aplicar esta nueva comprensión del universo, la relatividad, a la gravedad. Sabía que Newton había dejado la casa a medio limpiar y él se propuso pasar la aspiradora. Tardaría diez años en hacerlo; en 1915 había completado su teoría, con una descripción del universo que no solo explicaba cuánta gravedad siente un cuerpo, sino aún más importante, cómo lo hacía: había encontrado el mecanismo detrás de lo que llamamos gravedad. Y lo mejor de todo es que era verdaderamente simple y elegante: un cuerpo por existir —por ejemplo, la Tierra— tiene una cosa que llamamos masa, y la acción de la masa sobre el espacio es distorsionarlo, hundirlo, de modo que, si por ahí pasa otro cuerpo —por ejemplo, tú— va a encontrar una hendidura en el espacio que le va a hacer «caer» hacia el otro cuerpo, cada vez más rápido, cada vez más rápido, y *pum*, hostia que te metes. Ahora a subirlo a YouTube y a por un millón de visitas. Bueno, como ves, esta es nuestra familiar gravedad y es la acción de un espacio distorsionado debido a la masa sobre los cuerpos.

Ahora sí, tenemos un mecanismo que no es mágico, una acción a distancia fantasmal (como Einstein llamaba a la gravedad de Newton), tiene un motivo, una causa, tiene un cómo, es la distorsión del espacio. Pero Einstein, como su predecesor, dejó también la tarea a medias. Habló, y mucho, de la masa y su acción en el universo, plegando el espacio-tiempo, que si la masa para arriba, que si la masa para abajo, masa, masa y más masa, pero Einstein, querido, tan listo que eres... ¿y qué es la masa? ¿Me lo cuentas? ¿Cómo se genera? Y con más detalle, ¿qué es lo que hace que un cuerpo la adquiera? ¿Por qué unos tienen más y otros menos? Einstein callaba ante tantas preguntas. Miraba para otro lado. Lo dejaba como tarea para casa.

La respuesta llegaría en ese mismo siglo XX. Y no fue nada fácil; fueron necesarios más de cincuenta años de ideas y trabajos teóricos y con la participación de más de veinte de las mentes más brillantes de todos los tiempos para poner esto en orden, para responder a algo tan básico: ¿qué es la masa? La respuesta se halló en uno de los giros intelectuales más profundos y también más traumáticos de la historia de la ciencia. Partículas que están conectadas en la distancia, electrones que atraviesan paredes, núcleos que se desintegran misteriosamente, gatos vivos y a la vez muertos... Para entender algo, los científicos tuvieron que abandonar toda esperanza de hacer una física lógica, comprensible. Había que luchar contra su propia intuición, contra su propio juicio, creando un verdadero monstruo frankensteiniano. Para conseguirlo tuvieron que transformar su visión del mundo, de la realidad y de sí mismos, darse cuenta de su verdadera posición en el cosmos y mirar a la naturaleza con humildad. Esa es la palabra clave de este capítulo de la historia: HUMILDAD. Y a esa extraña y desagradable creación la llamaron la mecánica cuántica. La mayor tortura sádica que se ha hecho nunca a un científico.

Nuestro objetivo final es entender qué es la masa, y lo mejor de todo es que, al hacerlo, se salva la mayor obra construida en ciencia por el ser humano: el modelo estándar. Esta es la historia de la construcción y defensa de la teoría más querida por los físicos. Todo comenzó de la forma más inocente que te puedas imaginar, un experimento que salió rana, lo llamaron así: la catástrofe del ultravioleta.

Los inicios

Como toda historia, esta también tiene su comienzo. Y como tantas otras, esta, además, en su inicio nada hacía presagiar que ocurriría algo especial; todo saltó por los aires de una manera inesperada, impredecible. Era un científico más, en un laboratorio más, probando un experimento más. Con unas leyes sencillas y conocidas, y unos elementos sencillos y conocidos, una caja con un agujero y una fuente de luz. Ese fue el comienzo.

Este joven científico buscaba una ley matemática para la luz que emite un cuerpo, como una estrella, que está en equilibrio. O sea... no haciendo equilibrio sobre una cuerda, no imagines al Sol como en un circo haciendo equilibrismo, aunque eso sí que sería el Circo del Sol. En equilibrio uno quiere decir, en otras palabras, en un estado estable en el tiempo, sin variaciones. Sería genial, porque con ella se podrían aprender muchísimas cosas sobre cómo los cuerpos emiten luz; sería, por ejemplo, una gran revolución en astrofísica. Y los científicos entonces —estamos hablando de 1900— eran muy optimistas al respecto, se conocía la ley de la luz, que son las leyes de Maxwell, y las leyes termodinámicas, que son las del calor, así que no debería ser mucho problema. Calcular, resolver y a casa a ver la final del mundial de petanca.

Pero igual que las impresoras son capaces de oler cuando tienes prisa para atascarse, las leyes de la física tienen capacidad de volverse contra sus creadores en un juego cruel. Este joven no imaginaba que la luz con la que estaba trabajando podría estallarle encima. Su nombre era Max Planck.

Planck entendió, al igual que sus predecesores, que la final de petanca iba a tener que esperar. Nada parecía funcionar con el experimento, se llegaba a un callejón sin salida. Aplicando las leyes de la radiación —las de Maxwell— a este problema, el resultado era absurdo... Vio que según avanzamos en el espectro hacia el azul, violeta y más allá, la energía se iba haciendo mayor y mayor... se descontrolaba hasta volverse infinita. Un estallido de luz. Esto no podía ser. Por eso le llamaron así, catástrofe, porque era algo horrible, del ultravioleta, porque pasaba por encima del violeta. Bueno, igual un poco *Drama Queens* sí son estos científicos, «catástrofe», ni que se hubiera quemado la catedral de Notre Dame, o desaparecido una nueva especie de oso, o no le hubieras dado a guardar a un documento de cuarenta y ocho páginas con nombre provisional «sin documento» en el momento en que se va la luz en tu comunidad. Pero sí, algo estaba pasando. Algo iba mal con las leyes de la física.

Y ahí tenemos a Max Planck en su escritorio trabajando un día cualquiera, con su pantalón negro y su camisa blanca de botones, sus frágiles gafas redondas apoyadas en su nariz, sentado en la silla delante de una pila de papeles sobre su mesa. Pero no es su mejor día, no está contento, está claramente contrariado con lo que ocurre. «*Nein, nein*», que significa «no, no» en alemán, les decía a sus papeles. Los papeles no respondían, porque no sabían alemán, y por educación, que Planck sabía mucho más que ellos. De repente, un puñetazo en la mesa, «*Scheisse!*», el siempre sosegado y tranquilo alemán parece que comienza a agitarse. Primero se balancea en la silla, mientras niega con la cabeza en señal de desaprobación, jura alguna cosa que no he conseguido registrar en alemán, y empiezan a resbalar gotas de sudor por su frente, su agitación va en aumento, así como sus balanceos, cada vez más impetuoso, más violento… agarra fuerte el reposabrazos de la silla, respira… y consigue controlar su nerviosismo. Se calma, toma una gran bocanada de aire, se sosiega. Prueba con respiraciones largas, 1, 2, 3… 4, 5, 6… 1, 2, 3… 4, 5, 6… ¡mambo! Pero cuando parece que ha recuperado la calma, llegan unas pequeñas convulsiones. Primero muy leves, pero cada vez más fuertes, más evidentes, la silla comienza a crujir de los golpes contra el suelo de parqué mientras él solo grita «*Nein, nein*». Poco a poco, además, los brazos empiezan a temblar, sus gafas caen al suelo mientras la vista se le nubla y el cuerpo se encorva. De repente, sus músculos se inflan, su espalda se multiplica por tres en un nada, lo mismo que sus brazos y sus piernas, tanto que su ropa se desgarra, hecha trizas. La silla, incapaz de soportar el peso de tremendo ser, sucumbe en pedazos y él se queda apoyado sobre las rodillas en el suelo. Incrédulo por lo que ha pasado, mira su gigante mano, está completamente verde. Sin dar demasiada importancia a este hecho y con aparente tranquilidad, toma todos los papeles de su escritorio, repletos de fórmulas complicadas, y hace una bola con ellos que tira a una esquina del cuarto, se sacude las manos, toma una pluma de su escritorio, un papel en blanco y escribe: $E=hf$.

Lo que Planck acababa de hacer es una aberración y él lo sabía. Acababa de cambiar las leyes de una forma absurda, sin sentido, pero no tenía elección. «Las leyes no pueden ser más claras —se decía, previamente apuntando con las dos manos a la derecha, a los papeles con ecuaciones—, pero los experimentos tampoco pueden ser más evidentes», y apuntaba a una pila de gráficas. «Algo tiene que haber mal», pensaba, frotándose la frente. El experimento de radiación gamma le había estallado en la cara. Al final, aunque él no pudo, su *alter ego* verde sí, había creado la primera ecuación cuántica de la historia.

Os lo explico mejor. En esa ecuación, Planck estaba haciendo una hipótesis suicida para que todo funcionara bien, era una hipótesis a la desesperada: tuvo que suponer que la energía en los átomos se emite de forma discreta, en forma de cuantos, a saltitos. Algo que claramente no tiene ningún sentido para nosotros. Mira, si la temperatura en tu cuarto ahora es de 22 grados y en una hora es de 23 grados, tú supones que en esa hora ha ido aumentando poco a poco y de manera continua desde 22 hasta 23, pasando suavemente por cada posible valor entre el 22 y el 23. Planck estaba expresando otro comportamiento de la energía bien diferente, esta iría dando saltitos, muy pequeños, desde 22 hasta llegar a 23. Una auténtica locura, pero una locura que, por desgracia, funcionaba. Si se quería avanzar, había que dejar la lógica de lado, tocaba mirar al mundo con humildad.

Y era una locura porque contradecía todo lo que él había aprendido desde la escuela, toda la física conocida, la física que él tanto amaba. Por eso, Planck luchó contra esta aberración, esta proclamación de lo absurdo y estuvo luchando internamente con ella todo lo que pudo, intentando evitar lo inevitable, conteniendo este experimento fallido tanto como le era posible. Tratando de frenar que de esta catástrofe gamma saliera el monstruo verde. Pero los datos apuntaban en otra dirección, parecía que no había escapatoria y su *alter ego* musculoso, contra el que combatió hasta donde le llegaron las fuerzas, acabó tomando el control para proclamar el inicio del reinado de un nuevo mundo en la física: nacía la física cuántica.

Realmente, cuando Planck dio este salto de fe a la desesperada, pocos podían imaginar lo que esperaba a la vuelta de la esquina. Esto era solo la punta del iceberg, la puerta de Narnia a un nuevo mundo, Planck había abierto la caja de Pandora del mundo de la física. Para salvarlo del horror que estaba viviendo, solo había una solución, que los científicos completaran una serie de pruebas dolorosas y sádicas. Comenzaba esta tortura, ese juego cruel para salvar la física.

—No será para tanto, exagerado —le interrumpió Elrubius.

—Bueno, espera y verás. El juego había comenzado. Y a ti no te habría gustado participar en él. No hay teoría en la historia que más haya sacudido los cimientos de nuestra realidad. Es más, hoy seguimos sin estar seguros de haberla comprendido realmente. Feynman decía que, si crees que has entendido la cuántica, es que no has entendido la cuántica. Nadie la entiende. Y sus implicaciones llegan hasta cuestionar el mismo concepto de existencia, ¿qué es real? Comienza el juego.

—Pero ¿cómo, viejo loco? —se sorprendió la chica—. ¿Nos vas a poner un juego con pruebas y demás?

—Sí. Pruebas muy duras, en forma de enigmas o experimentos científicos. Es el juego del calamar científico, el terror del mundo cuántico. Y todos los científicos del siglo xx eran participantes.

Comienza el primer juego: la onda que también es partícula

Se oye por el altavoz:

«El primer juego es el siguiente. El experimento consiste en poner electrones a dar vueltas por un circuito, pero, de repente, el suelo se va a abrir con un gran abismo y tienen que seguir dando vueltas. Para ayudarles a dar el salto, tendrán un foco de luz a disposición. ¿Conseguirán dar el salto? ¿Podrías explicar cómo? Que comience el juego».

Los de rojo con triángulo en la cara han colocado en un circuito cerrado ovalado, como el Daytona, a un puñado de electrones. Eso es, un circuito eléctrico, nada fuera de lo común. Pero los de rojo los van a putear un poco. De repente, en una parte del circuito cortan el cable y dejan un hueco, imagina que es como quien corta un puente por donde pasa un tren. Los electrones, claro, no podían saltar, no pueden completar el circuito, así que la corriente se corta. Pero los de rojo les echan una mano, les lanzan luz. Pues para estos electrones recibir luz es como si le das una seta a Super Mario, cogen poderes y pueden saltar al otro lado, se reestablece la corriente. La primera parte de esta prueba consistía en explicar qué estaba pasando.

Bueno, esto, en realidad, no es tan loco, se entiende lo que ocurre. Para saltar ese hueco en el puente, un electrón necesita energía extra, y la luz lleva energía, así que todo ok. Con la energía extra de la luz, los electrones saltan el hueco y cierran el circuito. Todos los científicos pasan la primera parte de esta prueba.

Pero la segunda parte se complica mucho más. Los de rojo prueban con algo más divertido: hacer el hueco más grande, que el salto sea mayor y les lanzan luz a los electrones, ¿llegarían? Para conseguirlo primero subieron intensidad a la luz, claro, al hacerlo les llegará más energía y podrán dar el salto. Lo hicieron y... error. Los electrones no saltaban, por más que subían la intensidad de la luz no lo conseguían. Más extraño aún fue lo segundo, si en vez de la intensidad lo que aumentaban era la frecuencia de la luz de roja a luz azul... ¡ahora sí! Los electrones conseguían dar el salto. ¿Cómo podía ser? Les tocaba el turno a los científicos de explicar qué estaba ocurriendo y por qué para pasar la prueba.

Todos los científicos de la época, me los imagino yo vestidos con su chándal verde de concursantes, con su número en grande, todos señoritos de la élite intelectual, pero cayendo uno tras uno en este juego del calamar científico, incapaces de dar una explicación a lo que estaba ocurriendo. Se iban rindiendo, sus cerebros estallaban y las paredes se llenaban de neuronas científicas desparramadas.

Hasta que el concursante 001 tuvo una idea. Pensó en aquella locura de Planck, la de los cuantos, eso de que la energía de la luz va en saltitos, igual aquí podría servir para resolver el misterio. ¿Y si la luz, se dijo, está formada en realidad por minipaquetes de energía, como si fueran Happy Meals microscópicos o esas bolsitas con sándwich, zumo y fruta que dan cuando te vas de excursión con el colegio? Un haz de luz serían miles de estas bolsitas subatómicas viajando por el espacio. Cuando un electrón la recibe se queda con la energía, hace un *upgrade* a superelectrón y consigue dar el salto. Claro, ahora esto explica lo de la intensidad, aumentar la intensidad de la luz solo hace que haya más paquetes, y un electrón solo puede capturar un paquete. Y si el paquete no lleva la energía suficiente para ese salto, al electrón le da lo mismo, porque, aunque aumentes mucho la intensidad, no alcanza, el paquete no es suficiente, no podrán superar el hueco. Ningún electrón logra saltar. Y también explica lo de la frecuencia; según Planck, estos paquetes de energía son mayores, llevan más energía, cuanto mayor es la frecuencia de la luz. Aumentar la frecuencia es mantener el número de paquetes de luz, pero añadiéndoles más comida a la bolsita, además del sándwich, zumo y fruta, una barra de cereales. Ahora ya lleva energía suficiente y el electrón puede hacer el *upgrade* y dar el salto. El jugador 001 lo había logrado, habían superado la prueba.

El jugador 001 se llamaba Albert Einstein. Había explicado este extraño fenómeno, que se denominaba efecto fotoeléctrico, usando una idea cuántica. Era 1905, su gran año, donde da con la idea de la relatividad. Recordad, era un anónimo trabajador en la oficina de patentes de Berna. Tenía veinticinco años. Gracias a él, habían pasado la primera prueba.

—Para —pidió Cristina.

—¿Qué?

—¿La luz no era una onda? —preguntó ella—. Pero ahora dices que es una partícula.

—Así es. Por Higgs, bienvenida a las locuras de la cuántica.

Así es este calamar científico. Puedes pasar la prueba pensando mucho, pero lo que viene después es sufrimiento. Un sufrimiento que viene de encajar lo que has descubierto con la realidad, que parece muy distinta a lo que has encontrado. Así que podéis imaginar a los científicos, después de pasar la prueba, con la ropa manchada, tirados en el suelo, llorando y sufriendo. La habían superado, pero a cambio de qué. ¿Qué estaban dejando atrás, en el camino? ¿Qué concesiones, sacrificios? ¿Qué consecuencias? No eran pocas.

En los siglos pasados hubo una verdadera batalla en toda Europa. Por suerte, esta fue de las científicas, de las que no muere nadie, aunque pasa algo peor: te lanzan un insulto científico y caes en la deshonra. Esta batalla se libró en nombre de la luz, por saber su naturaleza, en qué consistía. En un bando, los partidarios de que la luz era una onda que funcionaba como las olas que se forman cuando lanzas una piedra en un estanque. En el otro, los que defendían que, en cambio, era una partícula, como una pelotita. Y después de más de un siglo de lucha sin cuartel, de retos, pruebas... al final, hubo un vencedor. La luz es una onda, como mostraban muchos experimentos donde se veía que sufría difracción o refracción, cosas que les pasan a las ondas y no a las partículas. Es como cuando al final de una gran batalla se alcanza un acuerdo y se firma. Había paz en Europa.

Pues no. Volvemos al juego. Cien años después de aquello ahora resultaba que no, que la luz funcionaba como «paquetes» de energía, como partículas, a las que más tarde llamarían fotones. Pero luego había otros experimentos que mostraban que la luz era una onda, esos experimentos seguían ahí. ¿Entonces? ¿Qué hacer?

La única forma de dar solución a esto ya la inventó el rey Salomón hace más de dos mil años: ni para ti ni para mí, para los dos, los dos ganan, la luz será una onda y una partícula, las dos a la vez. Esta es la conocida como dualidad onda-partícula, y no, no tuvo que ser nada fácil asumir algo así. Pero son las cosas del juego del calamar, ir pasando pruebas solo lo pone más duro. Y así avanzaron las cosas hasta cambiar de década, era 1911.

Comienza el segundo juego: el electrón que destruye el átomo

Suena por el altavoz:

«Vamos a usar el experimento de Rutherford para ver cómo es un átomo. Luego colocaremos electrones dando vueltas a un núcleo atómico solo para ver cómo caen, chocan con el núcleo y lo destruyen todo. Si todo fuera así, el mundo no existiría. Los científicos tienen que descubrir qué está pasando y explicarlo. Que comience el juego».

Ya sabemos, porque ya os conté, que en 1911 Ernst Rutherford hizo un experimento con unas partículas alfa y unas láminas de oro —sería pobre, pero digno—, para ver que el núcleo no es una bola compacta, sino que está formada por una parte interior y muy pesada, el núcleo, y otra externa y ligera, los electrones, que giran a su alrededor por la fuerza eléctrica. Esto dio lugar al famoso símbolo atómico. Y como la fuerza de la gravedad y la eléctrica son iguales, y el átomo se parecía mucho a un sistema solar, los científicos se pusieron muy contentos, solo había que copiar lo que había hecho Newton y se podrían ir a ver la final del campeonato del mundo de globos. Pero ahí llegan los de rojo con el cuadrado en la cara para putear un poco. «Eso no puede ser así —dicen—, porque Maxwell ya vio que una partícula cargada, como un electrón, que gira emite radiación y, por lo tanto, pierde energía. Así que el electrón debería ir cayendo poco a poco al núcleo, en una espiral, hasta que... *pummmmm*. Colisión. El átomo se destruye». Los científicos tenían que explicar qué estaba pasando. Esta es la segunda prueba.

Los científicos vestidos de verde, con sus números bien visibles, se comen la cabeza, intentan mil soluciones, quieren dar sentido a lo que sucede, pero nada encaja. Muchos abandonan, quedan derrotados. No había forma de entender el mundo atómico, era imposible. De la desesperación y el esfuerzo mental empezaron a salirle mocos por la boca, saliva por los ojos, cera de oído por la nariz... era una tortura.

Finalmente, uno de los concursantes conseguiría dar una respuesta, sería el número 199. Y lo hizo con una solución «a la Planck», a la desesperada, sin justificación ni explicación ni sentido, un salto de fe ante lo único que podía solucionar este enigma: «Los electrones cuando giran en ciertas órbitas especiales —dijo— no emiten energía, por eso no caen y destruyen el átomo». Las órbitas especiales son las que cumplen esta regla cuántica:

$$L = nh$$

El concursante que consiguió superar la prueba, el número 199, era, nada más y nada menos, que el danés Niels Bohr.

—Para. —Cristina interrumpió de nuevo—. Me opongo, qué clase de científico hace algo así. Decisiones por decreto. Más parece algo de un político o de la realeza. Suena a una órbita privilegiada, una órbita aforada. Pero qué es esto. ¿Privilegios atómicos?

—Bueno, yo más bien diría que es un carril bici —respondió Salvador—, pero entiendo tu queja. Y justo lo que dices es el problema, funcionaba, como lo que hizo Planck, pero no había explicación a algo así. Entiende que los científicos estaban a ciegas, explorando un nuevo mundo para el que aún no tenían herramientas. Todo era nuevo. Imagina que tal y como estás te trasladan a la Antártida, es normal que pases una adaptación. A tientas, Bohr intentó, por intuición, dar sentido a lo que encontraba. Eso solo demuestra el nivel de desconcierto y desesperación de esos años.

De ahí el sufrimiento de los concursantes, que después de esta segunda prueba estaban agotados, doloridos y frustrados. Habían pasado un juego más, pero a qué precio. Bohr se inventó una regla cuántica, sin explicación real, se abrazó a ella como a un clavo ardiendo (nunca entendí por qué alguien querría agarrarse a algo que arde, es como lo de darse con un canto en los dientes, otra cosa horrible).

El tiempo pasa, hemos cambiado de década, estamos en 1924. Unos pocos físicos siguen en el juego.

Tercer juego: La partícula que también es onda

Anuncia el altavoz:

«Comienza el tercer juego. Les digo: "Si la luz, que se pensaba que era una onda, es también una partícula, las dos cosas a la vez, ¿no será que entonces los electrones, que se pensaba que son partículas, tendrán una parte de onda?". Los científicos tienen que resolver este enigma. Que comience el juego».

Esa idea tan loca, que una partícula sea realmente una onda, vino posiblemente del lugar que tú menos podrías esperar, o eso creo. Estamos hablando de un joven príncipe francés, nacido de la más alta cuna, amante del teatro y de la historia, refinado y que desarrolla una tardía pasión por la física a través de su hermano mayor. Su nombre es Louis de Broglie. En 1924, Louis presenta en su tesis doctoral una idea audaz y atrevida, muy loca, lo suficiente para estar en esta historia. Louis se dijo: «Si la luz es onda y es partícula, como había demostrado Einstein, los electrones que son partículas, ¿no serán a su vez también ondas?».

Esta idea de Louis era tan imprudente que la comisión de su doctorado no sabía cómo reaccionar, qué decir. Este tipo es un genio o un loco, tuvieron que pensar, una de dos. Fue tanto así, tal el bloqueo, que uno de ellos, el famoso físico Paul Langevin, no tuvo más ocurrencia que consultar con el ya entonces reconocido y celebrado Albert Einstein. Aunque se hizo esperar, la respuesta de este último no podía ser más clara: «No es un loco, es un genio». Vamos, que Einstein le hizo retuit a la idea. Su tesis fue aprobada y publicada. Pero es aquí donde viene la prueba.

La hipótesis de De Broglie sonaba muy bien, porque los físicos aman la simetría, si la luz que era una onda ahora también es una partícula, por qué el electrón, que siempre ha sido una partícula, no va a ser también una onda. Onda y partícula serían entonces lo mismo, una gran unificación, la palabra favorita de un físico. Pero entonces aparece el de rojo con careta con un cuadrado y pregunta: «Vale, muy bien, un electrón es una onda, ¿pero una onda de qué? ¿Qué ondas serían esas?». Esa es la prueba.

Todos los físicos en el suelo, destrozados, intentando dar sentido a esto, con los cerebros reventados. A algunos les salen las neuronas por los ojos. El cerebro de otros empieza a aumentar de temperatura, a soltar humo y finalmente prenden fuego ardiendo en llamas. Nadie encontraba manera de encajar algo así, sonaba a la mayor locura que nunca jamás nadie había dicho, no había forma de que algo como esto tuviera sentido.

Y cuando parecía que no habría un ganador en este juego, entonces llegó él, el concursante 456. Era una antigua promesa de la ciencia austriaca, un niño prodigio con mucho talento, que, sin embargo, pasada ya su época más creativa y productiva, avanzaba a sus cuarenta años sin haber conseguido nada relevante en física. En pocas palabras, era un fracasado. Por aquel entonces, era 1925, y el concursante 456 era un acomodado profesor de la Universidad de Zúrich cuando es contactado por el decano de su universidad y a la vez también amante de su mujer, Peter

Debye, para dar una conferencia sobre la extraña hipótesis de De Broglie.

Él la prepara al principio con escepticismo, no suena muy bien la verdad, pero va dedicándole tiempo, pensando, hasta que... descubre algo increíble. Usando la hipótesis de De Broglie, podía explicar la solución del segundo juego, la regla *ad hoc* de Bohr de las órbitas, los carriles aforados. Ahora todo tenía sentido. Había abierto los ojos. Por donde van los electrones no eran carriles especiales, con privilegios, lo que pasa es que las partículas son ondas, como las de una cuerda de guitarra, así que en un átomo solo van a ocurrir aquellas órbitas en las que la onda, la cuerda, cierra bien. Por la misma razón por la que una cuerda de guitarra suena a la, y no a re, porque está afinada para esa frecuencia exactamente, un electrón, que es una onda «afinada» solo puede ir por un carril, el que le encaja. Al hacer bien las cuentas, se veía claro, aplicando esta idea... viendo qué órbitas cerraban bien la onda... ¡le salía la regla cuántica de Bohr!, la que él había hecho a ciegas. Iba por buen camino. Este concursante, el 456, se llamaba Erwin, de apellido Schrödinger, el Maluma de la física.

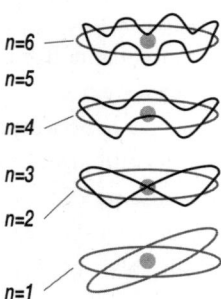

$n=6$
$n=5$
$n=4$
$n=3$
$n=2$
$n=1$

Los electrones son ondas y, como las cuerdas de la guitarra al vibrar, solo pueden existir ciertos modos de vibración, los que hacen que la onda cierre bien en su «órbita». Esta es una bella justificación de la regla *ad hoc* de Bohr y una explicación de la cuantización de las órbitas atómicas debido a la naturaleza ondulatoria de las partículas.

—Para. No entiendo. —Cristina volvió a detenerlo.

—Ah, sí, Maluma fue un cantante…

—No, eso no, doc. Esto soluciona el juego segundo, pero no el tercero. Sí, no ha respondido a esa pregunta, ¿qué son esas ondas? ¿qué representan?

—Y por encima de todo… ¿has llamado a Schrödinger «Maluma»? —intervino Elrubius.

—A ello vamos, con las dos cosas.

Erwin, que tenía una habilidad escénica incomparable, da una bella conferencia entusiasmado con estas ondas de los electrones que vendía como si fueran la última Coca-Cola en el desierto. Pero el serio Debye, su jefe y amante de su mujer, las dos cosas a la vez, eso sí que es una dualidad y no la de la luz, no estaba tan eufórico. Encontraba su formalismo infantil; eso no es hacer ciencia, decía. «Si quieres hacer ciencia y trabajar con ondas —le advirtió—, necesitas una función de onda, bebé». Lo de bebé suena un poco raro, pero yo no soy nadie para juzgar a Debye.

Schrödinger tomó este consejo de forma literal, tenía que encontrar esa onda, y se lanzó al trabajo. Aprovechó su delicada situación de salud —sufría de tuberculosis— para tomarse un largo respiro en un balneario en las montañas en las Navidades de 1925. No estaba solo, iba acompañado, por supuesto. No por su mujer, sino por una de su larga lista de amantes. Maluma decía que cuatro *babies*… principiante. Schrödinger fue el rey del poliamor, viviendo con su mujer, sus amantes y los hijos, concebidos con él, de sus amantes. Con eso respondo a tu segunda pregunta. Vamos con la primera.

Durante ese largo tiempo que pasa en las montañas, Erwin da con una bella ecuación, una ecuación de onda, una onda para el electrón. No hay tiempo que perder, hay que ver si funciona. Así que la aplica a los átomos… ¡y es correcta! Explica lo que ocurre ahí, cada experimento de radiación atómica, cada línea de emisión o absorción. Es un momento histórico, Schrödi ha creado los cimientos sobre los que construir todo el edificio cuántico. Con su ecuación de onda había elaborado una teoría del mundo cuántico. Es una de las ecuaciones más potentes y bellas de la física. Había nacido la mecánica cuántica. Ha conseguido superar la tercera prueba. Después de tanto experimento loco la ecuación de Schrödinger pone orden en el caos.

—Bueno… pero no me vendas la moto, que la luz sea onda y partícula sigue siendo loco con esa ecuación o sin ella. Es absurdo, el mundo no es así —dijo la chica.

—No conviene decirle al mundo cómo tiene que ser —le advirtió Salvador—, eso ya lo aprendimos con Einstein. Pero entiendo tu descontento. Solo te pido paciencia, poco a poco las cosas irán teniendo más sentido. Por ahora, al menos, había ya algo serio con lo que trabajar, un formalismo matemático, un marco físico para establecer una teoría completa. Es un buen comienzo.

—¿Y ya ha acabado el juego? —quiso saber Elrubius.

—No, como ya sabes, falta el juego final, la lucha a muerte.

Esta tercera prueba fue criminal. Hubo mucho dolor y sufrimiento. El precio que había que pagar era muy alto: si una partícula es como una onda, entonces podía estar en varios sitios a la vez, en varios estados a la vez, como el gato, vivo y muerto.

Y el juego estaba acabando, habían caído ya todos los participantes. Bueno, casi todos. Solo consiguieron superarlo dos. Erwin Schrödinger, que había logrado construir esa función de onda para explicar lo que se veía en el mundo cuántico. Y otro concursante, el 218, que también había encontrado una solución al mismo problema.

Se trata de un joven alemán de veinticuatro años, muy dotado y de gran talento, que había creado unas estructuras matemáticas que resolvían también el puzle cuántico: son las matrices. El concursante 218 se llamaba Werner Heisenberg y su criatura sería conocida como mecánica matricial. Fue recibida con escepticismo, por no decir asco, y es que era una teoría oscura y compleja. El concursante 218 pasa igualmente el tercer juego.

Después de una última cena, vestidos de esmoquin, los jugadores se preparan para el último juego, el juego final.

Juego final: el duelo

Anuncia el altavoz:

«Los dos concursantes que han llegado a este juego, Schrödinger y Heisenberg, tienen que luchar en un juego final para ver cuál de ellos es el ganador, el padre de la teoría cuántica. Que empiece la lucha».

Fue un combate complejo. Por un lado, Schrödinger, el concursante 456, con su bella y armónica teoría ondulatoria que usaba matemáticas sencillas, que todos conocían, pero que estaba un poco aislado en su universidad. Por otro lado, Heisenberg, el concursante 218, con su teoría frankensteiniana y ortopédica, que empleaba nuevas matemáticas que nadie sabía manejar, pero que usaría toda su influencia. Heisenberg estaba en el meollo de la cuántica, entre los calderos que la estaban cocinando, ese triángulo que formaron las universidades de Gotinga, Múnich y Copenhague. Y siendo el protegido, el niño bonito del papa de la cuántica, Niels Bohr. En número eran mayoría y estaban usando toda su influencia para hacer que prevaleciera, pero en elegancia le daba una paliza la de Schrödinger. ¿Quién ganaría? Pues es cuántica, la respuesta es… las dos. Schrödinger no tardó en mostrar que ambas eran equivalentes. Había acabado el juego, los dos eran ganadores.

—¿Se acabó? —preguntó el chico.

—No. Para nada, esto es solo el principio. Schrödinger había creado una maravillosa ecuación que servía para describir el comportamiento de los electrones. Pero hasta llegar al origen de la masa quedaba mucho camino por recorrer. Los científicos van a recibir una tarjeta de invitación. Pero antes de empezar la segunda temporada, con más juegos, tengo un reto para los dos, matemático, sencillo. Si yo te digo x-1=0, ¿cuánto vale la x? No os volvíais locos si sois alérgicos a las matemáticas, este problema se puede contar de otra manera: qué número, si le resto 1, queda 0.

—Así es más fácil, sí —admitió Cristina—. Sería el 1, porque 1-1 vale 0.

—Cierto. Ahora un reto mayor. ¿Y si te digo x^2-1=0? Es decir, un número que elevado al cuadrado si le quitas 1 da 0.

—1 también, porque 1^2-1 vale 0 —respondió ahora Elrubius.

—Pero también -1, porque $(-1)^2$ -1 también vale 0 —apostilló Cristina.

—Así es —asiente Salvador—. Correcto. Acabáis de dar con una regla fundamental de las matemáticas, tanto que se llama así: teorema fundamental del álgebra. El número que tiene arriba la x es lo que se llama el grado, pues una ecuación tiene tantas soluciones como el grado de la ecuación. En este último caso, el grado era 2, por eso tiene 2 soluciones. Esto es solo un apunte, ahora volvemos al mundo real.

Al año siguiente los científicos vuelven a recibir una tarjeta, le dan la vuelta y ahí lo tienen: un triángulo, un cuadrado y un círculo. Vuelven a acudir, los visten con chándal verde y les asignan un número. Un año más son llamados a participar en el juego del calamar.

Primer juego: la antimateria

Suena el altavoz:

«La ecuación que ha obtenido el concursante 456 es la primera ecuación cuántica, pero no es relativista porque está basada en la ecuación de Newton. Tienen que encontrar una ecuación cuántica relativista y darle sentido a lo que salga de ella. Que comience el juego».

Lo intentaron todos, de mil maneras. Sus cerebros se licuaron como si tuvieran una trituradora dentro del cráneo y el zumo de neuronas empezó a salir como una papilla densa por las cuencas de los ojos… todo dolía mucho y ninguno conseguía llegar a la solución del problema. Cada vez que intentaban aplicar la relatividad a la ecuación de Schrödinger todo saltaba por los aires. Hasta que se le ocurrió una idea al concursante 231.

Este concursante tuvo una idea genial. Dividir la ecuación en dos partes y transformarla en un sistema de ecuaciones… matricial. Fue un infierno, pero el resultado final valió el esfuerzo. Atentos, chicos, estáis ante una de las ecuaciones más bellas de la ciencia, no hace falta que la entiendas en todos sus detalles, mírala y disfrútala.

$$(i\displaystyle{\not}\partial - m)\,\psi = 0$$

El concursante 231 era el inglés Paul Dirac, y esta es la ecuación de Dirac, la que es llamada la ecuación más bella de la ciencia. Ya tenían la ecuación cuántica relativista. Pero, para completar el juego y superar la prueba, quedaba una parte muy importante: ¿qué significa esta ecuación? El concursante 231 se lanzó a resolverlo.

La magnitud fundamental del universo es la energía, por eso tanto Schrödinger como Dirac crearon una ecuación maestra fundamentada en esta magnitud. Porque así las soluciones de esta ecuación de la energía tenían que ser las partículas del universo. Pero aquí surgió una cuestión muy interesante. Lo que había hecho Dirac fue transformar la ecuación cuántica basada en la teoría de Newton en una ecuación cuántica basada en la teoría de Einstein, pero, al hacerlo, las ecuaciones de la energía cambian de naturaleza. Con Newton la ecuación de la energía era así: $E = p^2/2m$. Sin embargo, con Einstein, en la relatividad, la ecuación para la energía es diferente, es así $E^2 = p^2c^2 + m^2c^4$. De hecho, igual la segunda parte de esta ecuación os suena algo. Recuerda ese $E = mc^2$ que todo el mundo reconoce como la ecuación de la rela-

tividad, ¿verdad? Pues ya lo estás viendo, la ecuación de la relatividad no es $E=mc^2$, sino más bien $E^2=p^2c^2+m^2c^4$, una más completa. Pero volvamos al tema, hemos pasado de una ecuación de
primer grado en la energía $E=p^2/2m$, a una en segundo grado en
la energía $E^2=p^2c^2+m^2c^4$. Y tú ya sabes la consecuencia, porque
conoces el teorema fundamental del álgebra: ya no hay una solución, sino dos. Esto fue lo que se encontró Dirac que le dejó *flipating*. Claro, la primera solución ya la conocía, serían las partículas,
como el electrón. Pero… ¿y la segunda?

Es terrible el juego del calamar científico por la cantidad de
sufrimiento que trae. Ahí tenemos una vez más a los concursantes sufriendo, pero, en particular, al que había resuelto el puzle, el
231, Paul Dirac. Estaba de nuevo en la misma encrucijada que
trae este juego. ¿Hacemos caso al sentido común o a las matemáticas? Nervioso, le temblaba el pulso… pero no había escapatoria,
le tocaba un nuevo salto al vacío. Así que Dirac se carga de valor
y proclama: esta nueva solución se trata de una nueva partícula,
hermana del electrón, idéntica en todo a ella menos la carga, que
sería positiva, sería el antielectrón. Además, no pueden existir
juntas, cuando un electrón se encuentra con un antielectrón,
ambos se aniquilan, desaparecen. Acababa de crear una verdadera
revolución en física, ya no solo existiría nuestro mundo, hecho de
partículas, ahora podemos imaginar un nuevo mundo, hecho
de antipartículas, con el mismo derecho a existir. Había nacido la
antimateria.

—Para —pidió Cristina otra vez.

—¿Qué pasa ahora? —se impacientó Salvador.

—Y esa antimateria, dices que existe, pero dónde está, porque
yo no la veo —preguntó ella.

—Esa era la cuestión. Esto trajo más sufrimiento. Le tratarían
de loco hasta que algo así apareciera. En 1932 el físico Carl Ander-
son acabaría con tanto horror. En un experimento con rayos cósmicos observa un electrón que se comportaba de forma rara, pare-

cía tener carga… positiva. Había encontrado la antipartícula de Dirac, las antipartículas existían, reafirmando a la vez la ecuación de Dirac.

—Padríííííísimo —exclamó Cristina.

—Pocos científicos pasaron al siguiente juego. Estamos ya en los años cuarenta. Y el mundo cuántico aún no había mostrado su lado más loco. Quedaban los juegos más sádicos que puedes imaginar.

Segundo juego: las partículas que están en todas las partes a la vez

Suena el altavoz:

«Concursantes, han dado un importante paso, pero queda muchísimo camino por recorrer. Esta ecuación describe electrones y antielectrones en un mundo libre. Pero ¿qué les ocurre cuando aparecen fuerzas? Este es el segundo juego. Que comience».

Qué juego más cruel. Este sí que será demoledor. Y es que Dirac creó una ecuación que describe el comportamiento de partículas de materia, como el electrón o el protón, cuando van libres por el universo. Y esto está muy bien, palmadita en la espalda. Pero a ver, quién ha podido ir libre por el universo sin que venga nadie a fastidiarte el día. Desde bien prontito alguien ya está tocándote las narices, que si una factura sin pagar, que si se ha inundado la oficina, que si una multa de zona azul, juegas al Clash Royale y tu rival usa al minero… Creo que todo esto es demostración suficiente de que no existe algo así como un electrón libre, bendito él, ojalá, pero no. Así que hay que colocar ese electrón en el mundo real, en el mundo de las fuerzas, toca crear una teoría cuántica de las interacciones. Pero las fuerzas… son invisibles, no se ven. ¿Cómo hacer una teoría de algo que no se ve? Agárrate. Esto va a doler.

¿Os acordáis de Frodo y el anillo? Cuando se lo ponía desaparecía, pero él seguía ahí. Igual que Harry Potter y su capa de invisibilidad. O la nave del Nick Fury. Sí, de todos ellos hemos aprendido que si algo no se ve no significa que no exista. Claro, nuestro ojo solo ve parte de la realidad, a la que es sensible, el resto se le escapa. Pero ¿y si en lo que no vemos hay algo que es fundamental para entender el mundo? Toma estos dos imanes y acércalos. ¿Qué pasa?

—Se están repeliendo —respondió Cristina.

—Pero ¿cómo? ¿Qué está ocurriendo?

—Hay una fuerza —dijo ella.

—Sí, pero si yo te empujo, te estoy haciendo una fuerza porque te toco, te la transmito con mi mano. Pero esto es diferente, es en la distancia, no se tocan, ¿cómo puede ser?

—Igual sí hay algo —aventuró el chico.

—Pero no se ve, doc —dijo ella.

—Pero que no se vea no significa que no exista… —replicó Salvador—. A eso le daba vueltas la que es mi persona favorita en este mundo. Todos los científicos de su época estaban contentos imaginando que no había nada, que las fuerzas ocurren en la distancia y ya. Pero él no. A él esto no le gustaba. Hablamos del gran Michael Faraday.

—¿Él también está en el concurso? —quiso saber Cristina.

—No, no. Él es de una época anterior, de principios del siglo XIX —explicó Salvador—. Estamos haciendo un *flashback* en nuestro juego de calamar científico teórico.

De Faraday nada hemos hablado, pero estaría horas contando cosas sobre él, es de las personas más fascinantes de la historia. Proveniente de la clase baja inglesa, sin ningún tipo de estudio, comenzó encuadernando libros, luego limpiando laboratorios de química y fue ascendiendo por méritos propios hasta convertirse en uno de los científicos más importantes de todos los tiempos. Y lo hizo sin escribir una sola ecuación, no sabía, nadie le había enseñado. Todos sus logros son fruto del trabajo, el talento, la humildad... y, por supuesto, también de la intuición.

Pues en los últimos años de su vida tuvo la que, para mí, es la intuición más profunda y maravillosa de la historia, que no es poco, y recuerda que era un chico que no sabía nada de matemáticas. ¿Cómo se transmiten las fuerzas?, se preguntó. Él trabajaba en su laboratorio todos los días con electricidad y magnetismo y cada día estaba más convencido de que tenía que haber algo pasando entre dos imanes, no lo vemos, pero tenía que estar ahí. Al fin, Faraday tuvo una idea fascinante.

Si dejas caer trozos de hierro sobre un imán, no se colocan al azar, como si nada, más bien lo hacen siguiendo unas líneas, se quedan ordenados, como si fuera un regimiento militar, es lo que llamó líneas de fuerza. Y esto lo sabemos todos, cuando hay un orden en algo es porque tiene que haber alguien por algún lado mandando. Ese algo que ordena a los trozos de hierro formarse en línea es lo que Faraday llamó «el campo». El campo te suena a ti a vacas y gallinas, a donde van tus padres cuando visitan a tus abuelos en el pueblo. Pero en física es mucho más, es el elemento que ordena, que manda, es el sargento del espacio vacío, es el que transmite las fuerzas. Y como todo en el universo son fuerzas, podemos decir que los campos son el andamiaje de nuestra realidad. Así lo pensó Faraday, esta era su idea: un imán modifica el espacio en su entorno creando un «estado» propenso a generar una fuerza. Si ahora colocamos otro imán cerca, es el espacio alterado el que actúa sobre el imán. Ese «espacio alterado» por esa propiedad, el magnetismo, es lo que llamó «campo».

Seguramente te suene a lo que hizo Einstein de la relatividad general, el espacio curvo que es el que transmite la fuerza. No es que Faraday le copiara, fue más bien al revés. Fue Einstein quien se inspiró en Faraday y su concepto de campo. Para Einstein, Faraday fue uno de sus grandes maestros. Y no es que sea una similitud, es que es lo mismo, tanto que las ecuaciones de Einstein se conocen como sus ecuaciones de campo. ¿Pero ese campo existe? Esa fue la pregunta que se hizo Faraday, por Higgs.

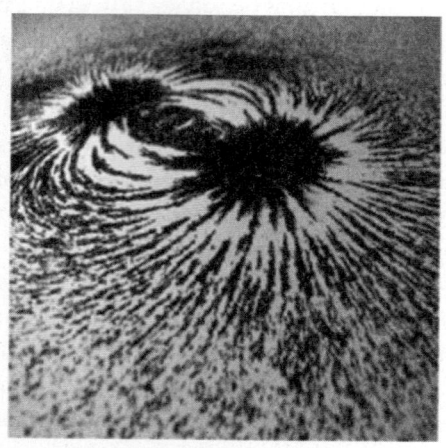

Al espolvorear limaduras de hierro sobre un imán, estas se colocan siguiendo un patrón, el que vemos en la imagen. Esas líneas imaginarias son las conocidas como líneas de fuerza del campo magnético que conectan los dos polos. Es una forma de representar estas invisibles líneas de fuerza que dieron lugar al concepto de campo.

Al campo, como a Harry Potter con la capa, no se le puede ver, porque es algo invisible. Pero ¿qué haces cuando quieres ver algo invisible? A Harry Potter le puedes echar arena por encima, no verás a Harry, pero sí cómo la arena no cae normal, vertical, sino que hace algo raro. Algo así pensó Faraday, pero sin Harry Potter, ese no existía. Y al hacerlo pudo «ver» que cerca de un imán se creaba un campo. Lo pudo probar.

El problema es que una idea así sonaría ridícula a los ojos de los demás científicos. Todos estaban más que felices con la idea de acción a distancia, y además tenían unas bellas matemáticas que así lo mostraban. ¿Cómo un científico, que era solo un humilde experimental sin idea de teorías y sin conocimientos matemáticos podría defender tal locura? Así que, tristemente, Faraday se guardó sus ideas para sí.

Y habría sido así para siempre si no se hubiera interpuesto el destino, que a veces hace jugadas maravillosas. Faraday, además de un científico genial, era una persona volcada con la educación y la divulgación. No era de extrañar, él se volvió fan de la física asistiendo a unas charlas del químico más importante de su época, un *superstar* de la ciencia, Humphry Davy. Davy, más tarde, en los tiempos de Faraday como limpiador de laboratorio, se convertiría en su mentor, y cuando el alumno superó al maestro, por envidia, en su enemigo. Hoy, doscientos años después, se dice que el mejor descubrimiento de Davy, y mira que descubrió muchas cosas, fue Faraday. Vaya tela. Pues varias décadas más tarde, ese joven de clase baja y sin estudios que su mentor intentó pisar, ahí estaba, convertido en presidente de la Royal Institution. Y como tal, un día tuvo una emergencia.

Esta situación seguro que os suena familiar, eso de que a última hora te das cuenta de que tienes que cumplir una tarea, miras el reloj, haces cuentas… y llegas a la conclusión de que no tienes tiempo, que se te ha echado encima. Tú, porque eres así, no hay más; Faraday, porque el ponente de la Royal Institution no puede dar la conferencia, porque patatas. ¿Qué hizo Michael? Pues aparten, gusanos, ya la doy yo, se dijo. ¿Pero sobre qué? Faraday arriesgó, tomó sus estudios que había escondido y se propuso presentarlos: hablaría de sus líneas de fuerza, de los campos, esa acción invisible que llena el espacio. En esta conferencia, Faraday adelantaría en sesenta años la teoría electromagnética que estaría por llegar, la naturaleza eléctrica de la luz, las líneas de fuerza que vibrarían transmitiendo una perturbación, energía que se desplazaba sin necesidad de un medio, de un éter. Llegó incluso a sugerir que la propia gravedad se podría transmitir como líneas de fuerza, como ondas. Adelantándose en casi cien años al desarrollo de Albert Einstein y doscientos al descubrimiento de estas ondas, las ondas gravitacionales, algo que ocurrió hace tan solo unos pocos años. Era un auténtico pionero.

Sus ideas las acabaría publicando en un histórico artículo, las ideas de un loco, pensarían sus colegas, unas ideas demasiado adelantadas para su época, radicales, que sonarían ridículas y que pasarían desapercibidas hasta que otro loco y gran ídolo mío también, James Clerk Maxwell, que este sí sabía, y mucho, de matemáticas, las abrazara y con ellas construyera una teoría completa de la electricidad y el magnetismo. Esas son las leyes de Maxwell, unas leyes en las que la fuerza está descrita en términos de campos.

Fin del *flashback*. Volvemos a Dirac y los tiempos de la cuántica y este segundo juego. Había que poner ese electrón cuántico relativista en el mundo real, un mundo lleno de fuerzas. Para entonces, esa idea tan loca y atrevida de Faraday de los campos era ya una obviedad. Pasa mucho en ciencia, los absurdos de ayer son los «pues claro, es obvio» de hoy. El campo era un concepto más que asimilado, es más, era fundamental y capital en la física, una idea central para entender no solo el electromagnetismo, sino cualquier fuerza: las fuerzas surgen por las acciones de los campos.

Y ahí estaba el reto de este juego. Dirac ya había transformado la teoría de las partículas en una teoría cuántica relativista, ahora tocaba hacer lo mismo con el otro componente de la realidad, los campos.

Los científicos se volvieron locos, se exprimieron las neuronas, se golpeaban la cabeza contra la pared y se arrancaban los ojos, algunos se mordían la lengua hasta partirla en pedacitos minúsculos que se introducían en las orejas para no oír las voces interiores que les decían: «Eres un fracasado, no puedes». Pero nada. Hasta que llegó el concursante 145. ¿Qué fue lo que hizo? Para entenderlo, volvamos a hacer un *flashback*, a Maxwell y sus campos.

Maxwell había tomado esa idea loca de Faraday de los campos y le había aplicado todo el poder de sus matemáticas; era un joven con muchísimo talento, uno de los más dotados de su época. Su objetivo era crear una teoría completa de la electricidad y el magnetismo basada en esos campos invisibles. Pero ¿cómo hacerlo? La fuerza eléctrica viaja por el mismo espacio vacío, ¿cómo lo consigue sin impulsarse en nada? Él, que tenía mucha imaginación, creó un modelo, imaginó cada punto del espacio formado por infinitos osciladores armónicos en vibración de diferente frecuencia. Es la acción de estas vibraciones infinitas la que transmite el campo. Y fue un rotundo éxito. Funcionaba a la perfección. Y gracias a las matemáticas que Maxwell había introducido y a esa idea de los infinitos osciladores. Es más, a los pocos años se demostró que era correcta. Había encontrado la matemática de los campos de fuerzas.

Y ahora regresamos al concursante 145 que estaba dándole vueltas a este juego. Así que la clave es tomar este campo que ya tenemos y «cuantificarlo», es decir, «volverlo cuántico», se dijo. Todo pasaba por transformar estos osciladores en osciladores cuánticos.

Y, al hacerlo, se llevó una gran sorpresa, una que vendría acompañada de gran sufrimiento. El efecto de estos osciladores cuánticos en el vacío era el de crear o destruir partículas sobre ese propio vacío. Pero ahora recuerda que en un campo hay infinitos de estos osciladores. La teoría de la cuántica aplicada a los campos llevaba a la creación y destrucción de partículas en el vacío, infinitas de ellas. El concursante 145 era Richard Feynman.

—No he entendido absolutamente nada —admitió Elrubius.

—¿No te das cuenta? ¡Son las infinitas partículas virtuales que vimos el otro día! Las que se crean de forma espontánea en el vacío cuántico. Y también las que producen esas infinitas historias de Feynman.

—Yo sigo sin entender ni una palabra —dijo Cristina.

—Bueno, no te preocupes, la verdad es que esto que te he contado es muy avanzado y lo normal es que no lo entiendas.

Recuerda que esa «magia» de no entenderlo todo, produce curiosidad si no dejas que devenga en frustración. Lo importante es que te quedes simplemente con esto: en la teoría moderna, las fuerzas ya no son cosas mágicas que viajan en la distancia, sino que se deben a la acción de campos y es al cuantificar estos campos que surge toda la locura de las partículas virtuales que vimos. Es lo mismo que examinamos el otro día del efecto del principio de incertidumbre sobre el vacío, pero visto de otra manera. ¿Recuerdas? Lo de la mesa, la chistera, la magia cuántica… Pues todo está relacionado con esta idea de aquí: son los campos cuánticos los que crean estas partículas virtuales.

—Creo que algo entiendo, la idea general, para el resto me ha estallado la cabeza. —Elrubius hizo un gesto elocuente.

—A mí me salen neuronas por la nariz —dijo Cristina.

—Es lo que tiene este juego del calamar, destroza cerebros. Lo importante es notar que con la versión cuántica de la fuerza ahora entendemos mejor el papel del campo en las interacciones. Ahora hay partículas en el vacío que se crean de la nada. Y estas pueden transmitir las fuerzas. Es como ir a patinar sobre hielo. ¿Has ido alguna vez?

—Sí, claro —respondió ella.

—Pues imagina que estáis los dos frente a frente con los patines. Y Elrubius lleva una pelota medicinal, de las grandes y pesadas. Y te la lanza a ti, Cristina. ¿Qué ocurre?

—Que me llega a mí —dijo la chica.

—Sí, y cuando la recibes retrocedes. Porque la bola lleva movimiento y ese movimiento te hace retroceder. Esto es como cuando Goku se cubre de un ataque y eso le hace moverse atrás. Es la energía que lo hace retroceder. ¿Y con Elrubius qué pasa?

—Pues lo mismo, ¿no? —intervino Elrubius—. Es el retroceso.

Dos patinadores se pasan un balón. El patinador que lanza el balón retrocede debido a la acción-reacción newtoniana, es el famoso retroceso que vemos, por ejemplo, cuando se dispara la bala de un cañón. El patinador que recibe la bola retrocede al cogerla debido al impulso que lleva. Este es un ejemplo de una acción a distancia por medio de un mediador, el balón. En la moderna teoría de campos cuánticos, las partículas se transmiten las fuerzas de una manera análoga, usando bosones mediadores como «balones» portadores de la fuerza.

—Correcto. Aquí no hay magia. Es simple. Esta es la tercera ley de Newton aplicada a la pelota. No hay más. Pero, si te fijas, está pasando algo curioso. Si ahora no ves la pelota, porque es invisible, ¿qué ves? Elrubius te está transmitiendo una fuerza en la distancia.

Con el imán pasa lo mismo. Los electrones del imán crean un campo, es decir, crean de la nada partículas virtuales de fuerza que viajan por el espacio y «golpean» al otro imán, transmitiendo así la fuerza. Como nosotros no vemos esa partícula, parece que lo hace en la distancia, pero no es así. Hay un «campo» que lo produce. Ahora, con la cuántica, lo entendemos de otra manera. La acción de un campo invisible se ha transformado en la acción de millones de partículas virtuales que como bolas pesadas invisibles se lanzan y transmiten la fuerza. A esta partícula que transmite la fuerza se le llama bosón mediador y en el caso del electromagnetismo el bosón mediador ya lo conoces, es el fotón. El fotón es la partícula de la fuerza electromagnética. *Piuuuuuuuuum.*

Feynman lo había conseguido, una descripción correcta del electromagnetismo, desde las partículas a los campos, creando la primera teoría cuántica relativista de una fuerza, la electromagnética. Era una ecuación, una bella ecuación, que explicaba todo lo que ocurre en el universo con las partículas y la fuerza electromagnética. Su bebé, lo que habían creado, es lo que se conoce como la electrodinámica cuántica. Es el feto del modelo estándar, la semilla de la que luego surgiría esta gran teoría. Y no exagero diciendo que es una bestialidad, lo mejor que se ha hecho nunca, una auténtica joya. La electrodinámica cuántica es la teoría científica demostrada con el mayor grado de precisión hasta la fecha, hasta 12 cifras decimales, un hito en la historia de la ciencia. Había completado el segundo juego.

Los científicos habían sufrido. Estaban destrozados. Y no eran pocas las concesiones que tenían que hacer para avanzar. Ahora el vacío no era tan vacío, había partículas, muchas, infinitas, y ya eso de la materia no se crea ni se destruye es falso, se estaba creando y destruyendo continuamente. Peor aún, estas partículas infinitas virtuales violaban la ley de conservación de la energía. Y había más aún, en la versión de Feynman las partículas recorrían muchos caminos a la vez, todos los posibles, incluso había partículas que podían viajar atrás en el tiempo, son las antipartículas. Era una auténtica locura. Nada tenía sentido. Si Feynman fuera Ibai diría: «Me quiero pegar un tiro en los huevos». Pero habían pasado el segundo juego. Estamos ya en los años cincuenta.

Tercer juego: la unificación de las fuerzas

Suena el altavoz:

«Hola, científicos. Lo han hecho muy bien hasta ahora. Pero recuerden, queda mucho camino. Hasta ahora han conseguido una ecuación para describir una fuerza del universo, la fuerza electromagnética. El tercer juego es aún más difícil, conseguir una ecuación para otra fuerza y unirla con la anterior, unificarlas. Que comience el juego».

Pero ¿qué otras fuerzas, os diréis? Sí, a finales del siglo XIX solo se conocían dos fuerzas, la gravedad y el electromagnetismo. Pero adentrarse en el conocimiento del interior del átomo no solo había traído nuevas reglas, nuevas leyes, son las leyes cuánticas, también nuevas fuerzas. El siguiente objetivo de los científicos era explicar la siguiente fuerza, una que opera dentro del núcleo, la fuerza débil, la responsable de la radiactividad. Este era el tercer juego. Pero, para entender bien al protagonista de este juego, la fuerza débil, toca hacer otro *flashback*.

Viajamos a finales del siglo XIX a visitar a un francés un tanto particular, Henri Becquerel. Un día, el bueno de Henri quería hacer un experimento de luminiscencia con unas sales, las tenía que poner en la ventana para que les diera luz del sol, luego encima de una película fotográfica y ver qué pasaba. Pero qué raro, ese día en París había nubes y era viernes de *pintxo pote*, así que, bueno, lo de la luz y las sales podía esperar. Henri guardó sus sales encima de la película fotográfica en un cajón y se fue de cañas y a bailar bachata. Pero cuando llegó el lunes al despacho, oh, sorpresa, sorpresa, la película fotográfica aparecía «manchada» de luz, pero cómo podía ser si había estado todo el fin de semana guardada en el cajón, en total oscuridad. Algo extraño estaba pasando con esas sales raras, unas sales de uranio. Becquerel acababa de descubrir, por casualidad absoluta, la radiactividad.

La radiactividad era la cosa más rara que se había visto hasta entonces. No había por dónde cogerla. Peor aún, parecía que estaba destrozando todo lo que se sabía de física, todas las leyes conocidas. Las sales de uranio, sin hacer nada, quietas, tranquilas, estaban produciendo «luz», energía. ¡De la nada! ¿De dónde salía esa energía? ¿Cómo lo hacía? Nadie entendía nada. Más sufrimiento.

Pero, con mucho trabajo, empezando con los pioneros Pierre y Marie Curie, no tardaron en darse cuenta de que, detrás de este tipo de magia extraña donde se generaba energía por la cara, había un proceso más complejo, ocurriendo dentro de los átomos de uranio.

Un átomo está formado por el núcleo y los electrones alrededor, y en el núcleo tenemos apiñados a protones y neutrones pegados, unos encima de otros, como una *rave* en un ascensor. Pues en estas condiciones los neutrones tienen una capacidad asombrosa de transformismo, pueden convertirse en protones, como yo en carnaval, que me encanta vestirme de mujer. Pero el neutrón tiene ligeramente más masa que el protón, por lo que, en ese proceso de transformación, recuerda $E=mc^2$, como la energía se conserva, emite la energía sobrante. Ese es el proceso detrás de la radiactividad.

Pero esta transformación no puede ocurrir así, por arte de magia, algo tiene que estar pasando para que un protón se transforme en un neutrón. Algo tiene que estar de alguna forma «empujando» para que suceda la transformación. A eso que ocurre es lo que los físicos llaman fuerza, o en términos modernos más apropiados, interacción. Como era débil… ahí lo tenemos, había nacido una fuerza: la fuerza débil. Volvemos al juego a ver qué están haciendo los científicos. Fin del *flashback*.

Y los vemos romperse la cabeza. Porque su primera idea fue muy buena… ¿Por qué no copiamos lo que hicieron con el electromagnetismo y lo adaptamos a esta nueva fuerza? No debería ser muy distinto… *Spoiler*: sale mal.

El primer paso era ese, copiar. Lo intentaron conjuntamente dos concursantes, el 310 y el 109. Y lo hicieron como el segundo hermano que quiere siempre lo del hermano mayor, igual. Que la fuerza electromagnética era mediada por campos cuánticos, la fuerza débil también; que podría crear partículas del vacío, la fuerza débil también; que había infinitas historias de Feynman, con la fuerza débil también. Es más, si la fuerza electromagnética era causada por un bosón mediador, el fotón, esta fuerza también sería así, mediada por un bosón, serían los bosones W+ y W-. Los concursantes eran Chen Ning Yang y Tsung-Dao Lee.

—¿Más y menos? ¿Por qué dos? —preguntó Cristina.

—Sí, con el electromagnetismo valía con un fotón, sin carga, pero la transformación de protón en neutrón y neutrón en protón requiere de un bosón con carga para que se dé, porque el protón tiene carga positiva y el neutrón no tiene carga y la carga se conserva. Así que no solo tiene que viajar energía con el bosón mediador, tiene que viajar también carga para esa transformación.

—¿Y funcionó?

—La verdad es que no. Esta teoría, así como te la he contado, tenía serios problemas. Por eso, un nuevo concursante propuso otro bosón, el bosón Z, sin carga, que sería hermano del fotón. Sería Sheldon Lee Glashow. Una maravillosa jugada. Glashow estaba consiguiendo algo increíble.

—Padríííísimo —volvió a exclamar ella.

—Porque al proponer que este bosón Z sea hermano del fotón está sugiriendo que el electromagnetismo y la fuerza débil en realidad son la misma fuerza, vista desde un ángulo diferente. Esta sería una nueva fuerza de unificación, dando lugar… por favor, redoble de tambor… más alto ese redoble, que esto es épi-

co... suenan las campanas... más redoble... ¡*chin*! a la fuerza electrodébil. La fusión, a lo Goku-Vegeta, de la fuerza electromagnética y la fuerza débil. Amigos, esperad que se me escapa una
lagrimita de emoción, después de la gran unificación de la gravedad de Newton, de la unificación del electromagnetismo de
Maxwell, esta era la unificación más épica que había visto la física.
No se veía un avance así desde tiempos de Maxwell. Era glorioso.
El modelo estándar estaba creciendo, había salido de la cuna, y
ahora era un adolescente de esos que son insoportables en la edad
del pavo.

Los científicos seguían adelante, no sin sufrimiento habían
superado el tercer juego. Llegamos a los años sesenta.

Juego final: el misterio de la masa

Suena el altavoz:

«Muy bien, pinches científicos. Siguen resolviendo bien los
juegos. Hemos llegado al juego final, el más duro de todos. La unificación de la fuerza electrodébil está muy bien, pero hay un problema, los bosones W y Z no son como el fotón porque deben
que tener masa, ¿cómo lo arreglan? Este es el reto más difícil y es
el reto final. Mucha suerte».

¿Qué está pasando? Fácil, os lo cuento. El modelo de Glashow era brillante y, lo mejor de todo, hacía algo que a los físicos
nos encanta cuando surge un modelo nuevo, hacía una predicción
clara, observable: tres nuevas partículas, los bosones W y Z, son los
bosones electrodébiles. Encontrarlas era una forma de mostrar que
se iba por el buen camino, que el modelo estándar estaba creciendo fuerte y sano.

Pero había un problemita con todo esto. Bueno, uno pequeño
no, un gran problema. Si tú nunca hasta ahora habías oído hablar
de esta fuerza es porque no la usas para coger una pelota o para

encender el ordenador. Es una fuerza irrelevante en nuestros días. Ya podría dejar de existir mañana que tú no te enterarías. Más allá de la radiactividad… no la notamos nunca. Esto es porque la fuerza débil, además de débil, es cercana, es decir, de corto alcance. Al contrario de la fuerza gravitatoria o la electromagnética, que llegan a todas partes, la fuerza débil no sale del núcleo. Tiene los brazos muy cortos, yo la imagino como un Tyrannosaurus rex. *Ahgggggg*, intentando alcanzar algo, pero no llega, *ahgggggg*. Volviendo a la pista de patinaje y la pelota, es una fuerza que no alcanza a lanzar la pelota muy lejos, por lo que no tiene efecto en nuestras cosas del día a día.

¿Cómo se explica esto en la teoría? Fácil, ocurre porque el bosón mediador, la pelota, tiene mucha masa. Si la pelota que lanzas en la pista de patinaje es muy pesada, no podrás lanzarla muy lejos. O recordando el principio de incertidumbre, crear esta partícula requiere mucha energía, porque tiene mucha masa, entonces vive poco tiempo, es de corto alcance. Eso explicaría que la fuerza débil sea muy corta, que los bosones mediadores sean muy pesados. Pero, y aquí viene el problema, en el modelo de Glashow esto no ocurría, estos bosones eran de masa 0, como el fotón, eran sus hermanos. ¿Cómo hacer entonces para que de repente estos bosones débiles de masa 0 ganen masa? No, que pasen el verano en el pueblo con la abuela ya sé que funciona para ganar masa, pero aquí no es una opción.

Esta pregunta no era cualquier cosa, puesto que había que encontrar un mecanismo físico que generase masa, por interacción, sin estropear la teoría, el modelo estándar. Es aquí donde entran los concursantes 142 y 189, Steven Weinberg y Abdus Salam, junto con el concursante 402, Peter Higgs. Ha llegado el momento deseado. Vamos a conocer el mecanismo de Higgs.

Así que el reto estaba ahí, encontrar una forma en la ecuación de las fuerzas electromagnética y débil, para hacer que las partículas, los bosones W y Z, tuviesen masa. Pues tú te podrías decir, fácil, pones un término con una «m» que sea la masa y ya. Sencillo, ¿dónde está mi Premio Nobel? Bueno, eso podría funcionar en cualquier teoría normal, pero no en esta, porque es un sistema muy delicado que está formado a partir de simetrías. De hecho, este concepto, el de simetría, es el concepto central en la física moderna de partículas. Todo en este modelo está hecho de simetrías. Pero ¿qué es una simetría?

Entendemos de forma intuitiva qué es una simetría, lo sabemos cuando lo vemos; por ejemplo, vemos simetrías en una flor, en una pelota o en nosotros mismos. Diríamos que algo es simétrico si vemos que se repite, ¿no? Está formado por algún tipo de *copy/paste*. Vale, esta es una definición cutre, pero vale en cierta manera.

Tres ejemplos de simetría en nuestro mundo.

Pues en física moderna se ha visto que las interacciones, las fuerzas, surgen también por medio de simetrías. Digamos que una simetría es la semilla a partir de la cual surge el fenómeno físico que llamamos fuerza.

—Para. Que no entiendo nada —pidió Cristina, una vez más.

—Lo sé. La relación de las fuerzas con las simetrías es un tema muy avanzado. Vale con que entiendas que ese término en la ecuación que produzca la masa tiene que ser algo que respete la simetría. Disfruta de este picor que te está produciendo.

Es por esto por lo que no se puede poner cualquier cosa en ella. Es una teoría muy delicada, como hecha de porcelana. Como esa gente ofendidita a la que le dices cualquier cosa y se molesta, tipo Cameron Tucker de *Modern Family*. O como un castillo enorme de naipes, en el que, si quieres poner una nueva carta, vas a tener que cuidar mucho cómo lo haces para no destrozarlo todo. Un término de masa, así, a lo bruto, se puede poner, no es problema, pero destrozas la simetría de la teoría y con ello todo lo que hemos construido desde 0, desde el primer juego. La masa, de alguna forma, rompe la simetría. Y aquí está el verdadero rompecabezas: hay que buscar una forma inteligente de que las partículas adquieran masa... pero sin destruir todo lo que hemos conseguido. Tiene que ser por medio de una simetría que de alguna forma se rompa. Sí, es aquí donde Peter Higgs tiene una idea brillante, es lo que se llama la ruptura espontánea de simetría.

Sí, sé que suena loco, pero no lo es tanto. A decir verdad, estás más acostumbrado a hacerlo de lo que te crees. Por ejemplo, ocurre cuando enfrías agua y formas un hielo: agua líquida y hielo son lo mismo, H_2O, pero en ellas las moléculas se comportan de forma muy distinta, en el agua líquida las moléculas de H_2O están ligadas con sus vecinas débilmente, por eso tienen libertad para moverse, para fluir, mientras que en el hielo estas moléculas se encuentran en posiciones fijas, formando una estructura regular, sólida, es lo que se llama un cristal.

Sabiendo esto, fijémonos en lo que ocurre con la simetría en el caso anterior. En el agua líquida las moléculas están distribuidas en todas las direcciones por igual, hay simetría esférica, cada dirección del espacio es igual que cualquier otra. En el hielo de agua, las moléculas ocupan ciertas posiciones, ya todas las direcciones no son iguales, hay un orden. Así que ahora hay una simetría menor, la simetría inicial, completa, la esférica, se ha roto. Pero no tanto, porque si ahora calientas el hielo, se forma líquido y la simetría vuelve. Eso es porque las leyes físicas siguen siendo perfectamente simétricas, es el sistema el que ha encontrado un estado de mínima energía donde esa simetría está oculta o rota, pero continúa estando ahí, latente. Es algo circunstancial.

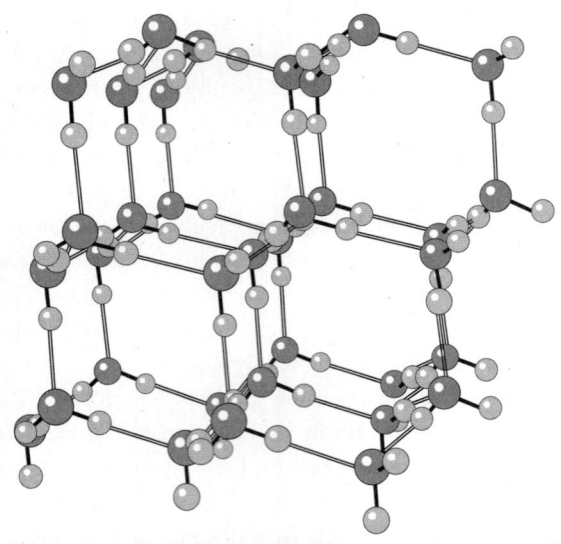

En el hielo las moléculas de agua se colocan siguiendo una regularidad, es lo que llamamos un cristal. Se observa una cierta ordenación de las moléculas que no se ve en el resto de estados (líquido y gas). Decimos que ha bajado su nivel de simetría, porque antes todas las direcciones eran iguales, ahora no, hay orden, hay estructura y, por lo tanto, una simetría menor.

—Cada vez entiendo menos. —Cristina estaba perpleja.

—*I feel you, bro* —se sumó Elrubius.

—Lo sé… esta parte es la más difícil. Voy a intentar explicaros esto con una historia que sé que os gusta y se entiende todo mucho mejor

Te invitan a la boda. Ya sabes, esa celebración hortera donde lo único que importa es que al final de todo hay comida. Además, eres un tipo raro, no encajas en las conversaciones y menos con gente extraña que no has visto en tu vida. Y lo peor, tienes un TOC. Tiene que ver con las simetrías, no las aguantas, te molestan muchísimo, porque si te dan a elegir algo que es simétrico, como dos caminos que van al mismo lugar y se tarda lo mismo, qué haces, porque todo se ve igual y ahí te bloqueas. Pero no importa, tú vas, aunque solo sea por el jamón ibérico y el quesito curado tan rico que ponen. Así que ahí te ves, camino de la boda. Consigues pasar el primer trámite, en la iglesia, logras también pasar el segundo, con el paripé del arroz, las fotos y esas vainas y llega el momento de la verdad, a lo que has ido tú realmente, a comer. Pero es que, además, después de dos horas de misa, arroz y paripé, llegas ansioso, hambriento, con unas ganas locas de untar el pan en alioli que te comías hasta la servilleta.

Y allá vas, llegas al banquete y ahí están las cincuenta mesas redondas listas para recibir esas conversaciones tan extrañas, que es que si pones a un físico teórico de Edimburgo al lado del tío Paco de Villarriba, pues qué te esperas. Además, parece que lo hacen a propósito, juntando gente que no tiene nada que ver. Tú tomas asiento donde te indican, tienes tu mesa asignada y respiras aliviado porque aún no hay nadie y porque queda muy poco para la parte divertida, comer. Tu estómago, mientras, comienza con el concierto. Hay hambre. Se sientan todos los invitados de tu mesa y se produce ese momento incómodo, todos se miran entre sí, se sonríen pensando. «¿Qué coño hago aquí yo? Mejor solo sonrío y saludo, pero, bueno, pronto viene la comida y con la boca llena no se habla, así que mejor». Pero... qué horror, nadie acaba con este sufrimiento, todos siguen mirándose y sonriendo y pensando que se quieren morir ahora mismo. Nadie rompe el hielo, y va a lo que hemos ido todos, a comer. Hay panes y alioli y paté para untar... pero nadie quiere ser el primero, por vergüencita. Cansado de la situación, decides que esta vez tú serás el héroe sin capa. Vas a romper el hielo con el pan cuando, de repente, oh, por Higgs, tu TOC. Delante de ti tienes tu plato, tus cubiertos, tu servilleta, tus vasos, todo bien puesto, genial. Hasta aquí todo correcto. Pero hay un elemento que te produce ese tic en el ojo izquierdo que ya conoces, ¡hay dos panes delante de ti! Uno a la izquierda, otro a la derecha, de forma simétrica, a la misma distancia de ti. Claro, tú razonas, no son los dos para ti, uno es tuyo y otro es el de la persona de al lado. Pero claro, ¿cuál? Los dos están exactamente a la misma distancia. Los dos iguales, del mismo tamaño y misma cocción, no hay ningún criterio lógico para preferir uno respecto al otro. Y, si te fijas, es una situación colectiva. Porque a todos les pasa lo mismo, cada uno tiene dos panes frente a sí. Pero no es que haya dos panes para cada uno, hay un pan por persona, pero están presentados así, de forma equidistante. ¿Qué hacer? Aquí hay dos posibilidades: podemos trabajar en este tema a derechas, es decir, que cada comensal tome el pan que tiene a la derecha, así nadie se queda sin él, o podemos trabajar a izquierdas, cada uno toma el de su lado izquierdo. Al final no importa por cuál de los dos se decida, derecha o izquierda, siempre y cuando sea una decisión conjunta, colectiva, cada uno coge su pan. Son dos situaciones indistintas, igualmente satisfactorias. Se puede decir que son totalmente simétricas. Tú ahí parado, en la boda de tu prima Carla en Alcantarilla, muerto de hambre, con el tic en el ojo y con dos panes frente a ti que te miran desafiándote. Te sientes minúsculo, mientras piensas en cómo tienes ante ti un dilema sobre el Big Bang y el origen de la masa y cómo romper esta simetría e hincharte a pan con alioli. Te recuerda al dilema del burro y el heno, o como un burro moriría de hambre por no poder elegir entre los paquetes de comida... pero, en ese momento, un muon cósmico golpea tu cerebro, activa una neurona que estaba ahí medio perdida, extiendes la garra y lo tomas, has elegido el pan derecho. Eres un héroe, un Star-Lord de la galaxia, acabas de salvar a la humanidad. Está bien. Lo has conseguido, no vas a morir de hambre. Entonces, levantas la cabeza y ves al resto de los compañeros de mesa aliviados, cada uno lanza su mano a la derecha y toma el pan. Misión cumplida.

¿Lo veis? Tenemos justo lo que estábamos buscando. La mesa recién puesta presenta una simetría izquierda-derecha. Pero según la primera persona elige uno u otro, la simetría se rompe, la mesa será a derechas o a izquierdas según lo que esa persona haya decidido, lo cual es irrelevante. Pero es algo puntual, porque si volviéramos atrás y dejáramos el pan en su lugar, la mesa seguiría siendo simétrica. Es una simetría de un problema que se rompe para una situación puntual, particular.

—Ahora sí lo he entendido, doc. —Cristina sonrió.

—A partir de ahora no volverás a ver una mesa redonda de estas de boda sin acordarte del bosón de Higgs y el Big Bang.

—Basado —dijo el chico.

—Pues ahora ya vamos a lo que importa, al bosón de Higgs.

Esto que acabamos de ver es una posible solución, crear un campo simétrico, en todo el universo, que respete la simetría del modelo estándar, pero que al romperse y pasar a un estado no simétrico genere un término de masa en la ecuación que haga que los bosones ganen masa. Brout, Englert y Higgs vieron que algo así se podía conseguir con un campo con forma de sombrero mexicano.

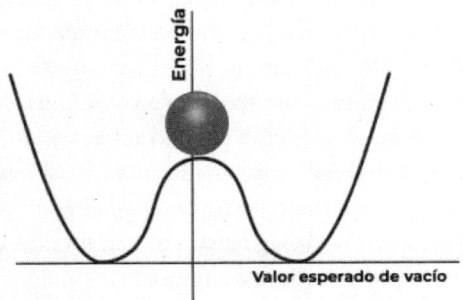

Cuando el universo nació, lo hizo en un estado perfectamente simétrico representado por la bolita en la colina. Pero es un estado metaestable, cuando baja la temperatura la bolita tenderá a caer a uno de los dos lados de la colina, buscando un estado de mínima energía. Al hacerlo se rompe la simetría y el valor del campo en el vacío deja de ser cero. En palabras llanas: se activa el campo de Higgs. Por cierto, aunque se rompe la simetría esta sigue estando presente en las leyes, es la «magia» de este «truco» matemático, se consigue una parte no simétrica a partir de una ley simétrica.

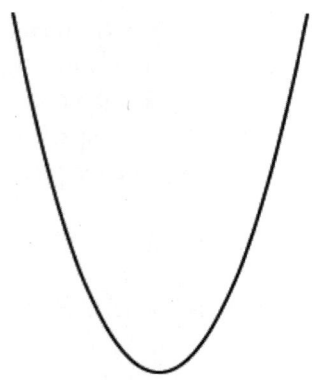

Si el campo fuera una mera parábola, el punto de menor energía coincidiría
con el punto de valor 0 del campo, ahí permanecería para siempre
y el campo nunca se activaría (las partículas no adquieren masa).

En un campo simple, como el de la imagen, se da la coincidencia de que el valor de mínima energía es también un lugar donde el campo vale 0. Pero en un campo como el sombrero mexicano es diferente. En un campo así, con esta forma, el estado con valor 0 del campo, el punto central, no es el valor con mínima energía. En cambio, el valor de mínima energía aparece en un punto donde el valor del campo no es cero, y ocurre de forma simétrica en dos lugares, a izquierda o derecha. Curioso.

Ahora imagina al universo cuando nace, sentado tranquilamente en su punto central, en su estado simétrico. Pero el universo es muy vago, y siempre quiere estar en el estado de mínima energía, así que sabe que no va a aguantar ahí mucho rato, en la colina, tiene que caer al valle, tarde o temprano. ¿Pero a qué lado? Hay dos opciones y son iguales. El universo tendrá que elegir y, al hacerlo, llegará a un nuevo estado, uno donde el campo ya no es 0 y la simetría se ha roto.

Si te fijas, se cumple la analogía de la boda. Los dos puntos del valle, izquierda y derecha, son como los panes de la mesa de boda, a izquierdas o derechas. El punto central equivale a cuando aún no hemos empezado a comer, el inicio de todo. Pero en ese punto la energía no es mínima, las tripas empiezan a sonar; entonces, cuando entra el hambre, surge la acción, uno elige el pan, derecho, la bolita ha caído al valle derecho, se ha elegido uno de sus puntos, se ha roto la simetría.

—Pero ¿qué tiene que ver esto con el universo? —preguntó Cristina.

—Absolutamente todo.

El universo nació en un estado de altísima energía, estaba sentado en el valor central del campo de Higgs, un lugar donde el campo vale 0; el campo estaba desactivado. Habría que imaginar como una bolita colocada ahí, en la cima. Y podía mantenerse en ese estado sin problema durante largo tiempo, la eternidad si fuera necesario. Como el Big Bang era un estado de una alta temperatura, mucha densidad de energía, se le permitía estar ahí, guardando el equilibrio. Pero, a medida que el universo se expande, se va enfriando y ese equilibrio estable, ese lugar privilegiado en la cima, comienza a tambalearse. El campo de Higgs recibe pequeños «empujones» hacia los lados que ponen en peligro ese estado especial, simétrico. Finalmente, la energía baja tanto que el universo no puede evitar que estos empujones envíen la pelotita al valle, a un punto de mínima energía, un punto donde el campo de Higgs no es nulo, el campo de Higgs se ha activado, la simetría se ha roto.

Al romperse la simetría de esta manera, aparece en las ecuaciones un término que tiene la forma de un término de masa, es decir, actúa como «una acción que da masa a las partículas en el universo». Hemos encontrado el origen de la masa, un campo simétrico y universal que se rompe espontáneamente.

En realidad, he simplificado un poco la cosa, no son dos puntos donde puede caer, más bien es todo un valle de infinitos valores, aunque el razonamiento es exactamente el mismo.

El campo de Higgs es una especie de nueva interacción, una energía invisible que permea todo el universo. Al inicio del univer-

Valor mínimo   Valor mínimo

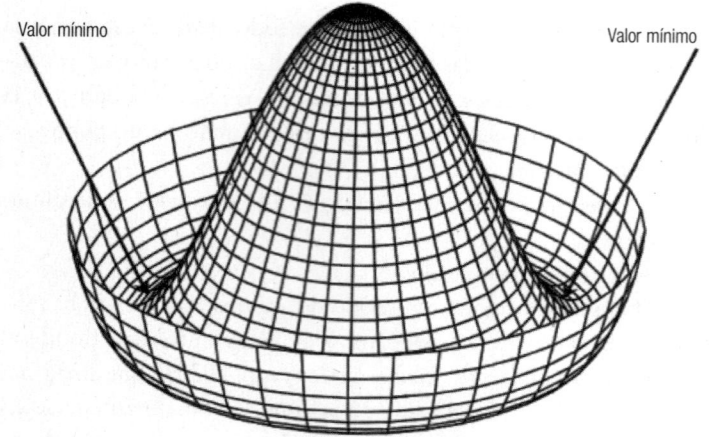

En realidad, el campo de Higgs es algo más complejo que lo visto en imágenes anteriores. Es un campo con 4 grados de libertad que podemos representar de alguna manera como esta imagen, el famoso diagrama del sombrero mexicano, que es como se conoce por su apariencia. Es un campo simétrico que tiene su mínimo de energía en un punto diferente al punto 0 (valor central), con lo que se cumple lo mismo que vimos antes. La novedad ahora es que la bolita no tiene dos puntos para elegir, sino infinitos, todos los correspondientes al valle. Desde el punto de vista físico, todos son igualmente posibles pero dan lugar a leyes de la física (universos) muy diferentes. Que cayera donde cayó dando lugar a nuestro bonito universo se puede ver como una elección casual. Démosle gracias al señor, el señor Higgs.

so este campo no estaba activado, las partículas pasaban sin interaccionar con él, por lo que este no afectaba su movimiento, no tenían masa. Al expandirse y enfriarse el campo, el universo cae a un valor no nulo, la simetría se rompe, este campo se activa, las partículas comienzan a interaccionar con el campo, adquiriendo esa masa.

Una forma de visualizarlo, de manera vaga, es imaginando una piscina. Cuando está vacía, te puedes mover por ella sin impedimento. Si se llena de agua hasta la cintura, ahora tienes una viscosidad que te dificulta desplazarte. Te frenas. Hay una resistencia al movimiento. Bien, a eso le llamamos masa, a esa resistencia a moverse. El universo se ha llenado de campo de Higgs. Algo así tuvo que pasar al inicio del universo; cuando la bolita cayó al valle, la piscina se llenó.

Y es así cómo los científicos completaron este juego del calamar maquiavélico, solucionando este juego final, el más importante en esta historia, el que nos cuenta no solo cómo se logró la unificación de las fuerzas, sino también el origen de la masa y explica los primeros instantes del origen del universo.

Y ya para terminar, amigos, permitidme resumir todo lo que os he contado. Veamos el inicio del universo con detalle para disfrutarlo con otros ojos, cuando la bolita da el salto desde la cima a un punto del valle y vemos toda la física que está ocurriendo aquí. Primero veamos que el universo, antes de dar el salto y después, es muy distinto. En primer lugar, porque antes el campo de Higgs es 0, no está activo, y después ya no es 0, se ha activado. Son dos estados del universo tan diferentes que se puede hablar de una transición de fase, como en el caso del agua que se transforma en hielo o el del fondo de microondas que mencionamos ayer. Tened en cuenta también que, si el efecto del campo de Higgs, como veremos, es dar masa a las partículas, antes de este salto, cuando el campo está desactivado, las partículas no tienen masa; durante un buen tiempo en la historia del universo la masa no existía. De hecho, sin masa, todas las partículas eran iguales, indistinguibles; que hoy hablemos de electrones, muones, quarks es un efecto debido a esta fase del universo. Al activarse el campo de Higgs, las partículas adquieren masa y se diferencian. Y, finalmente, considerad también un detalle hermoso: el campo de Higgs no solamente va a dar masa a todas las partículas, en especial va a «engordar» a los bosones W y Z, manteniendo al fotón sin masa. Antes de esta activación del campo, todos los bosones eran iguales, por lo que tampoco había diferencias entre las fuerzas. Al caer el campo de Higgs a ese preciso lugar entre los infinitos posibles, los bosones W y Z consiguen masa, por lo que dan lugar a una fuerza de corto alcance, nace la fuerza débil. Pero el fotón escapa y consigue formar una interacción sin masa, de largo alcance, el campo de Higgs no lo activa, nace el electromagnetismo. Estas dos fuerzas, hoy tan distintas, entonces eran iguales. Fue esa transición a ese preciso lugar lo que diferenció estas fuerzas de esta manera. Es como una ruleta, la rueda giró y salió nuestro universo, podría haber salido uno totalmente distinto. Pero no lo fue, así que sonríe.

Cuando Peter Higgs tiene esta idea, en 1964, se da cuenta de que este campo tiene que tener un cuanto, una partícula asociada a él, es lo que hoy conocemos como el bosón de Higgs. ¡Es genial! No solo explica tantas cosas, sino que además tiene una predicción clara. Si queremos saber si el campo de Higgs existe, tenemos una forma de averiguarlo, solo tenemos que buscar ese bosón. Y ya podéis imaginar, teniendo en cuenta su importancia desde ese año, se fue buscando en uno y otro experimento, pero, por desgracia, sin éxito. De todos modos, siendo una partícula tan importante, había que encontrarla o descartarla. Si aparecía, habríamos cerrado un capítulo de la física, la última partícula del modelo estándar por descubrir. Si no aparecía, habría que mirar a otro lado y empezar de nuevo, habría que reformular la física. De una forma o de otra, había que zanjar esta situación. Y todo estaba listo para que así fuera, en el LHC se alcanzaría la energía suficiente para que fuera o no fuera, para descartar o confirmar, para poner fin a esta búsqueda. Sería ahora o nunca.

—Padríííííísimo. Ahora sí me ha estallado la cabeza —dijo Cristina.

—Yo ya dudo de todo —dijo Elrubius.

—Está bien hacerse preguntas —los animó Salvador—. Y espero que hayáis podido ver el papel de la humildad en esta búsqueda, es esencial. No hay que olvidar nunca quiénes somos y qué andamos haciendo.

—Pero, entonces, cuenta, ¿cómo un electrón puede estar en varios sitios a la vez? ¿Y por qué solo aparece como electrón cuando se le observa? ¿Es que entonces no existe una realidad fuera de nosotros? ¿Solo existen las cosas cuando se observan? Ah, ¿y por qué las cosas en cuántica son aleatorias? ¿Y qué implicaciones tiene eso en el libre albedrío? ¿Somos realmente libres de nuestras acciones? ¿Y la conciencia? ¿Tiene algo que ver la cuántica? —Cristina parecía una ametralladora.

—Ya veo que he sacudido el árbol de la curiosidad. —Salvador no pudo evitar una sonrisa de satisfacción.

—Si hasta yo tengo preguntas —dijo Elrubius—. ¿Qué es el tiempo? ¿Por qué todo va hacia el futuro y no al pasado? ¿Y si hay otros mundos? ¿Otras realidades?

—Me encanta la mecánica cuántica porque hace que reconsideremos hasta las cosas que tenemos como más sólidas dentro de nosotros. Tanto que hasta el más tímido ha perdido el miedo a hacerse preguntas. Me gusta. Eso es que ya estáis abriendo los ojos. Vais a encontrar una nueva forma de entender el mundo y con ello de comprenderos a vosotros mismos. Puede que incluso de vencer vuestros miedos. Pero ¿os dais cuenta? Respondiendo a estas preguntas estamos interrogando al universo sobre su propia esencia, tanto como a nuestra propia existencia.

—¿Y las respuestas? —quiso saber ella.

—A veces es mucho más interesante que cada uno encuentre las suyas propias. No sería un buen profesor si os diera todo hecho. Aquí empieza un nuevo camino que cada uno tendrá que recorrer. Recuerda, Cristina, el asombro por las pequeñas cosas. Elrubius, no ponerse límites ni barreras. Además, temo desviarme de nuestra intención, que es acabar la historia y entender la máquina que he creado. Y es que tengo muy buenas noticias, ya estamos listos para el último paso, solo hay que hacer una última parada, la última ya, una que nos lleva directos hacia el origen del universo. ¿Listos?

—¡Vamos! —exclamó Cristina.

8

—Bueno, ya estamos muy cerca del final —anunció Salvador—. El momento definitivo.

—Sí, ha sido duro y duele la cabeza, pero ya estamos casi, casi —admitió Elrubius.

—Ha costado entender todo, en especial la teoría del Big Bang, con el campo de Higgs y todo —dijo Cristina.

—Sí, pero ha merecido la pena, tío —reconoció el chico.

—A mí es la parte que me ha encantado, doc —dijo Cris.

—Y a mí, me parece increíble que al fin entienda el Big Bang. —Elrubius sonrió, satisfecho.

—Síííí, ¡creo que me lo voy a tatuar! Aquí, en el brazo, debajo del Ironman, va a quedar padríííísimo —Cristina soltó una carcajada.

—¡Sí! —dijo el chico.

—Eh. Bueno… Relax —los tranquilizó Salvador—. Creo que es momento de que os diga una cosa… ahora que ya habéis entendido la teoría del Big Bang, tengo algo que contaros… Que no es correcta.

—¿Qué? —exclamó Elrubius.

—Pero cómo nos dices esto después de contarnos toda la historia, ya nos hicimos fans de Lemaître y todo —dijo ella.

—Ya lo siento, pero es que no puede ser.

—¿Qué hay? ¿Qué pasó? ¿Ahora qué? ¿Otra pelea? —preguntó.

—No. O sí. Pero haber hay muchas cosas... el Big Bang no puede ser una teoría del inicio del universo.

—¿Por qué? —quiso saber ella.

—Pues, para empezar, porque precisamente la teoría del Big Bang que has visto explica todo menos el propio Big Bang —replicó Salvador.

—¿Qué quieres decir?

—Por Higgs. No dice cómo ni por qué el universo se expandió, ni cómo surgió la materia, ni nada. Solo supone que hay mucha materia en el universo y que se expande, pero lo supone, no lo explica. Si hubo un gran Bang, la teoría del Big Bang no dice nada. Y esto no es todo. Hay problemas en la teoría que no puede explicar. Y tenemos más en esta historia. Un *plot twist* brutal. Veremos cómo Einstein se ríe en su tumba. Vamos a descubrir cómo su mayor error se convierte en su mejor predicción.

—Este chico hasta cuando se equivoca hace las cosas bien —dijo Elrubius.

—Vamos a ver renacer la constante cosmológica, esa que quiso borrar para siempre. Y vamos a hacer un precioso viaje por el universo. La palabra de este capítulo no podía ser otra que BELLEZA.

—El capítulo promete —aventuró Cristina.

—Así es —respondió Salvador—. ¿Listos para que os estalle el cerebro?

El descubrimiento del CMB en 1964 fue un gran hito de la ciencia, era la confirmación de que el universo pasó por esa fase caliente, muy densa que llamamos Big Bang. Había costado mucho, pero los científicos ya lo habían asumido, el universo tuvo un inicio, un momento de creación. Y, desde entonces, la materia estaría esparciéndose según el universo se expande, y cuanto más espacio se crea sobre el propio espacio, la materia se diluye. La gravedad hace el resto. Agrupa la materia debido a su peso, formando bolas de gas, grandes grumos de átomos arremolinados. El tiempo pasa y esos grumos se van apretando más y más, mucho más, la

materia se enciende, nacen las primeras estrellas. Luego, los primeros planetas, en las primeras galaxias. Y tras miles de millones de
años de evolución de la materia, aquí estamos, una especie singular
mirando al cielo y preguntándose quién es.

Y esta historia tiene dos peros. El primero es que no explica
nada del verdadero inicio del universo, solo de su evolución posterior, y el segundo es que… se encuentra con dificultades, observaciones extrañas que dicen que esto no es todo. Unas medidas que
dejaron a los científicos con la cara del meme de WTF. Vamos con
ello.

Todo parte de una simple observación: la materia pesa. Sí, sí,
no es para Premio Nobel, pero de algún lado hay que partir. ¿Y
qué pasa con esta materia que pesa? Pues como está por todas partes, podemos imaginar que toda la materia está sujeta a esta fuerza
que tiende a comprimir todo. Así que ahí lo tenemos, el universo
nació de una expansión a lo bestia, una pirotecnia primigenia, y
esta expansión seguiría por los años venideros, haciendo que el
universo siga creciendo debido a esta inercia inicial. Pero, poco a
poco, la materia se opone, porque comprime; ahí tenemos de alguna forma a esta expansión compitiendo con la contracción gravitatoria que estaría frenándola. Como una pelota que lanzas muy
fuerte al aire, pero va ralentizándose hasta pararse. Lejos ya del
momento de la chispa inicial, pasados 13.800 millones de años de
ese brote de expansión brutal, el universo debería estar apaciguan-
do ese fuego primigenio, el *boom* del que nació todo. El universo
debería estar de vuelta de la fiesta, terminado el *after*, la *rave*, el cosmos está ya de amanecida, replegando, resacoso y con legañas, en
las últimas. Eso parecía lo lógico. ¿Pero desde cuándo la lógica
manda en física? ¿Desde cuándo ser físico es un trabajo fácil? Los
científicos estaban a punto de llevarse un gran susto.

Ocurrió en el año 1998, partiendo de un experimento genial,
una idea brillante. Mira qué pensaron estos científicos bacanos.
Para entenderlo bien, vamos a fusionar dos cosas que ya sabemos,

ya las hemos visto. Por un lado, que viendo cómo la luz que emite una galaxia se va hacia el rojo, se vuelve de menor frecuencia, podemos saber el ritmo al que se expande el universo, su velocidad de expansión. Recuerda que la luz de la galaxia se hace más «roja» por el efecto Doppler debido a que se aleja. Por otro, que cuanto más lejos miremos en el espacio, más atrás en el tiempo estamos viajando. Sabemos que la luz tarda en llegar porque va muy rápido pero no a velocidad infinita. Es como lo que pasa cuando tu novio se va de intercambio. Imagina que tu novio ha elegido ir de estudios a hacer el último año en Tokio. Y ya desde allí te escribe una carta superenamorado diciendo que te quiere mucho. La carta viaja rápido, pero tarda cinco días en llegar a tu casa. La abres súper feliz, la lees y *ahhhh*, te brotan corazones de los ojos, qué enamorado está mi novio. ¡Error! Qué enamorado ESTABA. Esa carta la escribió hace cinco días, lo que lees representa su estado en el pasado, cómo se sentía hace cinco días. Ahora igual ya está con otra. *Muajajaja*. Con las galaxias igual. Cuando miras una galaxia a mil millones de años luz, la ves por la luz que emitió hace mil millones de años, ese es el tiempo que tarda la luz en llegar a nosotros, estamos viendo su pasado, relativo a nosotros, cómo era entonces. Ahora tal vez la estrella se ha transformado, es una estrella transgénero o de naturaleza cuántica fluida. No lo podemos saber y mil millones de años dan para mucho. En suma, con estas dos cosas, una con la otra, podemos hacer una cosa fantástica, ver el ritmo al que se alejan galaxias y por ende la velocidad de expansión del universo para galaxias más y más distantes y con ello hacer un mapa del ritmo de expansión del universo a lo largo de la historia, desde el inicio de los tiempos. Estamos sacando un histórico, un historial, como el de tu navegador. Bórralo, es un consejo. Esto es como ir a las estadísticas de años anteriores de las ligas y tomar datos, puedes sacar todo el recorrido de un equipo. Aquí lo hacemos con galaxias aprovechando que yendo lejos en el espacio estás yendo lejos en el tiempo.

Y esto se puede hacer. Y los dos ya sabéis cómo: calculo la distancia a una galaxia, con eso tenemos cuán lejos en el tiempo está de nosotros, y luego miro su espectro. Recordad, lo del fantasma de Hubble, viendo el desplazamiento Doppler del espectro, el tigrecornio, con eso tenemos la velocidad a la que se aleja, la tasa de expansión. Pues eso lo hacemos con varias galaxias a diferentes distancias. Y ya tenemos lo que queríamos, la tasa de expansión para distintos momentos de la historia del universo, sabemos cómo ha evolucionado el universo desde que nació hasta nuestros días. ¿No es increíble?

Pero una cosa es decirlo y otra hacerlo, porque aquí hay un problema. Para este histórico necesitamos tasas de expansión de diferentes momentos del pasado. Desde las más actuales hasta otras en las que el universo era relativamente joven, como cuando tenía 7.000 millones de años y era un chavalín que va a la universidad. Lo de las galaxias cercanas todo bien, ya sabemos cómo hacerlo, lo mismo que hizo el fantasma de Hubble. Pero con las galaxias más lejanas no es tan fácil, implica mirar a aproximadamente 7.000 millones de años luz de distancia, muy lejos. Demasiado lejos, de hecho, para nuestras posibilidades. Recuerda que tenemos un método para calcular distancias, el de las variables cefeidas, las estrellas modelo, las Kortajarena. Son especiales porque esas estrellas tienen un ciclo de brillo; viendo ese ciclo, puedes saber su brillo intrínseco. Si luego lo comparas con su brillo aparente, lo que brilla en el cielo visto aquí, en la Tierra, puedes saber la distancia a la que está. Recuerda lo del volumen de la voz y el ladrido del perro. Es un cálculo sencillo.

Pero he aquí el problema, a esa distancia de miles de millones de años luz no hay ninguna esperanza de encontrar una Kortajarena, una cefeida, porque a tanta distancia no se ve una sola estrella, su luz es muy tenue, están demasiado lejos, donde Higgs perdió la sandalia, no se pueden ver. Con suerte, podemos distinguir la galaxia entera, pero ver estrellas individuales es simplemente imposible. Como esperar ver una luciérnaga en la Luna, no hay forma. En resumen: tenemos un método para distancias cortas, como nuestro sistema solar y estrellas cercanas, el método del paralaje; otro para distancias medias, como las galaxias cercanas, el de las cefeidas; ahora necesitamos otro para largas distancias, a galaxias que emitieron su luz hace mucho, mucho tiempo. ¿Qué podemos hacer? Pues lo mismo que cuando una bombilla se funde, una jugadora se lesiona o tu pareja te deja, buscas otra. Necesitamos un sustituto, otro método para calcular distancias, pero que sirva para largas distancias. En realidad, el método nos vale: calcular el brillo intrínseco y compararlo con el aparente para determinar la distancia. Lo que en verdad necesitamos es un nuevo tipo de estrella de referencia, un nuevo tipo de estrella patrón, un nuevo modelo, una estrella Valeria Mazza; se llama una candela estándar. Que si fuera un anuncio por palabras de un periódico o una web de citas sería así: «Busco estrella, indispensable que siga un tipo de ciclo que permita calcular su brillo intrínseco; absténganse estrellas que no sean muy, muy, muy brillantes, muy luminosas, suficiente para poder verla a miles de millones de años luz de distancia». Si esto fuera Tinder, esta descripción es equivalente al «Busco chica soltera, guapa, divertida, que sepa cocinar, joven, con estudios, trabajo y mucho dinero, casa particular, coche, perro hipoalergénico, que yo soy alérgico, que hable chino, que es el futuro y yo soy muy previsor, y que sea del Real Madrid. Ah, y que la madre viva muy lejos». Un chollo vamos. Esto lo mismo, sí, igual estamos pidiendo demasiado, un sueño, una estrella que no solo se vea de muy lejos, desde la otra punta del universo, sino que también tenga un ciclo para poder medir su brillo... ¿Habrá alguna de estas características? La respuesta es sí, las supernovas.

Las supernovas son explosiones estelares a lo bestia que ocurren cuando una estrella muere. Sí, siento anunciarte algo tan triste como esto, mueren los gatitos, mueren los conejitos, y las estrellas también mueren. De sobredosis, decía mi tío. Bueno, no, y sí. En este caso, mueren de sobredosis de hidrógeno. Te cuento.

Una estrella es una pelea entre dos pesos pesados del universo, dos fuerzas bestiales frente a frente, o como diría Superman, es el objeto inamovible contra la fuerza imparable. Por un lado, está la gravedad, a esta ya la conoces, es una fuerza que tiende a comprimir, a apretar. La otra te la presento porque no tienes el gusto aún, se llama presión termonuclear y es una fuerza causada por el calor del horno nuclear que hace que brillen las estrellas. Te explico.

Te presento a Joselito, es una bola de gas gigantesca formada por hidrógeno, el átomo más simple, solo tiene un protón y un electrón. Una bola joven y aburrida, como un bebé, que no hace nada, solo dormir, llorar, comer y cagar. Es un bebé de estrella, una protoestrella. Pero está creciendo. Como Joselito tiene tanto gas, tanta materia, la gravedad va apretándolo más y más, por lo que se va comprimiendo poco a poco. Y cuando aprietas átomos de hidrógeno, pasa algo divertido. Estos átomos son esquizofrénicos, porque les gusta y no les gusta estar juntos, a la vez. Como el poli bueno y el poli malo. O como tus padres, que te dan órdenes distintas. Tú con tus dos progenitores en la cocina de casa zarandeado emocionalmente viendo cómo discuten mientras miras de un lado al otro como en un partido de tenis; tu padre, que es más restrictivo, no te deja salir de noche, «que eres muy joven y es muy peligroso», y tu madre es más *chill* y permisiva y dice que «salir es divertido y todos los jóvenes lo hacen, no vas a querer que tu hijo sea el rarito de la clase. Además, tú cuando eras joven y *hippie* fumabas marihuana», que igual tú no necesitabas esa confesión, pero, bueno, ahí está. Pues aquí pasa lo mismo: hay dos fuerzas actuando entre los protones de dos hidrógenos vecinos, con órdenes distintas. Una que es de repulsión eléctrica, que tiende a separarlos, porque los protones tienen carga positiva y las cargas iguales se repelen; pero la otra es de atracción, es la fuerza nuclear fuerte, una fuerza muy fuerte que ata a los protones en el núcleo. ¿Cuál gana? Aquí está claro, la fuerza fuerte es como un Tyrannosaurus rex, es muy fuerte, pero de corto alcance, tiene las manitas muy pequeñas, apenas le da para actuar dentro del núcleo. Pues, como tu madre, que tiene más fuerza de discusión, pero es más de distancias cortas que tu padre. Así que, al principio, pierde la pelea, gana el más restrictivo, tú no sales, te quedas en casa. Por tanto, mientras Joselito se va comprimiendo, la repulsión gana y los hidrógenos se mantienen a lo suyo, resistiendo la presión. De momento.

Porque, mientras, la gravedad sigue a lo suyo, apretando y bien. Los átomos están cada vez más cerca, la temperatura sube, la presión sube, igual que la bilirrubina. Y pasa lo que tenía que pasar. Llega un momento en que la temperatura es tan alta, de millones de grados, que los átomos chocan en grandes colisiones, tan fuerte que sus protones «se tocan», ahí salen las manitas del Tyrannosaurus rex, «Te pillé, *grrrrrrrrr*». Se activa la fuerza fuerte que une protones, la atractiva y es más intensa que la de repulsión, solo que es de corto alcance. En la discusión de la cocina, cada vez se acortan las distancias y se llega al terreno donde tu madre es más fuerte, y se impone a tu padre, el joven puede salir y pasarlo bien, anda, faltaría más. «Y no te olvides de coger los condones del tercer cajón, la seguridad es lo primero, los que tienes escondidos debajo de la revista de fútbol». «¡Pero, mamá, un poco de intimidad!». Se produce la fusión, como cuando Goku se fusiona con Vegeta, ahora lo mismo, los dos átomos de hidrógeno que antes era dos átomos individuales ahora forman un solo átomo, es un átomo de helio. Joselito ya no es un niño, ya no es una protoestrella, es una estrella hecha y derecha. Joselito comienza a brillar. ¿Pero cómo? Te cuento.

Todo viene de esa fusión. Porque a las partículas les sienta muy bien juntarse. Están muy a gusto, mejor que por separado. Salen las cuentas. Y es que vivir en el núcleo es como un alquiler. Si vives tú solo, pagas tu alquiler, el de una persona sola, tu pisito de 700 euros. De repente, conoces a un chico majísimo, os lleváis superbién, os enamoráis y esas cosas asquerosas que los médicos no recomiendan porque son malas para la salud. Él también vive solo, paga sus 700 euros mensuales. Pero un día, como veis que todo va bien, decidís ir a vivir juntos. Habéis encontrado un piso para dos personas, es más caro porque es más grande, 1.300 euros, pero si te fijas estáis ahorrando. De 700 más 700, es decir, 1.400, a pagar 1.300 euros, ahorráis 100 euros. Eso es porque hay espacios que ahora compartís, cocina, baño, salón… lo que lo hace más económico. Bien, con los núcleos pasa algo parecido. Un protón de un hidrógeno si se une a otro protón de otro hidrógeno forman un átomo de helio, el cual es más pesado que el hidrógeno original, pero menos que la suma de los dos; al igual que con el alquiler, hay un «ahorro», pero esta vez es de masa. Pero la masa es energía, $E=mc^2$. Esa energía sobrante se emite, ese es el calor del Sol, el que nos pone morenitos en la playa. Digamos, perdonad por ser tan burdo, que una estrella come hidrógeno y caga luz. La estrella mirando el hidrógeno y diciendo… «que chille».

Pues decíamos que una estrella está en continuo combate entre dos fuerzas contrarias y demoledoras, la gravedad que comprime y la presión de radiación que expande. Ahora ya entendemos de dónde viene esta presión de radiación; dentro de la estrella, el calor producido por la fusión del hidrógeno genera una presión que hace que la estrella tienda a aumentar de tamaño, la empuja hacia fuera, quiere expandirse. Ahí lo tenemos, esa es la fuerza rival de la gravedad. El resultado es que ambas fuerzas se equilibran, como en un pulso igualado, se compensan exactamente, haciendo que una estrella, como el Sol, pueda pasar tranquilamente y sin sobresaltos miles de millones de años brillando. Perfectamente equilibrado, como le gusta a Thanos.

Pero este combate es desigual, este pulso va a tener un claro ganador. Y es que mientras que uno de los contendientes es un simple mortal, que se cansa, el otro contendiente tiene brazo de acero, es incansable, imparable. Si te fijas ya lo vimos, la estrella come hidrógeno y caga luz. Y aunque es una bola gigantesca de hidrógeno, como todo en la vida, llega un momento en que la comida se acaba. Así que la estrella, como tu coche cuando se queda sin gasolina, tiene un límite para brillar, en el momento en que se queda sin combustible. En ese instante, la estrella se apaga y esta fuerza imparable que mantenía a raya a la gravedad acaba cediendo. Cuando el hidrógeno se ha consumido, miles de millones de años después, la estrella no tiene forma de frenar a la gravedad, una fuerza que nunca para, nunca se detiene, es incansable, infatigable. Es como esos tipos pesados acosadores, que están siempre ahí, insistiendo. Igual le sucede a la gravedad, no tiene fin, siempre intentando hacer lo suyo, comprimir la estrella. Y no se cansa, es inagotable, lo que la hace imparable, invencible, no hay forma de luchar contra ella.

Este es el fin de la estrella. Cuando se queda sin combustible, la gravedad empieza a comprimir la estrella llevándola a su desenlace final, a su muerte.

Hay muchas formas en las que puede morir una estrella, depende solamente de lo grande que sea. Una de ellas —ocurre con las más grandes—, es una de las cosas más espectaculares y bonitas del cosmos, en un último estertor, su último suspiro de vida, acaban explotando, desparramando todos sus átomos por el espacio. Curiosamente, esta explosión es la que dispersa los átomos que el horno estelar ha ido creando por el cosmos, todos los de la tabla periódica, para que más adelante se puedan reagrupar por gravedad para formar, por ejemplo, un planeta. De esos elementos reagrupados salen luego las rocas, el agua de los ríos y las personas. Sí, tus átomos, todos ellos, fueron forjados en una estrella que luego murió para dar vida. Qué metáfora más bonita de cómo el final de una historia es el inicio de otra. Es profundamente BELLO.

Y esta explosión, la que produce la muerte de las estrellas grandes, no es cualquier cosa. Es tan descomunal que aun estando la estrella muy lejos, en otra galaxia, a millones de años luz, se puede ver brillar en el cielo. No digo con un telescopio de 10 metros, no, a simple vista y nítidamente, compitiendo en brillo con las estrellas cercanas. Es tan bestia que pese a encontrarse a millones de años luz, se ve como si estuviera aquí al lado. Y es muy loco, porque, de repente, durante unas semanas, aparece una nueva estrella en el cielo. Una que no estaba antes. De ahí su nombre de nova. Por desgracia, son muy poco frecuentes, la última ocurrió en 1987. Imagina el susto que se llevarían nuestros viejos, me refiero a los viejos de los viejos de los viejos de nuestros viejos, nuestros ancestros lejanos, el tatarabuelo de tu tatarabuelo, en la época medieval, que pensaban con fervor religioso que por dogma divino el cielo era perfecto e inmutable, nunca cambiaba. Imagina a ese monje capuchino mirando al cielo con una sonrisa de satisfacción, en un remanso de paz, en armonía con el cosmos y… *plin* una estrella nueva, riéndose en su cara: «Mira, abuelo, lo que hago, a ver cómo explicas esto, jaja, saludos», y el pobre monje recolocándose las lentes mientras resbalan gotas de sudor por la frente. «Es el diablo que intenta confundirme». Cosas así. Pues volvamos al lío. Hablamos de esas explosiones tan bestias, es algo espectacular. Incluso hay algunas que son más bestias aún, las llamamos supernovas.

Y cuando digo que estas supernovas son explosiones brutales me estoy quedando claramente corto, es más bestia que cualquier cosa bestia que puedas imaginar; de hecho, lo más bestia que has visto en tu vida es una ridiculez al lado de esto; se trata del fenómeno más brutal que hay en el cosmos. Te estoy hablando de que durante el tiempo que dura la explosión, esta supernova brilla más que su propia galaxia, es decir, está brillando más que los cientos de miles de millones de estrellas de su galaxia juntas. Y eso está muy bien, porque ahí tenemos la primera parte de lo que andábamos buscando, una estrella que pueda verse suficientemente lejos. Con los telescopios podemos apreciar supernovas a miles de millones de años luz. Punto para las supernovas. *Check.*

—Vale, pero eso no es todo, doc —dijo Cristina.

—Cierto —admitió Salvador—. Ahora necesitamos, además, la segunda parte, necesitamos una estrella que cumpla una especie de ciclo que nos pueda servir para calcular su brillo intrínseco.

—Ok, recuerdo —intervino Elrubius—. Es lo que necesitamos para, al compararlo con su brillo aparente, el que se recibe en los telescopios de la Tierra, calcular la distancia a la que está de nosotros.

—Correcto. Vamos con ello. Probemos con las supernovas.

Las supernovas que salen en los documentales, en los libros, en los vídeos de YouTube son las Mario de las supernovas: una estrella gigantesca acaba su combustible nuclear y colapsa, generando una gran explosión. Son fascinantes, todo el mundo las quiere, se llevan todos los aplausos y los flashes. Pero no son las únicas supernovas. Existen de otros tipos, aunque son menos conocidas y glamurosas. Son las Luigi de su Mario, el Mangel de su Rubius, el Chino de su Nacho, el Kiko de su Chavo del 8. Y, sin embargo, para esta historia van a tener el papel de protagonista.

Ya lo hemos visto, las grandes supernovas se producen ante la muerte épica de estrellas colosales, al menos unas diez veces más grandes que el Sol. Son inmensas, gigantescas, titánicas. Pero las estrellas más pequeñas, las más mundanas, también mueren. Su proceso es similar. La estrella se ha comido todo el hidrógeno, la gravedad no encuentra rival y la estrella comienza a transformarse. Como un chaval ante la cruel adolescencia, la estrella en esta etapa va a sufrir muchos cambios. Primero se contrae, se expande de manera fugaz y finalmente acaba con su vida en un canto de cisne, una explosión. Bueno, seamos justos, explosión es lo de antes. A su lado esto es un pedo mal tirado, un petardo mojado, el rugido de Simba al camaleón, una rima de Mecano. Es algo más discreto, pero no nos engañemos, es igualmente efectivo. Lo importante es que, al final del proceso de muerte, la estrella pierde gran parte de su masa y, en consecuencia, tras todo ello, en su lugar solo quedan las brasas, el corazón de la estrella, en núcleo inactivo, el horno apagado pero caliente que sigue brillando, aunque de forma tenue: es una enana blanca. El futuro que le espera, dentro de 5.000 millones de años cuando acabe su combustible, a nuestro Sol.

En una enana blanca la gravedad sigue insistiendo en comprimir todo lo que puede. Sigue insistiendo, pero sin éxito. No lo consigue. Es como esos perros que intentan montar un peluche, no hay manera. Y no te creas que es por desánimo o falta de fe, no, la gravedad, como ese acosador que no para, sigue ahí, sin límite, es incansable: «Cuarto día sin que Santaolalla me conteste, quinto día sin que Santaolalla me conteste, sexto día sin que Santaolalla me conteste». Pero la estrella no se deja, con la presión de radiación fuera de combate, al apagarse el horno nuclear, encuentra un nuevo aliado, o lo que es lo mismo, la gravedad se enfrenta a un nuevo rival. Ahora se trata de un nuevo mecanismo, se llama la fuerza de degeneración, una fuerza de resistencia cuántica causada por los electrones.

Los electrones, por el principio de exclusión de Pauli, no pueden estar muy juntos, esta es una ley fundamental del universo. Cuando lo intentas, chillan. Bueno, no chillan porque no tienen boca, ni garganta, pero se resisten, con una fuerza, la fuerza de degeneración. Así que cuando la fuerza de la gravedad se empeña en comprimir la estrella, los electrones se van a quejar, no les parece bien, se oponen, con la fuerza cuántica de Pauli, la del principio de exclusión. Al final, hay empate, la estrella no es tan densa para que la gravedad sea tan intensa para doblegar la fuerza de degeneración y se acaba una vez más en un equilibrio. Hay paz. La estrella consigue mantener a raya a la gravedad en ese pulso que acaba en igualdad. Esa es la enana blanca. Una estrella que brilla débilmente en equilibrio, por millones de años. Es una estrella apagada, muerta. O eso cree mucha gente. Porque, en realidad, su núcleo solo está en reposo, agazapado, esperando una mejor oportunidad para volver a la vida. Como Voldemort, está apaciguada a la espera de regresar con más fuerza. No, no es una estrella muerta, más bien es una estrella zombi, porque hay formas de traerlas de vuelta a la vida.

Y como hay muchas enanas blancas en el universo, son supercomunes, podemos decir que el universo es un *Walking Dead* de estrellas. Peor aún, como muchas de estas estrellas además bailan, sería más como un «Thriller» de Michael Jackson de estrellas.

—¿Que las estrellas bailan? —se sorprendió Elrubius.

—¿Nos estás vacilando? —se mosqueó Cristina.

—No, para nada —los tranquilizó Salvador—. De hecho, es este baile lo que alimenta a estos zombis y los devuelve a la vida. *Every night in my dreams, I see you, I feel you.*

—Baja del sofá… —Cristina puso los ojos en blanco—, por qué este horror, ¿qué cantas?

—Píntame como una de tus chicas francesas —continuó Salvador, sin hacerle caso.

—Pero ¿qué te pasa? —preguntó Elrubius.

—Han pasado ochenta y cuatro años… —Salvador seguía a lo suyo.

—Definitivamente, lo hemos perdido —dijo Cristina.

—Nada. Solo melancolía. Jack y Rose y la respuesta al gran enigma. —Salvador volvió en sí.

Jack, el pobre desgraciado que no tiene donde caerse muerto y Rose, la niña de clase alta que busca una aventura. Y desobedeciendo a su madre, Rose se escapa con Jack que la lleva a pasar una noche en los bajos del *Titanic*. Juntos bailan, agarrados, dando vueltas en círculo, uno junto al otro.

Las estrellas hacen lo mismo, sí. Aunque la estrella que más nos gusta, nuestro Sol, es una estrella solitaria, esta es una notable excepción. La mayor parte de las estrellas en el universo están en parejas o tríos. No son tontas, no. Y cuando están en pareja… bailan. A ver, no esperéis una coreografía con morritos a lo *tiktoker*, no. Pero sí, giran, como Jack y Rose, tal cual. Y aquí viene lo interesante, porque estas estrellas dobles pueden ser de cualquier tipo, una grande con una pequeña, dos pequeñas, dos grandes… Cualquier combinación. Pero algo muy chévere pasa cuando una de las dos estrellas es como el Sol. Las dos bailan como Jack y Rose por miles de millones de años mientras brillan resplandecientes por fusión nuclear. Pero el tiempo pasa y cuando se le acaba su combustible nuclear a la estrella que es como el Sol, sufre ese cambio adolescente, hay un miniestallido, ese pedo mal tirado, y forma una enana blanca, la estrella zombi.

Ahora te puedes imaginar la situación con lo que queda, dos estrellas bailando una junto con otra, solo que una es esta estrella muerta, ese horno apagado, la enana blanca. Ya está todo listo para que ocurra algo fascinante. Porque la enana blanca es pequeña, pero matona, tiene mucha masa, y su gravedad es muy intensa. Así que puede ir poco a poco jalando masa de su estrella vecina, robándole material, como el *buller* que le roba el sándwich al empollón en el recreo, le va quitando gas de su atmósfera. La estrella vuelve a «comer», se está alimentando de hidrógeno, robado de su vecina, de su compañera de baile. Y esto ocurre continuamente, más y más masa va cayendo en la estrella zombi, aumentando su tamaño y su temperatura, más y más en un bucle infinito hasta que de repente... como Jon Snow en Castle Black, el muerto abre los ojos, su horno vuelve a funcionar: se han reactivado las reacciones nucleares. La estrella zombi vuelve a la vida. Y aquí la cosa se descontrola, se nos va de las manos. Entra en bucle: cuanta más energía genera la estrella, más se calienta, pero cuanto más se calienta más fusiona, y más energía genera, como una bola de nieve que cae, entra en un círculo vicioso, la energía se descontrola hasta que... *pummmm*. Una explosión a lo bestia, es una supernova. A este tipo de supernova, muy diferente de cuando lo produce una estrella muy masiva en colapso, se les conoce con el nombre de supernova de tipo IA, y son muy importantes para el desenlace de esta historia.

Esto es debido a que, aunque no todas las supernovas de tipo IA tienen el mismo brillo, sí es igual su perfil, con lo que pueden usarse una especie de moldes para con ello determinar su brillo absoluto, el intrínseco. Lo tenemos, lo hemos conseguido. Tenemos una estrella muy brillante, tanto que se puede ver a miles de millones de años luz, pero a su vez con un ciclo conocido que permite obtener su distancia. Ya está todo, podemos usar estas supernovas para hacer una medida de la expansión del universo a diferentes edades. Hay *match*.

Eso fue lo que se propuso hacer una colaboración internacional, la Supernova Cosmology Project. Para enero de 1998 tenían cuarenta supernovas detectadas y medidas. Obviamente, les serviría para comprobar lo lógico, para ver cómo el universo cada vez se expande más despacio, se frena después del estallido inicial por la contracción debida a la gravedad. Esto era… un mero trámite. Lo hacemos mientras tomamos un café y nos vamos a cantar a un karaoke coreano. Pero cuando fueron a ver el resultado… no se lo podían creer. Cien por cien real, no *fake*. Y esto no es *clickbait*. Era lo más loco que se había visto en casi cien años, desde que Hubble operara el telescopio de Monte Wilson, la bestia. Según sus medidas, el universo no solo no se estaba frenando, sino que cada vez se expandía a mayor velocidad, estaba acelerándose. Es como si lanzamos la pelota al aire, y no solo no se frena la pinche pelota, para volver a caer luego, como cualquier pelota decente, sino que cada vez sube a más velocidad. Esto es una auténtica locura. Es algo insensato. No tiene ningún sentido. Y no era una falsa alarma. En marzo de ese mismo año un segundo equipo confirmó estos sorprendentes resultados, había que revisar la teoría clásica del Big Bang.

Pero ¿qué puede hacer que el universo se expanda? Pues igual que la pelota que sube y no cae y cada vez va más rápido. Si tú ves algo así, lo primero que piensas es «WTF» y lo segundo… «algo deberá estar tirando, empujando». No sé, igual está Darth Vader con la fuerza. Pues con esto pasó lo mismo; pensaron que para que algo así esté sucediendo tiene que haber algo «tirando» del espacio, tiene que haber algún tipo de energía expandiendo al universo, algún tipo de impulso escondido. Una «fuerza» escondida, oscura, como la de Darth Vader. Claro, pero es raro todo esto, porque… ¿de dónde sale esa energía?

Era una situación desesperada. Los científicos se volvieron locos. Se reunieron en una gran sala con una mesa enorme, unos caminaban de un lado al otro blasfemando y jurando por Newton, Maxwell y los *umpa lumpas* de la ciencia, otros lloraban en el suelo agarrados a sus rodillas, otros se tiraban de los pelos, se mordían las uñas, otros a golpes y arañazos. Se sentía la tensión, la desesperación. De repente uno de ellos levantó la cabeza y gritó: «¡Lo tengo! Todo está causado por una energía que no vemos, oscura, la llamaremos energía oscura». Listo, problema resuelto. Al rato estaban todos estrechándose las manos y festejando que habían encontrado una solución. Bueno, convendréis conmigo en que esto es equivalente al «*this is fine*» del perro en la casa en llamas. O a Hide the pain Harold sonriendo con la taza. No, no está *fine*. Y no, llamarle energía oscura no hace que la cosa se aclare en absoluto. Esto era un gran misterio, había que encontrar un origen a esa energía. Había que saber de dónde salía. Es el misterio de la energía oscura.

Y buscando los posibles culpables, repasando los sospechosos de este caso, uno vuelve a revisar las ecuaciones de Einstein. Y es justo ahí, rebuscando entre estas ecuaciones, que un rayo de luz aparece del cielo y se proyecta sobre un símbolo griego previamente tachado. La letra griega lambda, la constante cosmológica de Einstein. Sí, recordad, Einstein ya lo había observado: una constante cosmológica con valor negativo provocaría un efecto similar al de la gravitación, comprimiendo, si fuera 0 no tendría efecto ninguno, pero si fuera positiva contrarrestaría la gravedad, acelerando la expansión. La constante cosmológica, si tuviera un valor positivo, sería una gravedad repulsiva, justo lo que se necesitaba. El candidato ideal. Sí, has leído bien. Esa constante que introdujo Einstein en sus ecuaciones en 1917 movido por la necesidad de compensar la gravedad de forma precisa y conseguir con ello un universo estático. Esa misma constante que Einstein luego borró y se lamentó de haber creído en ella alguna vez, cuando se descubrió la expansión del universo. A la que Einstein se refirió más adelante como el mayor error de su vida. Esa misma constante cosmológica que primero introdujo como acto de fe y luego repudió. Esa constante que había sido pisoteada, menospreciada, maldecida, aborrecida, exiliada, denostada. Una vez fue maltratada, abofeteada y denigrada, apartada y reprimida, ahora había vuelto. Valar Morghulis. Arya quiere venganza. La constante cosmológica ahora parecía la única salvación para explicar el universo.

Pensándolo bien y ahora que podemos ver las cosas con algo de distancia, no había verdaderos motivos para descartarla tan rápido. Las ecuaciones de Einstein permiten la existencia de esta constante, hacerla 0, como hizo él cuando se avergonzó de ella, es otorgarle un valor particular, caprichoso, entre los infinitos posibles; el valor 0 es un valor, uno cualquiera. Otros como 1, 8 o 42 son igualmente válidos. Elegir 0 es esconder la suciedad debajo de la alfombra, no es una verdadera decisión lógica, es un acto caprichoso.

—Para —lo interrumpió Cristina—. Me dices que hay algo que tira del espacio, pero yo ocupo espacio. Por lo tanto, algo tira de mí. Pero yo no siento nada, doc.

—Bueno, la constante cosmológica es una fuente de energía que se hace más notoria a medida que el espacio se va expandiendo. Porque se nutre del propio espacio. Según se crea nuevo espacio, su relevancia se va haciendo mayor y su efecto en el destino del universo más apreciable. No notas nada porque a tu escala no es relevante. Pero en la historia del universo sí.

De esta forma, se piensa que el universo habría seguido varias fases, en una lucha constante, un duelo, entre la contracción gravitatoria y la expansión debida a la energía oscura, y solo recientemente, hace unos 7.000 millones de años, habría comenzado esta energía oscura a dominar.

Qué curioso que la constante cosmológica, de la que Einstein mencionó era su mayor error, se había convertido en su más famosa predicción. Así es, hoy sabemos que el universo se expande aceleradamente debido a un efecto que podría provenir de la constante cosmológica y con una dominancia sobre los factores gravitatorios de modo que el 75 por ciento de toda la energía del universo estaría en forma de energía oscura.

Así que ahí tenemos un primer detalle a incorporar a la teoría clásica del Big Bang, la constante cosmológica. Pero hay más, y es que, tal y como fue formulada originalmente la teoría del Big Bang, el universo no podría existir. ¿Por qué? Os cuento.

Había tres problemas, en forma de nubarrón, que la teoría del Big Bang clásica no podía acomodar. Por un lado, estaba el llamado problema del horizonte. Ya vimos cómo el fondo cósmico de microondas apareció como una radiación tremendamente uniforme en el cielo, allá donde se miraba se recibía el mismo «ruido» de fondo. Recordad, os hablo del primer selfi de la historia, lo de la convivencia de curas, las cenizas del Big Bang o el holandés errante, como queráis. Y bueno, que sea así, tan uniforme, está bien; es más, está genial, el universo tenía que ser uniforme, lo dice el principio cosmológico. Es maravilloso, fascinante. Pero, al verlo... ¿no era acaso demasiado uniforme? Quiero decir... esto era realmente raro. Porque había regiones superapartadas, muy alejadas, que no habían podido estar en contacto y, por lo tanto, haber compartido temperatura, y, sin embargo, presentan la misma temperatura. Esto es como si me caso con la hija de Sagan y todo el mundo, todos los invitados, nos regalan el libro de *Cosmos*. Gente incluso, como mi tío Marcial de Soria y el hijo primero de Carl, que no se han visto en su vida y nunca han hablado. ¿Cómo podrían ponerse de acuerdo sin verse y ni siquiera hablarse para trolearme? Es que Marcial no tiene ni WhatsApp. Es raro.

Un segundo problema es lo que se conoce como problema de planitud. El universo puede tener curvatura, y eso va a depender de la cantidad de materia y energía que tenga. Si es mayor que un valor crítico, entonces la gravedad gana y forma un universo cerrado, como una esfera, curvado hacia dentro; si es menor que ese valor crítico, la gravedad pierde la partida y el universo es abierto, como una Pringle, curvado, pero hacia fuera; y si es exactamente 0, justo ese particular valor, 0 patatero, entonces es plano. Bien, pues medidas precisas del fondo cósmico de microondas muestran que el universo es plano o tiene una curvatura muy ligera, es decir, está muy, muy, muy cerca de ser plano. Qué risa, todos los locos de internet pesados con que la Tierra es plana, nos engaña la NASA, el mundo es plano y tiene un muro, haciendo el ridículo con esta tontería y... zasca, lo que es plano es el universo. Cosas de la vida. No está mal ese giro. ¿Y qué? A mí qué me importa, podríais decir los dos. Esto no es un problema en sí mismo, el universo puede ser como quiera ser, por su autodeterminación. Vale, sí, que el universo sea como quiera ser, pero esto sí plantea un problema desde el punto de vista de las matemáticas, de la teoría, porque que sea tan plano, dentro de la teoría del Big Bang... es raro. Para que el universo sea plano, exactamente plano, la cantidad de materia y energía por metro cúbico, su densidad, tiene que ser justo ese valor determinado, la que se conoce como densidad crítica. Parece muy casual que de los infinitos valores posibles que puede tener esa densidad de materia sea justamente el valor exacto para que sea plano, el de la densidad crítica. Es como clavarla a la primera al Wordle. No, peor, es como acertar el número de la lotería todos los días durante un año. Es mucha casualidad. En realidad, es aún peor, porque esta situación, la del universo plano, es inestable. Un universo que nace con una densidad crítica diferente de 0, aunque sea minimísimamente, iría evolucionando alejándose cada vez más de ese valor crítico, debería acabar con una curvatura enorme, inmensa. Curvatura que no se ve en el universo actual. Hablando en cristiano (*Siuuuuu*) esto es como colocar un bolígrafo de pie, apoyado por la punta y esperar que no se caiga. Podía, durante una milésima de milésima de segundo, aguantar en esa posición cercana al 0, pero el mínimo desequilibrio le hará caer, hacia cualquier lado. O como en esas duchas odiosas en las que el agua sale bien solo si ajustas mucho el grifo, un poco a un lado te hielas, un poco al otro ardes en el infierno. Es un equilibrio tan delicado… que no parece real. Entonces, ¿qué mecanismo está detrás de esto? Es decir, ¿por qué tiene ese valor tan cercano a la densidad crítica que luego mantuvo durante la expansión de forma estable? Algo así, tan casual parece poco natural, es un invento y requiere de una explicación.

Y, por último, hay una tercera cuestión relacionada con el problema del horizonte. Hemos dicho que el universo, a gran escala, es muy uniforme. Esto es algo que esperábamos y que nos da gran gusto ver que se cumpla, como cuando te tocan suave por la espalda, eso sí que es agradable, y para un físico aún más. Si te tocan por la espalda y a la vez te van diciendo que el universo es uniforme, entonces ya es la locura. Sin embargo, mira a tu alrededor, el universo parece de todo… menos uniforme, por suerte. ¡No vivimos en una sopa de materia! Hay casas, coches, árboles, personas… es más, si miramos al cielo, vemos estrellas, planetas, galaxias… ¡de uniforme un cuerno! Entonces, ¿cómo puede ser que el universo al nacer (muy uniforme) sea tan distinto al universo hoy (no tan uniforme)? Es decir, deseamos que el universo sea muy homogéneo (está bien) pero sin pasarse (eso estaría mal): en un universo excesivamente uniforme no habría lugar para acumulación de materia por gravedad, es decir, estrellas y, por lo tanto, tampoco planetas ni vida. Un universo con galaxias, con estos grumos de materia, requiere un fondo de microondas que no sea perfectamente uniforme, es decir, que tenga variaciones, arrugas. Por suerte, eso es lo que se ve en el fondo cósmico de microondas; si lo miras con lupa, ves pequeñas irregularidades, muy pequeñas, que corresponden con pequeños grumos de materia donde la gravedad, tras millones de años, va a conformar las galaxias. Podríamos decir que esas arrugas son como la semilla que se planta en ese fondo que hace que luego germinen las galaxias. Y están ahí, porque se han visto, pero… ¿qué fue lo que produjo esos grumos? ¿En qué momento el universo dejó de ser perfectamente simétrico y uniforme? ¡Ayuda!

Esta es la situación cuando entra en escena... ¡un estudiante posdoctoral en física de partículas! Su nombre es Alan Guth, estamos en 1979. Guth estaba estudiando el campo de Higgs dentro de las teorías de gran unificación cuando tuvo una idea. Aplicando un concepto similar al de campo de Higgs podría crear un mecanismo que resolvería estos tres problemas de golpe, a la vez, de una tacada y de una manera muy simple. Solo requería añadir un campo tipo Higgs, un hermano del Higgs, al universo que operara durante una mínima fracción de tiempo, uno que genere una presión positiva, una gravedad repulsiva. El efecto de este campo en el universo temprano sería el de inflarlo, de ahí el nombre que recibió el proceso, inflación. Al mecanismo se le conoce con el nombre de campo inflatón. ¿Veis? Todos los problemas se resuelven comiendo, ya nos lo dice el Big Bang.

La inflación resuelve los tres problemas de la teoría del Big Bang clásica. Antes de la inflación, el miniuniverso que existía estaba en contacto térmico, a la misma temperatura. Entonces llegó la inflación e hinchó el universo, alejando todas las regiones entre sí. Ahora ya entendemos por qué tienen la misma temperatura regiones tan separadas, porque antes de la inflación estaban juntas. Mi primo de Soria y el hijo de Sagan, parece que de jóvenes vivieron en el mismo pueblo. También se entiende por qué es tan plano; el mecanismo de la inflación fija la curvatura del universo a lo largo del tiempo y la estabiliza, dando sentido a su valor 0 o casi 0 que vemos hoy. Y, por último, también explica que el universo sea uniforme, pero no tanto. El miniuniverso antes de la inflación podría contener mínimas arrugas debidas a procesos cuánticos, recuerda el principio de incertidumbre que no deja tranquilo a nadie; por culpa de este principio nada puede estar relajado, es como si el universo se hubiera tomado diez cafés. Este principio generaría unas miniarrugas, como minigrumos en el miniuniverso, que la inflación habría estirado y agrandado hasta adquirir escalas cósmicas. Las galaxias y los planetas entonces, y nosotros mismos, por qué no, seríamos una fluctuación cuántica estirada por la inflación. *Guau.*

Y todo esto es loco, *flipating*, tíos. *Magnifique.* Y si te has venido arriba, te has puesto a gritar, dar saltos de alegría, te has subido a la silla, te has quitado la ropa interior y te la has puesto en la cabeza, metafóricamente digo, tranquilos porque ahora viene lo mejor. Porque no solo es eso; esta inflación hace dos cosas más. La inflación es el proceso que pone en marcha el universo, el mecanismo del tiempo 0 que andábamos buscando, el Bang del Big Bang. Y también es el mecanismo que llena el universo de materia, de partículas, es el cómo que responde a la pregunta de qué hacemos aquí. Somos todos hijos de la inflación. Nacimos de ella. Profundamente bello, hechizante. ¿Pero cómo lo hace?

Decía que el campo inflatón es como un campo de Higgs, una energía que está en todo el universo con esa forma de sombrero mexicano, ¿recordáis? Sí, sí, lo de la mesa, la boda, la simetría, el pan. Y veíamos que la situación era muy distinta en el centro, en la cima, donde tenemos un estado de alta energía y campo nulo, desactivado, que en el valle, con energía nula, pero campo activo. Pues igual que con el campo de Higgs, el universo habría nacido en un momento con el campo inflatón en su valor central, lleno de energía. Al bajar la colina se activa el campo inflatón y cae la energía que tiene contenida, se disipa en forma de gotas de materia: las partículas.

Y funcionaría así. El universo habría nacido en un momento indeterminado como una mínima semilla de espacio-tiempo llena de campo inflatón. Y, en algún momento, indeterminado para nosotros, la energía contenida en el campo inflatón se habría desencadenado, la bolita habría bajado de la colina generando una intensa gravedad repulsiva, estirando el espacio, originando una gran expansión. Y lo haría en un tiempo inusualmente corto. Tan bestia sería esta expansión que inflaría un átomo al tamaño de una galaxia en una fracción ridícula de segundo, no se sabe bien, pero podría ser tan pequeño como 10^{-50} segundos. Una nada. La energía del campo inflatón daría vida a las partículas que llenarían el cosmos. Ha ocurrido todo en tan poco tiempo, de forma tan rápida, pero ahora sí el universo tiene todos los ingredientes para empezar a crear, a construir, a dar vida. Con una lenta expansión remanente de este Bang, con una gravedad que aglutina y une y con miles de millones de años por delante, el universo tiene todos los elementos para crear los ladrillos de la realidad, átomos, moléculas, materia, que darían lugar a estrellas, planetas, galaxias y mucho tiempo después a la vida.

—Somos hijos de la inflación, qué bonito —observó Cristina.

—Sí. Somos hijos del universo, Cristina. O como decía Carl Sagan, somos la forma que tiene el universo de conocerse a sí mismo. Aquí uno empieza a encontrar respuesta sobre quiénes somos y qué hacemos aquí.

—Ahora entiendo lo que me decías de mirar las estrellas —dijo Elrubius.

—El cielo es profundamente bello, y cuando uno entiende la esencia de lo que observa lo aprecia aún más. Es pura belleza, sobrecogedora, que genera un sentimiento de unión con el cosmos inigualable. En un mundo tan frenético como en el que vivimos es muchas veces fácil olvidar quiénes somos, dónde estamos, de dónde venimos. Entenderlo ayuda a que puedas dar sentido a tu vida, a que encuentres tu lugar. Somos pequeños y efímeros; seguro que cuando te des verdaderamente cuenta de ello, sabrás encontrar más fácil tus prioridades y las cosas que de verdad merecen la pena en la vida. Siempre a la luz de nuestro lugar en el espacio y el tiempo. Yo, cuando me ofusco y me deprimo con pequeños problemas del día, solo salgo fuera en la noche a mirar las estrellas. Hay que mirar más al cielo.

—Ya entiendo. Como una perspectiva… cósmica —dijo el chico.

—Sí. Nos pone en nuestro lugar. Y las estrellas son nuestro origen, de ahí venimos, no es metafórico, es literal, las estrellas nos dan la vida. Un viaje a las estrellas es un viaje a nuestra esencia. Viajar lejos en el espacio es hacerlo hacia dentro en nuestro cuerpo. Por eso es tan importante aprender a leerlas, no podemos vivir de espaldas a las estrellas.

—Eso da sentido a la vida, es construir desde abajo —continuó reflexionando Elrubius.

—Sí. Y no solo porque nos pone en contexto con nuestra realidad, también porque hacerse preguntas es resonar con nuestra existencia. Hay algo «mágico» en aprender, forma parte de nuestra naturaleza ser curiosos, lo vemos en los niños cuando nacen, y la búsqueda nos hace estar alineados con nuestra esencia, volver a ella. Y no es algo casual, está en nuestro ADN, somos nietos de buscadores, de exploradores, de seres que se hacían preguntas. Somos una especie que siempre ha mirado al cielo buscando respuestas. Antes era con mitos, ahora con la ciencia, pero siempre fue así. Solo que últimamente lo hemos olvidado y nos hemos perdido a nosotros mismos. La realidad es que yo soy más yo cuando me hago preguntas.

—Lo que dices es muy bonito —dijo Cristina.

—El cosmos lo es, la búsqueda del conocimiento lo es, por eso este capítulo de la historia se lo dedico a la belleza. —Salvador sonrió—. Pero hay más. La curiosidad que nos impulsa en la búsqueda es una curiosidad ingenua, casi diría que pueril. Esa curiosidad que la vida nos enseña a abandonar. Mirar las estrellas también nos ayuda a conectar con el niño que tenemos dentro, ese que se asombra por un rayo de luz y que quiere probar y descubrir todo, el niño curioso e inquieto que exprime la vida. Ese niño está en nosotros y busca salir. Nunca dejes de asombrarte por el mundo que te rodea. Einstein decía: «La cosa más bella que podemos experimentar es el misterio. Es la fuente de toda verdad y ciencia. A quien esa emoción le resulte extraña, quien ya no pueda maravillarse y envolverse en el asombro es como si estuviese muerto, así de cerrados están sus ojos». No puedo estar más de acuerdo.

—No dejar de mirar al cielo y hacerse preguntas creo que va a ayudarme a perder el miedo —admitió Elrubius.

—Y no dejar de asombrarse por el mundo que nos rodea, como niños —señaló Cristina—. Yo he aprendido a creer más en mí misma. Gracias, doc. Y con esto hemos llegado al fin, ¿no?

—No, en realidad, es solo el principio. Recuerdas que lo advertí, cada cosa nueva que aprendas dispara tres nuevas dudas. ¿Qué es la vida? ¿Qué es la consciencia? ¿Qué es el tiempo? ¿La antimateria? ¿La energía oscura? Quedan tantas cosas por saber. Y aquí se inicia una búsqueda hacia afuera, y esto es lo más bonito, que se refleja hacia adentro. ¿Sabes que en tu cuerpo hay más átomos que estrellas en el universo? Somos un universo en sí mismo. Hay tantas cosas por descubrir.

—A mí me impresiona que, para entender el cosmos, lo más grande que existe, hayamos tenido que viajar al bosón de Higgs y el mundo de las partículas, lo más pequeño que se conoce —observó Cristina.

—Qué bonita idea. Solo una más que demuestra cómo todo está conectado y cómo es necesario entender la realidad en conjunto. Un átomo en el universo, y el universo entero en un átomo.

—¿Y ahora? —quiso saber Elrubius.

—Toca salir de dudas. Al fin llegamos al momento que estabais esperando. ¿Existe o no existe el pinche bosón? Sí, está contado aquí, en este libro. Porque ese chico estuvo esos años en el CERN, en los años de la caza del bosón. Es el momento de descubrir la verdad.

—Quiero saber —pidió Elrubius.

—Padríííííísimo —exclamó Cristina.

9

En 1964 Peter Higgs presentó su artículo donde propuso la existencia de una partícula nueva para explicar el origen de la masa. Una partícula fundamental para entender los primeros segundos del universo y esa transición de fase, conseguir una verdadera unificación de las fuerzas electromagnética y débil, salvar al modelo estándar y finalmente, entender cómo surge la masa en la materia. Una partícula clave para componer el puzle de cómo surgió y cómo funciona nuestro mundo. Comenzaba la mayor caza de una partícula que se ha visto en la historia.

Los perdedores se ponen al frente

Estados Unidos siempre fue a la vanguardia en física de partículas. Fue allí donde surgieron los primeros aceleradores, del tamaño de una mano, que llamaban ciclotrones. Con Lawrence a la cabeza fueron perfeccionando la técnica, incrementando su tamaño, su energía y su eficiencia, multiplicándose los logros. Europa, a remolque, veía cómo su rival iba acumulando éxitos y se constituía como líder en física de partículas, con una ventaja considerable. Eso dolía y mucho. En primer lugar, porque Europa no estaba acostumbrada a ir rezagada en nada, pero la guerra lo había cambiado todo, los mejores científicos emigraron a Estados Unidos, desde Einstein hasta Fermi. Pero también dolía, y mucho, porque la física de partículas estaba ganando mucho prestigio, hasta llegar a ser un proyecto bandera en ciencia, de orgullo nacional, la llamarían «la gran ciencia».

Y así, los primeros éxitos cayeron de aquel lado del Atlántico: el descubrimiento del muon, los positrones, los antiprotones, los quarks, la violación de la paridad, los neutrinos... Estaba claro que Estados Unidos tenía la delantera y con gran ventaja. Pero eso tenía que cambiar, pensaban en Europa. Con ese objetivo pusieron en marcha un centro de investigación de física de vanguardia aunando los esfuerzos de países que en otro tiempo fueron líderes en ciencia y rivales, como Francia, Alemania e Inglaterra, para arrebatarle la primacía a Estados Unidos. Todo comenzó en un consejo formado a instancias de la UNESCO para estudiar la viabilidad de tal centro. Sería un consejo europeo de investigación nuclear, o CERN. La idea fue aplaudida y aprobada. Poco tiempo después se ponía la primera piedra: era el año 1956. Europa estaba dispuesta a entrar en la pelea por la hegemonía en la física de partículas.

Los inicios no fueron fáciles. Había mucho tiempo que recuperar, mucha distancia de ventaja, mucho conocimiento por adquirir. El primer colisionador, el SSC, de tipo ciclotrón, del tamaño de una habitación grande (y que aún se puede visitar) fue un éxito de funcionamiento, y fue capaz de conseguir una victoria simbólica: se había adelantado en un estudio relativo a la desintegración de piones. Fue una pequeña victoria moral. Quedaba un largo camino por recorrer.

Sin embargo, pasarían aún un par de décadas para dar el primer golpe sobre la mesa y demostrar que Estados Unidos tenía un verdadero competidor. El descubrimiento de las corrientes neutras, la primera interacción física mediada por un bosón neutro, el Z0, fue en el CERN, en el experimento Gargamelle; era uno de los más importantes del siglo y fue un verdadero golpe de efecto. La física de partículas ya no era solo cosa de yanquis, y de rusos en la retaguardia; los europeos se sumaban a la fiesta.

Aunque cuando de verdad vieron al lobo asomándose por el retrovisor diciendo «hola, *bros*», fue en 1982. El CERN había construido el más potente acelerador hasta la fecha, el Super Proton Synchrotron o SPS y había diseñados dos experimentos para analizar las colisiones, el UA1 y el UA2. Al frente del primero de ellos había colocado a un auténtico coyote, un líder sin escrúpulos, alguien nacido para competir y que solo entendía la victoria en su diccionario, era el italiano Carlo Rubbia. Con la confirmación de las corrientes neutras, el modelo de Glashow de la fuerza débil parecía vindicado, pero faltaba un pequeño detalle para apuntalarlo, encontrar las partículas bosónicas de la fuerza débil: los W y el Z. El problema era que se sabía que debían tener alta masa, pero no cuánta. No sería una caza fácil. Con el ingenio del holandés Simon van der Meer se consiguieron unas colisiones más eficientes y, en poco tiempo —estamos en el año 1982—, los bosones W aparecían en la cámara de detección. Un año después, 1983, hacía su aparición su hermano más tímido, el bosón Z. Por este descubrimiento, Rubbia y Van der Meer conseguirían el Premio Nobel de física en el año 1984. El CERN lo había conseguido, ya no solo se había puesto a la altura de los gringos, sino que los había adelantado.

Pero ahora que las cosas habían cambiado había llegado la hora de la verdad. ¿Había sido suerte? ¿Un espejismo? ¿Solo casualidad? En realidad, este solo había sido un pequeño bocado; desde 1964 se sabía que había una pieza más difícil y codiciada que cazar, una que completaría el modelo estándar y daría sentido a nuestra historia sobre el origen del universo y el misterio sobre la masa: el bosón de Higgs. Ese era el premio gordo. La carrera había comenzado.

Empezó golpeando Estados Unidos en 1983, creando el Tevatrón en el Ferrmilab, en Batavia, Chicago, un acelerador que podría alcanzar 1 TeV de energía de colisión en una máquina protón-antiprotón de casi 7 kilómetros de longitud. Comenzó a operar con gran expectación, pero nada aparecía. Le respondió Europa construyendo LEP, un colisionador electrón-positrón en el CERN, Suiza, con una longitud de 27 kilómetros y una energía de colisión de 200 GeV, en 1991. Misma ilusión y mismo resultado. Tampoco. Pero el golpe definitivo lo daría Estados Unidos. En 1980 se aprobó la construcción de un gran acelerador superconductor en Waxahachie, Texas, de 87 kilómetros de longitud que alcanzaría una energía de 20 TeV, sería un monstruo imposible de batir, la batalla estaba perdida. Su nombre el Superconducting Super Collider, o SSC. En 1983, su diseño fue aprobado por el gobierno de Ronald Reagan. En 1987 comenzó su construcción. El bosón de Higgs lo merecía, sería la forma de consolidar a Estados Unidos como auténtico líder en la física de partículas. Sería la victoria final.

Pero las cosas comenzaron a torcerse muy pronto. El problema, el de siempre: el dinero. Los culpables fueron, por un lado, los cambios de gobierno, por otro, la mala estimación de costes, habían construido solo el 20 por ciento del acelerador y el presupuesto se había disparado de los 4.000 millones de dólares iniciales a los 8.000 millones y finalmente 11.000 millones. La NASA demandaría un desembolso similar para la estación espacial, el Congreso veía imposible mantener los dos proyectos. Como Florentino: Haaland o Mbappé. Había que elegir, priorizar. Es entonces cuando se asestó el golpe mortal, y vendría, cómo no, de su mayor enemigo. Carlo Rubbia lanzó un órdago desde el CERN; usando el túnel que ya habían construido para el LEP de 27 kilómetros, el CERN iba a ser capaz de crear un colisionador similar al SSC, pero por un presupuesto mucho menor, y lo harían mucho más rápido, podría estar listo para finales de los años noventa. Lo llamarían LHC, el gran colisionador de hadrones.

Ante tanta incertidumbre, el 21 de octubre de 1993, el Congreso de Estados Unidos votó por cancelar el proyecto, se habían invertido ya 2.500 millones de dólares, la obra estaba iniciada. No importaba, era la última palabra. Estados Unidos se bajaba de la carrera por cazar el bosón de Higgs, ahora solo quedaría el CERN, con el LHC. O, al menos, eso parecía. Porque Tevatrón seguía en marcha y aumentando su potencia. Había llegado la hora de saber quién podía más.

La hora del LHC

La sensación general cuando yo entré a formar parte del experimento CMS del LHC, en el CERN, era de victoria asegurada. Era el año 2008 y ante la decisión de Estados Unidos de frenar la construcción de un nuevo acelerador y los resultados negativos de Tevatrón, Europa, con el LHC estaba a la cabeza en la carrera. Ese mismo año 2008, además, vería este hito en la historia de la ciencia, el LHC: la máquina más potente jamás construida se ponía en marcha.

Sí, habían sido años de incertidumbres, muchos retrasos y decisiones muy difíciles de tomar. El LEP con sus modestos 200 GeV estaba consiguiendo resultados increíbles. Pero para poder construir el LHC tenía que ser desmantelado, ambos usaban el mismo túnel, así que era uno por otro. La intriga no pudo ser mayor, cuando la fecha final para parar LEP se aproximaba, un equipo de científicos consiguió ver algo sospechoso, una señal de alta energía, muy tenue, muy tímida, pero suficientemente significativa para hacer dudar. ¿Y si era el Higgs? ¿Merecería la pena retrasar la construcción del LHC un poco más y apostar por el LEP? Si no se mantenía LEP para construir el LHC y Tevatrón acababa encontrando el bosón en esta pista tenue sería un golpe tan duro que sería difícil de olvidar. Si se mantenía LEP y no aparecía nada se perdería un tiempo valiosísimo en el proyecto más prometedor, el LHC. No era una decisión nada fácil. Había mucho en juego. Demasiado. Un error podía ser fatal.

Había que tomar una determinación, y como LEP no pudo confirmar este indicio de descubrimiento, se decidió apostar por el futuro, se priorizaría al LHC. LEP sería apagado y nunca más volvería a encenderse. Era hora de mirar al frente y comenzar cuanto antes, y sin descanso, a dar forma a los sueños de miles de físicos, era el turno del LHC. La decisión era muy arriesgada, pero también prometedora.

Y los años pasaron y esa amenaza que suponía Tevatrón nunca se materializaría. Sí, cada cierto tiempo llegaban rumores desde Chicago aquí y allá de un posible indicio de descubrimiento, pero al poco se desvanecía. En Ginebra se seguía con los planes tal y como habían sido trazados, avanzando en la construcción, pero con un ojo en Chicago. En septiembre de 2008 se pondría en marcha la máquina, a baja potencia, e iría subiéndose poco a poco hasta la energía de diseño, los 7 TeV. Al poco tiempo saldríamos de dudas, el bosón de Higgs era o no era.

Y en medio de este ambiente festivo y optimista fue cómo el LHC vio la luz aquel 9 de septiembre de 2008. Se había convocado a la prensa de todo el mundo para que presenciaran este día histórico, este hito en la ciencia: se ponía en marcha, como lo llamaba la prensa, la máquina del Big Bang.

Recuerdo esos días con total claridad, tantas cosas estaban pasando en mi mundo. Desde febrero formaba parte del equipo y ya me sentía uno más. El entusiasmo de todos era contagioso. Es verdad que llevaba pocos meses y aunque el proyecto me había enamorado años antes, yo era un recién llegado. Para muchos de mis compañeros ese proyecto lo significaba todo en sus vidas, le habían dedicado veinte años, dos décadas de sueños, ilusiones, frustraciones, fracasos, noches sin dormir, duros reveses y muchas, muchas horas de trabajo. Los detectores que habían fabricado eran sus niños. Habían participado en todo el proceso, desde la mera idea en una servilleta de papel discutida durante una sobremesa, a los primeros planos, las primeras pruebas, poco a poco en ese proceso lento de desarrollo hasta la idea final que funcionaba. Durante muchos años, muchos expertos pensaron que nunca lo conseguirían, el joven equipo del LHC había sido exageradamente optimista, decían, este experimento solo funcionaría en sus sueños. Pero era 2008 y todas las dificultades, que no fueron pocas, habían quedado atrás. Desde prototipos que no fueron adelante como esperaban, hasta problemas en la obra civil. ¿Sabías que cuando se fue a cavar la caverna que albergaría CMS, a 100 metros de profundidad, encontraron una villa romana? ¿o el río subterráneo que pasaba justo por un sector del acelerador?

A esto hay que sumarle la paranoia, yo fui testigo de ella, y en cierto sentido diría que fue hasta divertido. En los días previos a ponerse en marcha, se hizo popular por la red —ya sabéis cómo funciona esto de internet— la teoría de que el LHC crearía un agujero negro que destruiría la Tierra. El vídeo era perfecto, una animación bien hecha con voz de Loquendo que proclamaba el fin del mundo. Al poco, ya nadie hablaba de otra cosa, no era el LHC la máquina que descubriría el bosón de Higgs, era la que crearía un agujero negro que destruiría la Tierra. Nadie hablaba de otra cosa, no había otro tema. En televisión, Buenafuente empezaba su programa con un monólogo sobre los agujeros negros; en los bares, en las tertulias se hablaba de lo mismo, a nosotros mismos, los científicos, nos bombardeaban de mails con preguntas y las más locas teorías que puedes imaginar. Muchos nos recriminaban «cómo nos podíamos atrever a jugar a ser dioses». Había mucha confusión. El caso incluso se llevó al Tribunal Europeo de Derechos Humanos en Estrasburgo, había que parar la construcción por el bien de la humanidad. El asunto fue cerrado sin consecuencias, no había ningún motivo para preocuparse. Parte de la culpa la tenía un libro, uno de mis favoritos, se llama *La partícula divina*, de Leon Lederman, antiguo director de Fermilab, casa del Tevatrón, y su tema central era el bosón de Higgs. Su intención era hablar de esta maldita partícula que no aparecía por ninguna parte. De hecho, así quería titular al libro, *La maldita partícula*, *The Godamn Particle*, un nombre genial. Su editor no compartió esta idea, le pareció que no llamaba la atención, no era suficientemente provocador. Pero... pensó, ¿y si le quitamos el «*damn*» y lo dejamos como *The God Particle*? *La partícula de Dios*. Los medios ya tenían lo que querían, un titular muy jugoso, la máquina de Dios se ponía en marcha. E incluso se entrevistó a obispos para hablar de física de partículas (hecho real). Y se llegó a lo surrealista; yo mismo presencié la llegada de un señor cubierto de papel albal de pies a cabeza diciendo que venía del futuro para parar esa máquina. Si es que merecemos la extinción...

Podéis imaginar que nada de aquello fue fácil. Por un lado, la presión mediática, con todos los focos puestos ahí, en el CERN, en nosotros. Por otro lado, por el propio reto tecnológico, se habían superado todas las trabas y obstáculos hasta el momento, pero faltaba la hora de la verdad: ponerlo en marcha. Y también por la propia carrera, la competición por encontrar el bosón. Había mucha presión y lo notábamos. El día había llegado, era el 9 de septiembre de 2008.

Y como cuando haces funcionar algo nuevo, no lo pones al máximo de inmediato, sino que vas poco a poco para asegurarte de que no haya problemas. El primer objetivo estaba claro, que el acelerador se pusiera en marcha en estado nominal; una vez conseguido, lanzaríamos el primer haz de partículas para que diera una vuelta completa, sin acelerarse, a la velocidad mínima. Ya habría tiempo para filigranas.

Y... la sala de control saltó de júbilo, se había logrado. Casi veinte años después, ahí lo teníamos, el LHC funcionaba, todo indicaba que los protones habían conseguido dar una vuelta completa, había sido todo un éxito y todo el mundo lo había presenciado. Fue un día feliz, eso creo, para todos los científicos del mundo. Comenzaba una nueva era.

La peor pesadilla se hace realidad

Así que nadie podía esperar lo que ocurrió tan solo diez días más tarde. Esa mañana había comenzado como cualquier otra, se hacían comprobaciones para dar inicio a las operaciones normales del día, cumpliendo etapas poco a poco. Sabían que había prisa, Tevatrón iba a la zaga, esperando cualquier fallo, pero no iban a correr ningún riesgo. Cada día se aceleraría un poco más, cada día se inyectarían más partículas, se haría de forma progresiva.

De repente, en la sala de control, durante un encendido rutinario, los ordenadores se cubrieron de indicadores rojos, algo grave estaba pasando. Las cámaras que daban al sector conflictivo, el 3, se llenaron de una densa niebla, no se veía nada. Algo fatal había ocurrido. Las peores pesadillas de los ingenieros se habían hecho realidad: el más grave accidente imaginable en la máquina más compleja jamás construida. Era un desastre. Empezaron lentamente las investigaciones; era peor de lo que habían supuesto, algo así podía ser el fin del experimento. Pero ¿qué había pasado? Los expertos lo llaman *quench*, algo verdaderamente fatal.

Como ya hemos visto, un imán superconductor tiene que operar a una muy baja temperatura, hablamos de 2 grados por encima del 0 absoluto. A esa temperatura la resistencia de los cables es 0, es la superconductividad. Pero el control de la temperatura es crítico y nada fácil, porque la resistencia eléctrica es el peor enemigo de estos superconductores. ¿Por qué? Bueno, una resistencia es una oposición al paso de la corriente, es decir, la corriente no fluye libre de carga, sino que es dificultada por el medio por el que pasa, el cable, hace que se pierda energía. Esa energía que se pierde lo hace en forma de calor, calentando el cable y los alrededores. Por eso, una pérdida de superconductividad, aunque sea muy pequeña, microscópica, puede ser fatal, porque genera una cascada, como una bola de nieve que crece, hasta que se «contagia» a todo el sistema. Una pérdida de superconductividad en un punto microscópico genera calor, que llega a los puntos vecinos que se calientan, pierden la superconductividad, lo que genera calor, que se contagia a los puntos vecinos… es el desastre. Como un fuego en un bosque lleno de hojas secas, arde en un punto y rápido se propaga por todo el bosque. Esta pesadilla de los ingenieros tiene nombre técnico, es *quench* y su desenlace es fatal. Y fue exactamente eso lo que pasó.

Una junta entre imanes que estaba mal hecha posibilitó un *quench* por fricción entre cables, lo que creó una pérdida de superconductividad de forma local. Y ya sabéis lo que ocurre, esa pequeña región pasó a estado conductor, calentándose y calentando otros tramos de superconductor que, a su vez, al calentarse perdieron la superconductividad, aumentando su temperatura y transmitiendo más calor. Esta fue la mecha, lo peor estaba aún por llegar.

El acelerador se mantiene a ese 1.9 K, son 2 grados por encima del 0 absoluto. Eso se hace con un circuito líquido. Te preguntarás, ¿algo líquido a esa temperatura, como puede ser? Sí, hay un elemento, dichoso sea, que a esa temperatura sigue siendo líquido, es el helio, el mismo que cuando lo respiras te pone voz de pitufo. En el LHC se usa a toneladas para enfriar toda la máquina y fluye por los 27 kilómetros, recubriendo el hierro que contienen los dos raíles para protones, los tubos de vacío y los cables superconductores. Pero he aquí la catástrofe, los cables se calientan, el calor se extiende, el helio absorbe el calor y aumenta su temperatura, pasando a fase gaseosa. El helio ocupa 1.000 veces más volumen cuando está en gas que cuando está en líquido, el LHC no tiene espacio para acomodar este helio expandido. Como a una botella de Coca-Cola que le metes un paquete de Mentos y la tapas. Solo hay una solución posible… *puummmmmmmm*. No fue una explosión, porque no hubo fuego, más bien fue una expansión a lo bestia, tan bestia que levantó por los aires y dejó inservibles varias decenas de imanes, de más de 40 toneladas cada uno. Los reventó como si estuvieran hechos de papel. El helio frío salió del túnel y se mezcló con el aire. Fue tanto helio, y a tan baja temperatura que heló el aire, el vapor de agua que contenía. Durante semanas nadie pudo bajar, el aire no era respirable. Fue una auténtica tragedia. El LHC, el mayor acelerador del mundo, estaba fuera de servicio.

Recuerdo perfectamente cómo nos sentimos, fue un verdadero drama. Fue un golpe muy duro a la ilusión de tanta gente, algo así no estaba en la hoja de ruta de nadie. Generó muchas incógnitas e incertidumbres. ¿Qué pasará ahora? ¿Podremos seguir adelante? ¿Cuánto habrá de retraso? Quienes más habrían de sufrir sus consecuencias, además, éramos nosotros, los estudiantes. Se necesitan datos para hacer una tesis, sin datos no puedes hacer nada. Habría un retraso en reparar todos los desperfectos, que muchos tendrían que acomodar como pudiesen en sus vidas. Venían tiempos muy difíciles.

Y todavía podían ser más complicados, porque no olvidéis que Tevatrón estaba al acecho, y esto no hizo más que multiplicar los rumores. Este fallo les insufló energías nuevas, y se lanzaron a la enésima mejora del acelerador, estaban rozando la gloria, un éxito nuevo. La máquina estaba funcionando de maravilla y después de varias décadas de operación, la conocían muy bien, todo iba sobre ruedas. Y tendrían un buen margen para dar un golpe definitivo: después de una correcta estimación de daños y varias semanas de comités de crisis se pudo hacer un buen cálculo de cuánto tardarían en reparar todo el daño, unos catorce meses más. Y gracias a que había muchos imanes de reserva, los usarían todos, hasta los que estaban de exposición o exhibición. Era un duro golpe, pero se saldría adelante. Eso sí, sabíamos que no habría segundas oportunidades, cada minuto que pasaba se incrementaba el coste del proyecto, el presupuesto crecía y se desvanecía el crédito. Teníamos catorce meses más de prórroga, pero la paciencia se estaba acabando. Era ahora o nunca.

El renacer

La tensión se palpaba, era obvia. Había mucho en juego. La financiación en ciencia es pública y busca resultados. Lo peor es que aquí solo cuenta quién llega primero, al segundo le queda el descrédito. Así que no es una cuestión solo de orgullo, de hegemonía, de ver quién manda, todo esto en realidad se traduce en financiación, apoyo económico y nuevos proyectos.

Fueron catorce meses de tensión a la espera de una segunda oportunidad. Tampoco fue un periodo desaprovechado, ni siquiera por nosotros, los que estábamos del lado del detector, a la espera de los datos. Más bien al contrario, cada minuto contaba. Se empleó ese tiempo extra para hacer nuevas simulaciones, mejorar los sistemas de control, entender mejor los detectores y preparar todo para cuando llegaran las colisiones. Sabíamos que, si todo iba bien, tarde o temprano llegarían y cuando lo hicieran eso sería una locura, una cacería, ahí sí que no habría tiempo que perder. Yo sí me di cuenta de que ese retraso afectaría a mi tesis, era un año menos de datos, llegaría tarde quizá para trabajar buscando el Higgs. Pero la verdad es que el trabajo era tan frenético que, quitando las primeras semanas que estábamos todos en *shock*, tampoco hubo demasiado tiempo para lamentaciones. Cada día tenías un nuevo mail con instrucciones de cómo analizar las simulaciones o como estudiar los datos tomados con rayos cósmicos. En un proyecto así, el trabajo es infinito y hay tiempo para todo menos para aburrirte.

Así que pasaron los meses, rápido. Como dice Sabina, el verano acabó, y el otoño duró lo que tarda en llegar el invierno, y ahí estábamos una vez más. Habían transcurrido los catorce meses prometidos y no solo se habían reparado todos los daños, sino que se había implementado también un sistema de control para evitar que algo parecido volviera a suceder. Es lo que tienen los errores, en una cabeza bien formada son un aprendizaje para que eso ni nada parecido se repita.

Y así llegamos al 20 de noviembre de 2009, día en que estaba previsto reiniciar la máquina. Sobre todos se cernía la sombra del accidente pasado. ¿Y si volvía a ocurrir? Algo así sería el fin del proyecto, completo. ¿Y si la máquina estaba maldita? Nadie quería pensar en algo así. ¿Y si era el bosón de Higgs quien estaba boicoteando el LHC? No, no me he vuelto loco. Esta fue una idea propuesta por unos físicos, no un par de chalados, gente seria, que idearon un mecanismo que permitía al bosón viajar al pasado y sabotear la máquina para evitar su descubrimiento. Igual solo así se podía explicar cuarenta años de fallos y desencuentros, proyectos cerrados a mitad de construcción y accidentes. Era tal la frustración que hasta la idea más loca parecía razonable. El Higgs parecía una maldición.

Pero ahí estábamos, las 10.000 personas que trabajábamos en el proyecto, ilusionadas porque ese día la suerte iba a cambiar, comenzaba una nueva era, la era de la caza del bosón de Higgs, o al menos eso pensábamos. Estábamos preparados para cambiar la historia. Y esta vez… todo fue según lo previsto. Los protones dieron vueltas y el acelerador se portó de maravilla, sin ningún incidente. Fue un momento de celebración, descorchar más botellas y brindar, el LHC estaba de vuelta. Que nuestros colegas de Tevatrón se prepararan, el Ferrari acababa de arrancar.

No es mala analogía esa para expresar lo que sentíamos. Era una carrera y lo importante era llegar los primeros. Nosotros sabíamos que teníamos el mejor coche, el más rápido, partíamos con ventaja. Pero no era bueno confiarse, también era un coche nuevo, que nunca se había usado y no se sabía si podía fallar. Además, había que aprender a pilotarlo y eso llevaría algún tiempo. Éramos conscientes de que nuestra ventaja era circunstancial y había que saber jugarla, cualquier fallo daría con nuestras ilusiones al traste.

Y, a pesar de su complejidad, el acelerador funcionó de maravilla. Día tras día, durante el primer año, estuvo siempre por encima de las expectativas, acumulando éxitos, nuevos hitos. Si vais alguna vez al CERN y podéis visitar la sala de control, acercaros a los muebles del fondo y veréis encima una docena de botellas como mínimo, todas bien etiquetadas; cada una fue descorchada aprovechando un logro. Se fue poco a poco, pero sin pausa. Al principio los protones giraron sin acelerar, en ambos sentidos. Pero, al poco tiempo, ya estaban dándole empujones. Fue un día maravilloso cuando se consiguió la primera colisión, cuando se alcanzó el récord de energía de colisión, cuando se aumentó el número de protones y se consiguió el récord de número de colisiones... cada vez que se daba un paso más, había una pequeña celebración que servía para recordar que estábamos haciendo historia. Que estábamos haciendo algo grande. Y todo seguía, esta vez sin sustos, según lo previsto. Ahora sí, había llegado la hora de hacer física.

Comienza la acción

Y con las primeras colisiones —oh, bendición—, llegaron los primeros datos. Yo ya estaba viviendo en Ginebra de forma permanente cuando esto ocurrió. Estaba ya instalado, en un piso compartido, viviendo como buenamente se podía, en un país extranjero, uno muy frío, donde no es fácil encajar, siempre hace frío y está nublado, y tampoco es fácil sobrevivir; hablamos del más caro del mundo, siendo un becario español con un pequeño salario. Pero nada de esto importaba, cada mañana cogía mi bicicleta blanca del CERN y recorría los 7 kilómetros que me separaban para ir al mejor trabajo del mundo, estaba trabajando en el mayor colisionador que se había construido nunca, indagando en los misterios más profundos del universo, viajando al Big Bang, el inicio del cosmos, estábamos haciendo historia.

Allí, en el laboratorio, también estaba ya acomodado. Mi despacho estaba en la tercera planta del edificio 32, con otros españoles del mismo grupo de investigación. Y tenía ya mi pequeña rutina, desayunaba en la cafetería del CERN, me ponía a trabajar, comía con amigos y compañeros, las tardes solían estar dedicadas a reuniones de grupo y por las noches era hora de socializar un poco, un partido de fútbol, las clases de salsa, una cena con amigos… fueron tiempos muy bonitos, los recuerdo con mucho cariño.

Y los datos no paraban de llegar y había que analizarlos. Pero, al menos durante el primer año, no serían suficientes para hacer descubrimientos. El ritmo de colisión de esos tiempos no alcanzaba para generar suficientes datos para descubrir el bosón de Higgs. Así que el primer objetivo, durante ese primer año, sería otro, comprobar que todo funcionaba correctamente, ver que todo iba bien. No solo que no había fallos en el acelerador o el detector, sino también que las detecciones y medidas fuesen correctas, lo que se suele llamar la calibración del aparato. Y para eso se usaban partículas ya conocidas, que se sabía que estaban ahí; haríamos lo que los físicos llaman redescubrir el modelo estándar, es decir, volver a descubrir todas las partículas del modelo estándar con la ventaja de que ya sabemos que existen. Si las encontramos donde tienen que estar es que todo estaba ok. Y se haría con todas, desde las más ligeras como el pion o el j/psi, hasta otras más energéticas como los bosones W y Z o el quark top. Solo haciendo esto bien, puedes atreverte a mirar donde nadie ha mirado, ir más allá, osar hacer un descubrimiento.

Así que esos primeros meses estuvieron marcados por las noticias de nuevos datos, cada vez con más energía, y la búsqueda de las primeras partículas. Ver la reconstrucción en el detector de las primeras trazas y los primeros resultados de partículas redescubiertas fue maravilloso. Todo marchaba según lo previsto.

Pero al año de operaciones del LHC, la cosa empezó a ponerse seria. Los ingenieros de la máquina habían ganado confianza y empezaban a pisar el acelerador. No solo eran, ahora sí, colisiones de alta energía, los 7 TeV prometidos, sino que además se hacían cada vez con más protones, de forma más recurrente: en una semana de colisiones se recogían más datos que en todo el año anterior. Había llegado el momento de empezar a hacer física. Había comenzado la caza.

El pinche bosón

Buscar una partícula es algo muy loco, de verdad. Tan loco que, si te lo cuento tal y como es, a lo bruto, lo primero que piensas es: «No tiene sentido, es imposible». Porque todo parece estar dispuesto para que no lo consigas, en especial con el bosón de Higgs, una maldita partícula que parecía hecha para no ser nunca descubierta. Se escondía tanto como podía y lo hacía muy bien. El maldito bosón de Higgs. Era un reto enorme.

Lo más curioso del proceso es que nada se parece a lo que seguramente tú te has imaginado de lo que debe ser la colisión y la búsqueda de una partícula. Cuando uno imagina cómo puede ser una colisión de partículas, piensa en un protón como una bolita que se lanza contra otro protón, otra bolita, y chocan. La realidad no tiene nada que ver con eso, y por suerte, si fuera así diseñado el experimento, nunca veríamos una colisión. La razón es porque los protones son muy pequeños, endiabladamente pequeños, y nuestra técnica actual no es capaz de manejarlos con tanta precisión como para dirigirlos uno contra otro de forma eficaz: si hoy lanzamos un protón contra otro protón a esa tremenda energía, con un 99,99999999999 por ciento de probabilidad pasarán de largo como si nada. La solución que se ha encontrado a este problema es colisionar a lo bruto: si solo colisionan 1 de cada 100.000 millones de veces, lancemos entonces 100.000 millones de protones contra otros 100.000 millones de protones. Alguno chocará. Para que ubiques esta cantidad, es como 14 veces la población mundial. Esto es lo que se conoce como un *bunch* de protones o paquete de protones. Pero esto no es suficiente. Además, como no hay tiempo que perder, hay que colocar muchos paquetes de protones, uno tras otro, miles de ellos como si fuera un tren y estos paquetes de protones fueran vagones, separados por 7 metros, es lo que se llama un haz de protones, de forma que tan pronto acabe una colisión ya esté empezando otra, repitiendo esta locura de desenfreno cuántico 40 millones de veces por segundo. Como apenas tenemos bajas en cada colisión, recuerda que la probabilidad de choque es bajísima, el haz puede seguir circulando, dando 11.000 vueltas por segundo para generar nuevas colisiones. Según el tiempo pasa y las colisiones se repiten, la calidad del haz va bajando, contiene menos protones. Pasadas entre 10 y 20 horas, conviene tirar el haz y volver a empezar. Esta es la operación normal en el mayor experimento construido por el ser humano.

¿Por qué tantas colisiones?, te preguntarás. Parece enfermizo. Vale que los protones choquen con baja probabilidad, pero esto se soluciona poniendo muchos protones en cada paquete. ¿Por qué ese ritmo, 40 millones de veces por segundo? Es una auténtica locura. Eso complica las detecciones, fríe de radiación los detectores, complica la electrónica de los dispositivos, los sistemas de almacenamiento de datos, hace que todo el experimento se vea sometido a unas condiciones complicadísimas, demenciales. La razón es porque el bosón de Higgs es muy maldito, se esconde todo lo que puede, tanto que esta es la única forma que se ha ideado para producirlo y encontrarlo. La verdad es que no hay otra. Todo está causado por lo extraño que es este bosón.

Sabemos que de la colisión de protones salen partículas del vacío cuántico, como fuegos artificiales. Pero no hay que olvidar que esta colisión de protones es un proceso cuántico. Eso hace que chocar protones se parezca más a abrir un cofre del Clash Royale o un sobre de cromos, para los más *boomers*, que ir a comprar fruta al mercado. Cuando vas a comprar fruta al mercado puedes elegir cuál quieres y en qué cantidad. Aquí no es así, en la cuántica domina la probabilidad, la suerte. De un cofre o un sobre pueden salir muchos tipos de cartas, pero no todas son igual de probables, hay algunas muy comunes, otras son épicas y otras aun legendarias. De la colisión igual, pueden salir muchas partículas, electrones, piones, quarks, bosones W o un bosón de Higgs. Pero al ser un proceso cuántico, no sabemos qué saldrá, no lo podemos controlar, es un proceso que está dominado por la probabilidad. Hay partículas muy comunes, otras son más raras, otras son rarísimas. Y sí, lo has adivinado, el bosón de Higgs es de los extra raros, de los que no salen nunca, el bosón de Higgs es una partícula legendaria. En cifras, un bosón de Higgs se genera cada 1.000 millones de choques de protones. Unas diez veces menos de probabilidades de que te toque la lotería. Si fuera un cromo, arruinarías a tus padres antes de conseguirlo.

Suena mal, ¿verdad? Encontrar algo tan raro. Bueno, respira, podría ser peor; bueno, de hecho, es mucho peor. Porque hasta ahora solo hemos hablado de generarla, de producirla. Ahora toca hablar de la segunda parte del trabajo, detectarla. El bosón de Higgs es una partícula tímida, no le gusta que la vean. Tanto, que es inestable, según se crea se desintegra: su tiempo de vida es de unos 10^{-25} segundos, una fracción mínima de un segundo, un nada. Eso hace que sea imposible detectarla directamente, ni siquiera alcanza a salir del tubo de la colisión y llegar al detector. Suena fatal, lo sé. Imposible... no podría ser peor. Bueno, a decir verdad... es peor.

El bosón de Higgs desaparece muy rápido, se desintegra, pero no se esfuma como si nada, y ya. Al desintegrarse, en su lugar aparecen otras partículas, como una piñata que se rompe y deja caer los caramelos, con la diferencia de que estas otras partículas no están literalmente dentro del bosón de Higgs, vienen del vacío cuántico. De todos modos, estas partículas que quedan de la desintegración no pueden ser cualquier partícula que te imagines, tienen que cumplir ciertas reglas cuánticas, por lo que solo existe un set de partículas posibles en esta desintegración: pueden ser cuatro electrones, cuatro muones, dos electrones y dos muones, dos bosones W, dos bosones Z... Cada uno de estos posibles escenarios de desintegración o sets de partículas se llama canal de desintegración.

¿Cómo se hace entonces para encontrar una partícula como esta que es inestable? Pues trabajando de forma muy parecida a como lo hace un detective, como Sherlock Holmes. Sherlock nunca va a ver el crimen en sí mismo, no puede viajar al pasado y presenciarlo. Pero eso no evita que pueda reconstruirlo, saber cómo ha sucedido, cada detalle, gracias a las pruebas. Sherlock visita el lugar del crimen, hace preguntas a los testigos, a los sospechosos, junta cada pista y con ello infiere, esta es la palabra clave, lo que ocurrió en el pasado, en aquel momento. Reconstruye toda la historia viajando al pasado hasta el momento crítico, que no puede presenciar, el momento cuando sucedió el crimen. Nosotros podemos hacer lo mismo. Sabemos que no podemos ver al bosón de Higgs nunca, vive demasiado poco, pero observando lo que queda después, los productos de la desintegración, sí podemos conseguir pistas y usarlas para inferir que apareció. Tenemos que usar esas partículas que quedan después de su desintegración para deducir que el bosón estuvo ahí. Con ellas estamos de alguna forma viajando al pasado, a cuando estaba presente y así observarlo. Y aquí viene el problema. El Higgs legendario se desintegra en otras partículas, son estas las que tenemos que usar para descubrirlo: electrones, muones, quarks... Esa parte es fácil, habrá que detectar estas partículas y ya. Pero una vez detecto, por ejemplo, un electrón, ¿cómo sé si es un electrón normal o es un hijo del bosón de Higgs? Esta es la razón por la que no se puede encontrar un bosón de Higgs con una sola colisión, puedes detectar partículas que podrían provenir de un bosón de Higgs, pero también de otro proceso, nunca podrás distinguirlos uno a uno. Así que el descubrimiento se tiene que hacer de otra manera, de forma colectiva, estadística, a lo bruto. Lo sé, suena demencial absolutamente, no podría ser peor... pues... ¡vaya! Sí que lo puede, de hecho, es aún mucho peor.

Esta desintegración en estos posibles escenarios, los canales de desintegración, es nuevamente un proceso cuántico: no podemos descubrir en cuál se va a desintegrar, todo lo que podemos saber son los canales que hay y la probabilidad que tiene cada canal. De nuevo se parece mucho más a un cofre del Clash Royale que a ir a comprar fruta. Y no todos los canales son iguales en términos de complejidad o dificultad, hay algunos más sencillos o «limpios» y otros más complicados o «sucios». Los más limpios son esos canales en los que están involucradas partículas fáciles de detectar, por ejemplo, los electrones o los fotones o, en especial, los muones. Son fáciles porque estas partículas se identifican en las partes externas del detector, donde hay menos ruido (muchas otras partículas han sido ya atrapadas), por lo que es más sencillo localizarlas y medirlas bien. Es como ser profesor de universidad, ¿verdad que es fácil dar clase en el último curso, donde ya quedan pocos alumnos, que en el primero, donde hay cientos? Sé que este ejemplo ha dolido, lo siento. Además, recuerda que no solo hay que encontrar la partícula en cuestión, el electrón o el quark, sino también hay que ser capaz de diferenciarla, de distinguir si viene de un bosón o se creó por otro proceso. Así que hay canales más limpios porque las partículas involucradas son más raras y, por lo tanto, el proceso de discriminar es más sencillo, y hay otros más sucios, porque las partículas implicadas son más comunes. No es lo mismo buscar a Wally en un zoo que en el estadio del Atlético de Madrid, al Morty malo en la fiesta de fin de curso del colegio que en la ciudadela de Ricks y Mortys o a Jackie Chan en Pekín. Pues eso. En definitiva, hay canales mejores que otros, esa es la simple realidad.

Así que toca ver cuáles son los canales más probables de desintegración, y cruzar los dedos, porque son esas partículas las que tenemos que buscar en el detector para inferir la existencia del maldito bosón. Y cuando uno lo hace, se lleva las manos a la cara. Pero, para entenderlo, primero tenéis que saber que estas probabilidades dependen de la masa que tenga el bosón, recordad que esto es algo que no se sabía, la masa de esta partícula. Todo lo que se conocía era que tenía que estar en un rango determinado, podría ser «ligero», entre los 110 y los 300 GeV, o «pesado», entre los 300 GeV y los 700. Ambas posibilidades dan situaciones muy diferentes. Si el bosón de Higgs es pesado, se desintegra principalmente en bosones pesados, los bosones W y Z, como estas partículas son fáciles de detectar y poco comunes estos son canales limpios, fáciles de identificar; pero si el bosón de Higgs es «ligero», y esto era *a priori* lo más probable, se desintegra principalmente en quarks pesados, el canal más sucio que te puedes imaginar y las partículas más comunes que existen. Es tan loco descubrir este bosón que podemos usar la expresión «encontrar una aguja en un pajar» como comparación. Si calculas el volumen de una aguja respecto a un pajar completo puedes ver que el bosón de Higgs equivale a encontrar una aguja en un millón de pajares. Toca buscar a Wally en millones de estadios como el del Atlético de Madrid. Encontrar este maldito bosón es una auténtica pesadilla.

Buscando el pinche bosón

¿Cómo encontrar algo así? Rebuscando entre los datos con mucho ojo. Vamos a verlo con un ejemplo particular, un canal de desintegración: el Higgs se desintegra en 4 muones.

La receta es la siguiente.

Lo primero que tenemos que hacer es tomar todas las colisiones que tenemos hasta ese momento, que serán cientos de miles de millones de ellas, probablemente. Cada colisión es una foto del detector que capta las partículas que salen de ahí, esos fuegos artificiales cósmicos del vacío cuántico. La foto en cuestión pesa unos 4 MB. Como puedes imaginar es algo computacionalmente costoso y que requiere de muchos recursos. Pero tenemos acceso a un gran clúster, así que lo podemos hacer en un tiempo razonable.

Vamos allá, tomemos todas las colisiones y vayamos una por una mirando qué partículas se han generado. Cuando veamos que en una de ellas hay 4 muones, seleccionamos esa colisión y la guardamos en el disco. Es un candidato a bosón de Higgs, pero recuerda que no podemos estar seguros, esos 4 muones podrían proceder de otro proceso, y es mucho más probable que así sea.

Si seguimos así con todas las colisiones, al final de los miles de millones de colisiones iniciales nos hemos quedado con pocas, posiblemente decenas de miles, que han cumplido nuestro criterio, en todas ellas hay 4 muones, son candidatos a bosón de Higgs. La pregunta es, ¿cómo saber si alguno de ellos fue generado por un bosón de Higgs? Quizá podamos hacerlo por descarte.

Imagina que buscamos la estadística de goles que ha marcado el Real Madrid durante el año, y son 120. ¿Pero todos, todos, los han marcado jugadores del Real Madrid? Bueno, hay una forma de comprobarlo. Vas jugador por jugador: Benzema, Vinicius, Rodrygo… viendo cuántos goles ha marcado cada uno y los vas apuntando. Al final suman 118. Bueno, hay dos goles que no ha marcado ninguno de los jugadores del equipo, así que podemos inferir que fueron 2 goles que se marcaron en propia meta. Eso mismo podemos hacer nosotros, si sabemos exactamente cuántos procesos conocidos generan 4 muones y los listamos correctamente, si sumamos todos y cada uno de los sucesos y lo comparamos con el resultado final, si ambos números no coinciden es que tiene que haber algún otro proceso, escondido, generando precisamente esos 4 muones que faltan. Es un indicio de que hay un proceso invisible actuando.

Entonces, ya tenemos un procedimiento claro para este canal: buscamos entre todas las colisiones aquellas que tengan al menos 4 muones; por otro lado, intentamos localizar todos los procesos que generen 4 muones y estimamos cuántas veces deberían haber aparecido y lo sumamos. Es momento de comparar, si en los datos hay más sucesos de 4 muones de lo estimado, seguramente ahí hay una partícula. Exactamente igual que con los goles del Real Madrid.

Como podéis ver, este es un proceso largo y tedioso, hay que ir colisión por colisión, millones de ellas obtenidas durante varios años, viendo qué está ocurriendo. Y otro detalle muy importante, hay que conocer muy bien los procesos físicos de fondo, los que generan el ruido, esos 4 muones que no vienen del bosón de Higgs. En el símil de los goles, es lo mismo, hay que estudiar muy bien los goles que ha metido cada jugador, uno por uno, y no fallar. Luego estos goles se están sustrayendo del total, de modo que, si no somos buenos estimando los goles individuales, tanto si nos pasamos como si nos quedamos cortos, no podremos hacer el cálculo final, los goles en propia puerta. Con las partículas igual, solo que en este caso es aún peor, de fallar bien podemos hacer un falso descubrimiento o al revés, dejar pasar un descubrimiento por una mala estimación.

Por eso, los primeros años fueron dedicados con gran intensidad a aprender sobre estos fondos, sobre el ruido. Antes de que hubiera datos suficientes para encontrar el bosón de Higgs, todo el músculo se puso en este esfuerzo, conocer cada fuente de ruido, hasta el más mínimo detalle, estar seguros de que está bajo control, que está bien dominada. Se hicieron varios grupos, de varias decenas de personas, cada uno dedicado a una fuente de ruido diferente, había que aprender todo sobre ella. Uno de los ruidos más importantes para el Higgs eran dos partículas hermanas, los bosones electrodébiles, el W y el Z. Justo a lo que dedicaría yo dos años de investigación.

El bosón W

Las investigaciones en un gran proyecto como CMS se hacen por grupos, puñados de personas de diferentes países y universidades con intereses similares que trabajan con un mismo objetivo. De este modo, existe el grupo de muones, que se encarga de estudiar la detección y medida de esta partícula; el grupo de supersimetría, que estudia experimentalmente esta teoría; el grupo de partículas exóticas... y así sucesivamente. Cuando uno entra en el experimento busca en qué grupo participar y ahí te asignan una tarea bajo la responsabilidad de cumplirla y asistir a las reuniones semanales de coordinación.

Pues bien, el grupo electrodébil era, antes de que entrara el Higgs en escena, al tercer año de datos, uno de los más fuertes y relevantes en el CERN, si no el más. Conocer cada detalle de estos bosones y estar seguros de que se estaba midiendo bien era una de las grandes prioridades de ese segundo año, algo fundamental para lanzarse a la búsqueda del Higgs al tercer año. Por lo que era normal que no solo grandes instituciones como el MIT, el Imperial College o Harvard tuvieran grandes equipos de personas metidos en este grupo, también algunos de los pesos pesados de la colaboración, personas muy relevantes y con mucha influencia en el experimento, formaban parte de él. Dentro de este grupo, de unas ochenta personas, caí en ese año de transición, el 2010. Habíamos decidido que ese iba a ser el tema de mi tesis, detección de bosones electrodébiles en CMS. En particular, me encargaría de calcular cuantos bosones W se habían producido en las colisiones de protones. En el símil de goles, sería como calcular los que ha metido Benzema.

Era algo verdaderamente intimidante. Cuando iba a las reuniones de grupo semanales, ahí los tenías, a los otros investigadores, eran muchos, gente muy lista, con mucha experiencia y muy importante, hablando de cosas que como estudiante claramente me sobrepasaban. Me sentía aturdido, pequeño e irrelevante. Yo, un chico de pueblo, rodeado de algunos de los científicos más importantes del mundo, con una tarea vital, calcular cuántos bosones W se producían en las colisiones de la máquina más potente del mundo para ayudar a encontrar el origen de la masa.

Era aún peor, porque, aunque no es lo más bonito que uno puede imaginar, una parte de la esencia de la ciencia, ya lo habéis visto, también es la competición. Se compite entre países (Europa-Estados Unidos), entre laboratorios (CERN-Tevatrón), entre experimentos en un laboratorio (CMS-ATLAS), pero incluso entre equipos dentro de un experimento. Este era mi caso. Dentro de este grupo de investigación tan impresionante había varias propuestas de cómo medir la producción del bosón W, diversas estrategias para su cálculo, que eran defendidas por los diferentes grupos, MIT, Imperial, Harvard... estrategias que, a la hora de la verdad, competían para ver cuál era mejor, más adecuada, para la elaboración del cálculo final, el que iría a la búsqueda del bosón de Higgs. Mi jefe tenía una idea de cómo hacerlo, y yo sería el encargado de crear el código y hacer el cálculo. Juntos competíamos contra equipos de ocho o diez personas de grandes universidades del mundo. Sí, la palabra exacta era «intimidante».

Pero mi jefe tenía muy buenas ideas y su estrategia era francamente la mejor. Así que yo partía con ventaja, lo que suponía una gran responsabilidad; tenía que desarrollar el código que estableciera cada paso en la búsqueda para dar con el resultado final, cuántos bosones W se producen en las colisiones, que nadie se adelantara y demostrar que esa estrategia era la mejor. Cada semana había que ir a la reunión de grupo, mostrar los resultados y luchar ferozmente para responder las preguntas y demostrar que ibas un paso por delante de las otras propuestas, que la tuya era más sólida. Así, durante un largo año. Finalmente, lo conseguimos, teníamos un resultado para el número de bosones W que se producían y la estrategia funcionaba a la perfección. Había escrito un código de miles de líneas que tomaba todos los datos, estudiaba las partículas de la colisión, las media y calculaba la producción de bosones W. Había costado un largo año, pero lo tenía. Al final, vencimos; nuestra propuesta fue la aprobada por la colaboración y la que fue enviada a publicación, nuestras gráficas y nuestros procedimientos fueron los que aparecieron en el artículo final. Es más, nuestros números fueron los que se aprobaron para que se reflejaran en la búsqueda del bosón de Higgs que se iniciaría al año siguiente, el bosón W sería uno de los canales más importantes de búsqueda. Nuestros cálculos estarían ahí. Un verdadero honor y una gran responsabilidad. Pero aún quedaba mucho camino, el verdadero premio todavía esperaba, había que encontrar el maldito bosón.

La recta final

Estábamos a mitad de 2011 y las cosas empezaban a pintar de manera excelente. El acelerador cada vez rendía más, su progresión había sido imparable y si todo seguía según lo previsto para final de año ya se tendrían suficientes colisiones como para empezar a mirar si se veían indicios de una nueva partícula. Los grupos emigraban desde análisis satélite, como el mío, el electrodébil, al Higgs e iban tomando posiciones alrededor de la gran pieza, todos querían formar parte de esta gran cacería. El momento de la verdad había llegado.

Según se acumulaba más y más estadística, los grupos se devanaban los sesos para extraer toda la información. Cada uno dedicado a un canal en particular, mirando en todo el espectro de masas del bosón de Higgs, a ver dónde aparecía. Los primeros resultados no tardaron en llegar, venían de los canales más sencillos, los más limpios, los de alta masa. Definitivamente, el bosón de Higgs no iba a estar por ahí, ni rastro de él. Se acortaba la búsqueda. Tampoco parecía que en la baja masa surgiera nada interesante; en los 110 GeV, también se fue descartando. Poco a poco se ponía cerco, delimitando más y más la búsqueda. Tampoco aparecía a los 500 ni a los 400 GeV. Daba la sensación de que sería un Higgs ligero, si es que existía. Si recordáis bien, el lugar más difícil para encontrarlo.

Donde mejor se podría esconder. Sin olvidar que, por supuesto estaba la opción, nada desdeñable, de que el bosón no existiera. De hecho, según se avanzaba en la búsqueda haciendo descartes, cada vez las opciones de que no existiera eran mayores.

Para otoño de ese año ya estaba claro, el Higgs, de existir, debería estar en esa ventana de masa, entre los 110 y los 200 GeV, precisamente la más difícil de estudiar, la que más tiempo costaría, la más delicada de todas. Para que lo entendáis nos centraremos en la búsqueda en esta ventana. Vamos a ver, con mucho detalle, cómo se hace.

Recordemos lo de los goles del Real Madrid, la búsqueda se hace por descarte. Pero también sabemos algo más. Aquí viene la física al rescate. En particular, la ley de leyes, es la ley de conservación de energía. Cuando el bosón de Higgs se desintegra no lo hace de cualquier forma, lo hace de manera ordenada, como diría Homer: «En esta casa se cumplen las leyes de la termodinámica», el bosón de Higgs la cumple también. Así que en su desintegración conserva la energía, es decir, la energía antes y después de desintegrarse ha de ser la misma. Por lo que, si sumamos la energía de todas las partículas en las que se desintegra, esta tiene que ser la misma que la que el bosón tenía antes de desaparecer. Pero ¿qué energía tiene el bosón? Bueno, se crea en reposo, así que su energía será su masa, recordad $E=mc^2$. Ahí tenemos una regla importante: los bosones de Higgs, cualquiera de ellos, al desintegrarse ceden la misma energía, la energía de su masa. Esta es la pista que podemos usar como Sherlock Holmes para inferir el bosón. Esta es la clave. Si el bosón tiene 100 GeV y se desintegra en 4 muones, si sumamos la energía de esos 4 muones nos tiene que salir algo parecido a 100 GeV. Si hacemos esto con muchas colisiones que tienen 4 muones, sumamos su energía y el bosón de Higgs existe, entonces esperamos ver una acumulación justo ahí, en el valor de su masa.

Pues juntando todo esto podemos encontrar al pinche bosón; se hace así, te lo explico.

Empezamos eligiendo nuestra ventana de masas donde queremos buscar el bosón, una ventana pequeña, por ejemplo, entre los
110 GeV y los 200 GeV; y eligiendo también nuestro canal, pongamos por caso, la desintegración en 4 muones. Ahora solo tenemos
que crear un histograma, tomar los datos y, como en el caso del
Real Madrid, contar. ¿Un histograma? ¿Qué es eso? Te cuento.

Un histograma no deja de ser un clasificador, como tienes en
tu casa, ya sea de billetes, de colores de lápices, de facturas… lo
mismo. Y entender cómo funciona es muy simple. Vamos a verlo
con un ejemplo. Tienes en casa el típico tarro de monedas todas
mezcladas, y quieres saber cuántas hay de cada una de ellas, pues
puedes usar un histograma, de esta manera: tomas la primera
moneda, es de 10 céntimos, vas a la casilla de 10 céntimos y apuntas 1; tomas la segunda moneda, es de 1 euro, vas a la casilla de 1
euro y apuntas 1; tomas la tercera, es de 1 euro, vas a la casilla de
1 euro y ahora le sumas 1, pones 2 y así sucesivamente. Al final, ves
que sirve para contar cuántas hay de cada una, lo puedes ver en el
histograma, 3 de 10 céntimos, 8 de 20 céntimos, 4 de 50 céntimos,
5 de 1 euro y 1 de 2 euros. Te podría salir algo similar a lo que
vemos en la figura de abajo. Has hecho tu primer histograma. Solo
es una máquina de contar cosas parecidas. Ya está. También lo puedes hacer en clase con las alturas de los compañeros. Cuentas cuántos miden entre 1,50 y 1,60 y lo pones en la primera casilla, entre
1,60 y 1,70 y lo pones en la segunda, entre 1,70 y 1,80 en la tercera, entre 1,80 y 1,90 en la cuarta y ahí lo tienes, tu segundo histograma. ¿Fácil? Yo creo que sí. Esto lo puedes hacer con cualquier
cosa que quieras clasificar. Nosotros también lo podemos usar. En
este caso, vamos a clasificar las colisiones que producen 4 muones
para ver si ahí hay un bosón de Higgs. Y como antes decíamos en
el caso del Real Madrid, la forma de ver si hay algo nuevo va a ser
por descarte, comparando dos valores, las cuentas que salen en este
histograma en las colisiones y las cuentas que salen con las estima-
ciones de ruido, si no coinciden, es que hay ahí una nueva partícu-

la. Por eso necesitamos realizar una comparación dentro del mismo histograma. Se hace así, esta es la receta.

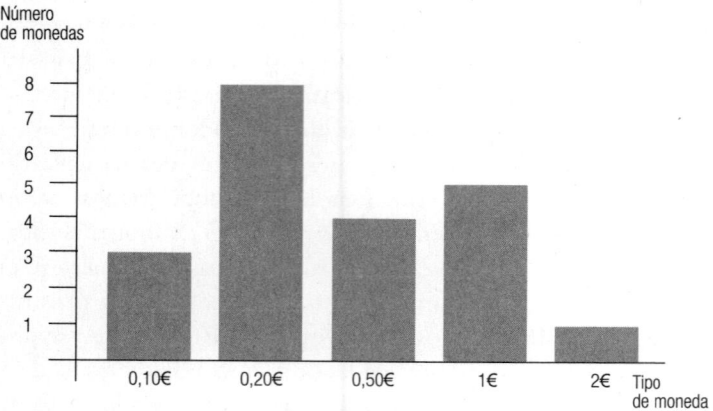

Un histograma del contenido del tarro de monedas.

Vamos a hacer dos colisionadores de partículas. Uno va a ser simulado, de mentira, un colisionador que hace colisiones virtuales siguiendo las reglas de la física conocida que nosotros programamos, simulando un mundo SIN bosón de Higgs. Con este simulador virtual hacemos miles de millones de colisiones, buscamos una por una en las que aparecen al menos 4 muones, calculamos la energía de los 4 muones, la sumamos y lo que te salga, por ejemplo, 140 GeV, vas al histograma, a su casilla correspondiente y le sumas 1. Eso lo haces con cada uno de los sucesos simulados. Rellenando poco a poco el histograma, como si fueras poniendo piedras en cada casilla, estás contando el número de veces que ha salido cada combinación de masas. Ahora haces exactamente lo mismo, pero no con el colisionador simulado, el virtual, sino con el real, vas una por una por todas las colisiones reales, ves las veces que han salido 4 muones, sumas su energía y vas al histograma y le sumas uno a la casilla correspondiente. Así con todas. Genial. Operando de este modo, vas a tener dos curvas, una virtual y otra simulada. ¿Qué esperas ver? Pues si la simulación está bien hecha (y lo está) y no existe el bosón de Higgs, las dos curvas deberían caer una encima de la otra, la simulación sin bosón de Higgs se adapta muy bien a lo que se ve en la realidad. El bosón de Higgs no existe. Pero si, en cambio, se ve una discrepancia en las dos, en forma de pico, lo habremos descubierto, ahí está el bosón de Higgs. Ese es un pico que se forma por acumulación de sucesos de desintegración del bosón de Higgs sobre un fondo de ruido. Ese pico sería perfectamente indicativo de que ahí hay una nueva partícula desintegrándose, una nueva que no se ha tenido en cuenta en la simulación. El pinche bosón.

¿Y qué ocurrió?

El mayor miedo de todos los que trabajamos allí son los falsos positivos, en particular de los responsables del experimento. He contado de forma muy simple y muy resumida años y años de trabajo, grupos de colaboración de cientos de personas, programas de miles de líneas de código y horas y horas de cálculos en enormes granjas de computación. Los errores son posibles y existen. Esto me trae a la mente un recuerdo.

Era un día de fiesta en el CERN, se acababa de anunciar que un grupo de científicos que trabaja en el laboratorio italiano de Gran Sasso estudiando neutrinos que eran enviados desde el CERN (sí, a más de 700 kilómetros de distancia atravesando la Tierra) había calculado que estos neutrinos llegaban a superar la velocidad de la luz. Nada puede superar la velocidad de la luz, es el límite máximo del universo. Por eso este resultado era tan revolucionario, era lo que se estaba buscando, pondría toda la física patas arriba. Y no nos vamos a engañar, eso es bueno para todos, para el CERN también. Somos científicos, trabajamos para la sociedad y nuestros éxitos son en forma de descubrimientos de cosas que pasan, no de cosas que no pasan. Revelar que otra partícula no supera la velocidad de la luz no es una noticia, lo contrario sí lo es. La repercusión mediática es la mejor forma de consolidar proyectos, que hablen de nosotros en los medios ayuda a garantizar la financiación, en ciencia hay una lucha constante por hacerse relevante, por hacerse visible, por llegar a la gente, por ser significativos. Ese resultado era noticia, daría la vuelta al mundo, iba a ser muy sonado: la teoría de la relatividad de Einstein contra las cuerdas.

En toda la física reverberó la bomba que se había lanzado desde Gran Sasso, pero especialmente en el CERN que estaba involucrado en el experimento. Yo estaba en mi despacho cuando recibí la noticia como nota oficial del servicio de prensa. Habría una conferencia oficial para anunciar el resultado en el auditorio principal del CERN, tenían que contarnos los detalles del descubrimiento. La sala se llenó hasta arriba. Yo estaba allí, en primera fila, escuchando cada palabra. No quería perderme la presentación de un descubrimiento que sería histórico, se recogería en todos los libros de ciencia y crearía una nueva revolución solo comparable con la que vivió Einstein en 1905.

Pero yo era un joven inexperto. Miraba a mis jefes y no parecían muy emocionados. «¿Por qué estáis tan tranquilos?», les preguntaba. «Estoy seguro de que se trata de algún tipo de error, un cálculo mal hecho. Hasta que no haya otro experimento diferente que encuentre exactamente lo mismo, no lo voy a creer», decían. Pocos meses después, la misma colaboración que había dado con ese resultado espectacular mandaba una nota donde corregía sus conclusiones, habían cometido dos errores en el proceso experimental. Por un lado, un retraso en una transmisión no había sido tenido en cuenta; por otro lado, un osciloscopio que estaba mal conectado, ambos efectos explicaban el resultado anormal que habían obtenido. No, no había una partícula viajando más rápido que la luz. Había sido solo una falsa alarma. Mis jefes tenían razón.

Las consecuencias de este tipo de errores son muy grandes, la confianza en el sistema científico, que es el mayor tesoro que tiene la comunidad, se resiente, es el descrédito. Por eso, cada resultado es analizado al detalle, las posibles fuentes de error son estudiadas y cuantificadas y todo lo que se hace es revisado minuciosamente. Aun así, por mucho esfuerzo que pongas, nadie es inmune al error. Esta es la mayor pesadilla de un físico experimental, por eso muchas veces, cuando ve un resultado positivo, lo primero que siente es miedo. La sombra de la duda siempre está presente.

Así que podemos entender el nerviosismo de los líderes del experimento, y en general de todos los científicos, cuando empezó a aparecer un discreto *bump* entre los datos en la búsqueda del Higgs, una ligera protuberancia. Después de descartar todas las regiones posibles, la última por ser escrutada comenzó a despertar, se veía un pequeño pico en los datos. Todo esto, por supuesto, se llevaba bajo el más profundo secretismo. Recordad que estamos en el contexto de una carrera, ya no solo con Fermilab y el Tevatrón, también interna, entre CMS y ATLAS. Pero la cosa se puso seria cuando este discreto pico empezó a crecer, y no solo a verse en un canal, sino en varios. Había un exceso de sucesos generando un pico en torno a los 125 GeV, muy tímido aún, pero suficiente para poner a todos nerviosos. Hasta que llegó un momento en el que el indicio era tan serio como para consultar con instancias superiores. El director general del CERN, Rolf Heuer, llamó a su despacho a los líderes de ambos experimentos, Guido Tonelli por CMS y Fabiola Guinotti por ATLAS, para contrastar resultados y opiniones. No solo había un pico cada vez más evidente en los datos de CMS, ATLAS estaba viendo exactamente lo mismo, con un detector diferente, *software* diferente, colisiones diferentes... todo parecía indicar que algo estaba pasando allí.

Y se tomó la arriesgada decisión de hacerlo público. Aún no se podía celebrar el descubrimiento, no era suficientemente evidente pero la dirección pensó que era buena idea hacer una comunicación pública. Yo solo conocía parte de lo que ocurría por rumores, el tema era la comidilla en el CERN, pero se mantenía el secreto de forma celosa. Fueron meses enteros en los que oías algo por aquí, otra cosa por allá, y tú intentabas armar el puzle completo. Yo estaba emocionado, eufórico, no lo podía creer, estaba sucediendo, lo que tanto había soñado se estaba haciendo realidad. Yo, además, era uno de los firmes defensores del mecanismo de Higgs, me parecía tan bonito y elegante que solo podía ser verdad. Como dijo un profesor que tuve, ya se había observado la masa de los W y Z, eso es como ver tres cuartas partes del Higgs… ¡el bosón tenía que estar ahí! Fueron meses increíbles, de muchas emociones, ansiedad, incertidumbre… todo estaba pasando a la vez. Porque ese era mi último año de tesis, estaba ya con mis resultados finales, a punto de concluir. Y llegó el día. La conferencia pública sobre la búsqueda del bosón de Higgs fue increíble. El auditorio estaba lleno, se conectaron a distancia miles de personas. Estábamos haciendo historia. Yo estaba ahí, flipando. Era diciembre de 2011. Estábamos cerca, pero aún quedaba más.

Tras la comunicación pública llegó el año nuevo y con ello la incertidumbre. Todo se había hecho demasiado deprisa, de manera acelerada. Eran estudios muy delicados en los que resultaba muy fácil cometer un error. Es más, en realidad, era una cascada de estudios en la que cada resultado dependía, y mucho, de otros anteriores y así sucesivamente. No era una locura que se hubiera pasado algo por alto, que se hubiera metido la pata con las prisas, o que las ganas de ver algo hubieran jugado una mala pasada. Demasiadas dudas. Por eso, con el nuevo año tocaba ver nuevos datos, nuevas colisiones que estaba dando el acelerador. Todo estaba en juego. ¿Y si al mirar nuevos datos ese pico desaparecía? Era algo que podría pasar y ese temor lo teníamos todos.

Pero los nuevos datos se usaron… y solo sirvieron para reforzar lo que se había visto en 2011. Cuantos más datos se tomaban, más claro era el pico en 125 GeV. Es más, con más datos se podían hacer nuevos análisis, de otros canales, y otra vez la misma historia, todos veían lo mismo: un pico muy claro, exactamente ahí, a 125 GeV. Tenía que haber algo ahí. Sí, era el último lugar donde se podía esconder el maldito bosón, pero parecía que ya no había dudas, ahí estaba, más de cuarenta años después, varios experimentos, miles de millones de euros de presupuesto y más de 10.000 personas, de las mejores de todo el planeta, trabajando en consonancia. Pero por fin había aparecido, no tenía forma de escapar de nuestro experimento. Habíamos dado caza al bosón de Higgs.

Pasaron los meses y llegó el momento esperado. Aguardado durante tanto tiempo, por tantas personas. La evidencia acumulada era tan grande que ya no había lugar a dudas, estaba en cada gráfica, en cada análisis. Se había conseguido, allí estaba, era el momento de contárselo al mundo.

Y llegó el día

Como veis, no fue un descubrimiento como los de las películas, donde de repente alguien ve algo en una pantalla o en un papel y grita «¡Eureka!». Nada de eso, fue un proceso largo, lento, con pequeños avances de cada día. Más que un pico abrupto de alegría, se trató de una montaña rusa de emociones, con subidas y bajadas, dudas, incertidumbre, miedo, ilusión, decepción, frustración y más alegrías y más emociones, cada día una aventura, meses enteros subidos en esta atracción no apta para los más sensibles. A decir verdad, fue mucho más bonito y especial que como lo pintan en las películas. La realidad en la ciencia, en este aspecto, supera, y con mucho, a la ficción. Y así llegó el día.

Era el 4 de julio de 2012. El auditorio principal del CERN estaba hasta arriba. Los líderes de los experimentos fueron presentando uno por uno los resultados de sus investigaciones. Eran apabullantes, incontestables, una presentación impecable que demostraba que se había descubierto una nueva partícula, habíamos descubierto, mejor dicho. Era una partícula de tipo bosónica y que se comportaba como había sido predicho por Peter Higgs en 1964. El público rompió en aplausos. Peter Higgs, en primera fila, acompañado de otro de los padres del descubrimiento, François Englert, no pudo reprimir las lágrimas. Robert Brout, el otro padre de la teoría, había muerto poco antes. Ellos habían esperado media vida por este momento, pero, al final, estaba ahí, se había demostrado. Era su gran logro, su partícula.

A mí me encanta mirar la foto de ese día. Son recuerdos tan bonitos, tan intensos. Y me encanta mostrarla especialmente cuando visito colegios. En esa imagen se refleja muy bien cómo se hace y se vive la ciencia. Está Peter Higgs en primer plano visiblemente emocionado con François Englert junto a él. Y detrás se ve de fondo un auditorio lleno, gente en pie aplaudiendo, gente anónima, de gran talento, muchos de ellos le han dedicado sus vidas al experimento. Y no se ven las caras, pero uno imagina que estarán emocionados, es un gran momento en sus vidas. Uno es consciente del gran logro que supone juntar a tantas personas, durante más de dos décadas, de diferentes institutos y universidades, para construir una máquina nueva, con tecnología novedosa que trabajará al filo de lo imposible y todo por conseguir asomarnos un poco más adentro, un poco más al fondo, para entender un poco mejor quiénes somos y qué hacemos aquí, de qué está hecho, cómo se formó nuestro hogar, el universo. Hoy, el universo es un lugar menos enigmático, es un lugar un poquito más familiar, hoy entendemos un poco mejor cómo funciona nuestro mundo. Y cerramos un capítulo que inició Newton estudiando esa fuerza que hace que la manzana caiga del árbol y la Luna gire alrededor de la Tierra; que continuó Einstein corriendo al lado de un rayo de luz para entender que la gravedad es producida por la curvatura del espacio; y que finalizaron Robert Brout, François Englert y Peter Higgs con un campo cuántico, que, en interacción con las partículas, genera una resistencia al movimiento que llamamos masa. Hoy lo sabemos, sí, porque lo hemos visto, lo hemos creado, hemos expuesto el campo de Higgs a la realidad, sabemos que está ahí, el mecanismo que da masa a las partículas y explica cómo fue el origen del universo.

Me encanta, como digo, ver esa foto y reflexionar. Hay unas cuatrocientas personas en esa sala. Recuerdo todo lo que tuve que sacrificar para estar allí y ser una de ellas, recuerdo lo que tuve que luchar, cada momento duro y cada fracaso. Recuerdo cada callejón sin salida, cuando me sentía incapaz o insuficiente, cuando pensaba que nunca lo lograría. Pero ahí está asimismo reflejada la ilusión con la que me despertaba cada mañana para conseguirlo, mi brillo en los ojos leyendo el libro de Hawking, cuando descubrí mi pasión por la física; recuerdo cuando me matriculé en la universidad de físicas mientras mis amigos me decían que estaba loco, que cómo iba a sacar dos carreras a la vez, y a los profesores que me motivaron a seguir estudiando, el apoyo de mi familia, de mi padre que ya no está y siempre creyó en mí, de mi madre y todo su cariño y su bondad, y todas las personas que me querían; recuerdo la ilusión que me hacía aprender algo nuevo, el asombro cada vez que descubría una nueva ley, comprender algo que hasta entonces me tenía bloqueado, o esa «magia» que convertía en curiosidad cuando algo no entendía; recuerdo no encajar pero seguir adelante venciendo el miedo, y las dudas, pero también recuerdo a los que apostaron por mí sin pedir nada a cambio, como la beca de la Fundación Mapfre Guanarteme que me permitió continuar los estudios, mi contrato en el CIEMAT para investigar en el CERN, el día que recibí mi cuenta de email con mi nombre, el primer día que pisé el laboratorio, los debates de física en la cafetería, los rumores sobre la partícula, ese ambiente intelectual tan bonito… lo recuerdo todo y me entran ganas de llorar. Porque no fue fácil, pero fue hermoso, porque hubo mucho sacrificio en el camino, pero lo había conseguido. Fue gracias a esa CURIOSIDAD que nació en mí leyendo libros, a la DETERMINACIÓN que me impuse una vez hube decidido qué quería hacer en mi vida y esa «FE» que levanta pasiones que me hizo creer en lo que hacía, con INCONFORMISMO frente a lo que sabemos, incluso rebeldía cuando fue necesario, con mucha HUMILDAD frente al cosmos y la naturaleza y totalmente embelesado por la gran BELLEZA que me rodea. Con continuo asombro por cada momento, cada instante de mi vida. Hoy puedo levantar la cabeza con orgullo y decir: «Qué bonito haber formado parte de esta aventura», ha merecido cada maldito minuto.

Y al mirar esa foto, imagino que, al igual que yo tengo mi historia, cada uno tiene la suya. Y me encantaría escuchar todas y cada una de ellas, para saber cómo llegaron hasta allí. Y es precioso ver tanta diversidad, cada uno con su mundo, su personalidad, sus dudas, sus inquietudes, sus miedos, cada uno de un lugar diferente del planeta, distinta nacionalidad, edad, religión, sexo, creencias, pero todos y cada uno de los que salimos en esa foto en algún momento de nuestras vidas soñamos con estar ahí. Ese día, todos nosotros lo habíamos conseguido, habíamos cumplido nuestros sueños. Ahora éramos parte de la historia.

Yo terminé mi tesis poco antes, el 11 de mayo de 2012, la presenté en el salón de actos de la Universidad Complutense de Madrid y de forma muy exitosa. Al tribunal le gustó mucho mi trabajo y cómo lo defendí, y me otorgaron la máxima nota, *cum laude*. Era mi pequeño grano de arena a este gran capítulo de la historia de la ciencia, con mis estudios sobre los muones, la calibración del detector y los análisis para calcular la producción de bosones W en las colisiones de protones. Un valor que se usó en el análisis del bosón de Higgs para hacer las cuentas bien, para estimar bien el ruido, los sucesos de fondo, una pequeña y humilde contribución a un trabajo mucho más grande.

Pero ahí está. Cuando abro el famoso artículo titulado «Observation of a new Boson at a Mass of 125 GeV with the CMS Experiment at the LHC», que fue publicado en la revista *Physics Letters B* el día 17 de septiembre de 2012 y voy a la lista de autores y busco por la S, entre tantos otros, ahí está, firmando como autor uno de los artículos científicos más importantes de la historia, J. Santaolalla. Recordándome cómo a veces los sueños se cumplen cuando uno se esfuerza lo suficiente.

Pero quedan muchas cosas por conocer aún. El modelo estándar es maravilloso, pero está incompleto, no está integrada la gravedad, no se entiende bien el papel de la antimateria en el universo, nadie ha visto nunca una partícula de materia oscura, y sigue sin saberse qué es la energía oscura. Los neutrinos, la teoría de cuerdas, la superconductividad, la fusión nuclear… tantas, tantas cosas por saber. Hemos dado un pasito más, pero todavía queda un largo camino por recorrer para entender qué es el universo y con ello comprender un poquito mejor quiénes somos, qué hacemos aquí, en qué consiste la vida.

Y ahora te toca el turno a ti, joven Padawan. Así que, como digo siempre en mis vídeos al final, estudia mucho y dale mucho al coco, que quizá seas el próximo Newton, el próximo Einstein, la próxima Marie Curie. Ahora te toca a ti crear tu propia historia.

—Entonces… ¿sí existe? —preguntó Cristina.

—Sí, está ahí, se encontró.

—¡Bien! —exclamó Elrubius.

—Es increíble —dijo ella.

—Sí. Es emocionante —admitió Salvador.

—Pero… ¿y por qué se escondió este descubrimiento? —quiso saber ella.

—No quieren que nadie lo sepa.

—¿Por qué?

—Simplemente porque no les interesa. Se ha borrado todo del mapa, como si nunca hubiera pasado.

—¿Pero a quién? ¿Por qué? —Cristina estaba perpleja.

—Porque esta información, si sabes entenderla bien… Recuerda, el conocimiento es poder. Y yo lo tenía. Descubrí algo increíble. El bosón de Higgs nos permite crear una máquina para viajar en el tiempo —explicó Salvador.

10

—Y ya podéis cerrar la boca, os habéis quedado como atontados —dijo Salvador.

—Es que no esperaba algo así —admitió Elrubius.

—Viajar en el tiempo es la cosa más loca que he oído nunca —dijo Cristina.

—Lo puede cambiar todo —replicó Salvador.

—¿Y por qué lo han ocultado? ¿Quién lo ha hecho? ¿Qué está pasando? —Ella no entendía.

—Siendo honesto… no sé quién. Sí sé por qué, miedo al poder de la ciencia. No solo acabaron con el descubrimiento del bosón de Higgs, han ido poco a poco borrando la huella de la historia.

—Pero ¿qué pasó? ¿Cómo fue todo? ¿Cómo lo descubriste?

—A final de 2024, cuando se cumplieron doce años del descubrimiento, el laboratorio fue desmantelado. Dijeron que era por falta de presupuesto… se cerró para siempre. Al principio, no se le dio mucha importancia. Pero a este laboratorio le siguieron otros, y otros más. Fue progresivo, pero apenas salía en las noticias y poca gente se quejó. Al cabo de quince años apenas había laboratorios de investigación. Más tarde le siguieron las universidades, las ciencias básicas, ya solo se podía hacer carreras técnicas, de sanidad o humanidades.

—¿Nadie lo evitó? ¿Nadie se quejó? —preguntó Elrubius.

—No. La gente estaba en otras cosas. Y fue todo muy despacio, lo hicieron de forma muy estudiada. Nadie se dio cuenta. Bueno, sí, alguien sí.

—¿Quién? —quiso saber Cristina.

—No lo sé. Pero un día me di cuenta de lo que estaba pasando y de dónde estaba la solución.

—¿Dónde?

—Ven.

Salvador dirigió a los chicos a un cuarto, al final del pasillo. Agarró el pomo, mantuvo unos segundos de silencio y abrió la puerta. La habitación estaba completamente a oscuras y olía a cerrado. Salvador estiró la mano y encendió la luz.

—*Wooooooow*. —Elrubius soltó un silbido de admiración—. Esto es un santuario. Es lo más loco que he visto en mi vida.

—Lo es —afirmó Salvador.

—Cómics, cintas de vídeo, pósters, películas... —enumeró Cris—. ¿De dónde lo has sacado?

—Llevo todo este tiempo desde que supe lo que estaba pasando coleccionando series, animes, dibujos...

—¿Pero por qué? ¿Qué sentido tiene? —se extrañó Elrubius.

—La clave estaba en las series, en los animes, en las películas... Alguien había dejado mensajes ocultos, en ellos. En *Dr. Stone*, Sonic, *Juego de tronos*, Marvel, en *Los Caballeros del Zodiaco*, en *Bola de Dragón*...

—Sí, he notado que siempre usas esas referencias... ¡por todas partes! —dijo Cristina.

—Me mostraron el camino. Fue encontrando pistas que fui juntando, fui entendiendo la situación, y que me llevaron a *Steins; Gate*.

—¿Qué hiciste?

—Venid...

Salvador salió del cuarto y los llevó a otra habitación justo enfrente. De nuevo, repitiendo el ritual, tomó el pomo, se detuvo unos segundos y abrió la puerta. El cuarto estaba oscuro. Estiró la mano y encendió la luz. Su tono se volvió eufórico.

—Amigos, amigas, os presento mi propio... ¡laboratorio de artefactos del futuro!

—Padríííísimo, es… exactamente como en la serie. —Cristina estaba sorprendida.

—No solo eso —dijo Salvador—. Aquí hay condensados cuarenta años de investigación, documentos, libros, pruebas… pero, al final, lo he conseguido…

—¿Qué es esto de aquí? —preguntó Elrubius.

—Justo eso no lo toques. Es el teléfono-microondas (nombre provisional). Lo he recreado, paso a paso.

—Parece un microondas normal —observó la chica.

—No lo es… Permite mandar mensajes al pasado.

—¿Cómo? —Elrubius no pudo evitar la cara de asombro.

—Ahora igual ya lo puedes entender. Es con el campo de Higgs.

—¿Cómo lo descubriste? —preguntó Cristina.

—Siguiendo las pistas de la serie. Encontré toda la información que necesitaba en un IBM 5100 del CERN, tenían razón, el CERN lo había descubierto todo, no solo el bosón de Higgs, también el mecanismo para viajar en el tiempo. Aún no sé quién fue el que lo quiso esconder, pero lo consiguió.

—¿Y el campo de Higgs?

—Esta máquina consigue excitar el vacío cuántico, generar un condensado de Bose de bosones de Higgs que perfora el espacio-tiempo y produce un agujero de gusano. Las ondas del microondas sintonizan el agujero de salida al año que yo elijo, solo tengo que cambiar su frecuencia, y ya hice pruebas… es 125 Hz por año.

—¿Y con esto no cambias entonces el futuro? —preguntó Elrubius.

—Era igual que en la serie. Todo se cumplía. El mensaje cambia el pasado y se crea un nuevo futuro. Lo que ocurre es que aparece una nueva línea temporal, un mundo nuevo, una nueva oportunidad para la Tierra, para crear un mundo mejor.

—¿Mejor? —repitió Cristina.

—Mira alrededor —dijo Salvador—, ha desaparecido la ciencia, la han borrado del mundo, así ha sido más fácil para ellos dirigir el planeta según sus intereses.

—¿Quiénes son ellos? —preguntó ella.

—No lo sé, no lo he podido descubrir. Lo que sí sé es que la ciencia y el conocimiento sirven para hacernos libres. Antes, en mis tiempos, no había tanto control, podíamos pensar, hablar, discutir de lo que quisiéramos. Ahora... todo es diferente.

—¿Y los mensajes? —dijo Cristina—. ¿Quién te los dejó? ¿Quién te ha ayudado a descubrirlo todo?

—Es algo que sigo sin saber. Pero sospecho que fue alguien usando una máquina como esta, dejando rastros en el pasado desde el futuro, señales que yo supe seguir.

—¿Y qué vas a hacer ahora? —preguntó Elrubius.

—El mundo necesita historias, como la tuya Elrubius, como la tuya Cristina. Las historias son un muro mucho más poderoso, uno que no se puede derrumbar tan fácilmente. Voy a mandar esta historia, la nuestra, al pasado. Mira esto —dijo mientras les entrega un taco gordo de papeles.

—Son... ¿nuestras conversaciones? —se sorprendió el chico.

—Así es, cada cosa que hemos dicho, incluso pensado, nuestra historia, de los tres en estos tres días. Una historia que cuenta por qué explorar el universo es algo increíble, por qué el bosón de Higgs nos ayuda a entender mejor quiénes somos, por qué necesitamos saber de dónde venimos. Una historia para no olvidarlo nunca jamás.

—Y ahora... ¿qué harás...? —preguntó ella.

—Se la enviaré a Javier, a su pasado, a 2022 cuando iba a publicar su libro, para que lo incluya en él y con ello cambie el futuro.

—Y creará una línea de tiempo diferente —aventuró Elrubius.

—Así es —admitió Salvador—. Ojalá una en donde cada vez más gente sepa la importancia de la ciencia y levante un gran muro contra la ignorancia. El conocimiento es de todos y lo tenemos que cuidar, eso implica transmitirlo a las generaciones que vienen, para que amplíen, pero también para que lo respeten y lo cuiden. Si perdemos eso, lo perdemos todo.

—Y de ahí la importancia de las historias —señaló Cristina.

—Somos seres creadores de historias, lo hemos hecho siempre, y seguiremos haciéndolo. Antes se cantaban hazañas, se creaban mitos, el conocimiento siempre se protegió con cuentos, con narrativa, epopeyas, vidas, emociones, experiencias…

—Las nuestras, entonces, pueden ayudar —dijo Elrubius.

—Todas, claro. Fíjate, este libro ahora lo está leyendo alguien. Y estará teniendo una emoción, una sensación y un pensamiento. Ese pensamiento y esa emoción ahora forman parte de este libro, porque está en estas hojas que voy a enviar al pasado. Se convertirá en parte de esta gran historia. Y con esa emoción suma un ladrillo más a ese muro.

—¿Veremos una nueva realidad? —se interrogó Cristina.

—Eso espero. Ahora solo queda probarlo. Será un largo camino.

—¿De esos que no se caminan con los pies? —Ella sonrió.

—Puede ser.

—¿Y es ahora? —preguntó el chico.

—Así es, ¿estáis listos?

—Supongo —replicó Cristina.

—Pues vamos —los animó Salvador—. Solo hay que coger un plátano, meterlo en el microondas, este USB tiene todo el texto y lo conecto con el móvil, pongo en el móvil la dirección a la que se lo envío, y… ya solo falta pulsar el botón.

—Tengo miedo —admitió Elrubius.

—Abraza el cambio, macarra —alentó Salvador.

—Lo hago yo —dijo Cristina.

—¿Sí?

—*Kostet Mutter.* —Cristina le guiñó un ojo.

—*Kostet Mutter* —repitió Salvador.

1… 2… 3…

EPÍLOGO

1... 2... 3... No hay nada. 4... 5... 6.... Tampoco. 7... 8... 9... *puuuummmmmmmm*. No hay palabras para describir lo que las siguientes fracciones de segundo suponen para el universo. No hay forma de relatar lo que se podría sentir al estar allí, ni siquiera tiene sentido preguntarse qué se vería o se oiría. Pero esa fracción de tiempo mínima, una que deja en nada cualquier medida de tiempo que podamos imaginar que sea relevante para un ser humano, de un latido a un pestañeo, iba a configurar todo lo que conocemos, queremos y amamos: iba a dar forma a nuestro mundo. Lo que habría de ocurrir en ese lapso mínimo de tiempo hoy lo llamamos inflación. Fue el Bang del Big Bang.

Y no solo dotó de dimensiones reales al espacio y aportó un empuje para iniciar el mundo, poniendo el reloj a 0, también llenó el tejido del cosmos de una capa de gotas condensadas del propio espacio vacío, la energía que estiró el universo se transformó en materia, en partículas, llenando el espacio de la materia prima para nuestra existencia. Cada protón, cada electrón, cada neutrón de nuestro cuerpo surgió en ese momento, de esa manera. Sí, tenemos, cada uno de nosotros, 13.800 millones de años de existencia.

Y todo gracias a un campo que permeaba todo el espacio, un campo invisible, de una forma singular, un campo de Higgs, que se encargó de estirar el cosmos y poner en marcha nuestro mundo. Un lapso mínimo de tiempo; después todo acabó, la inflación se apagó, pero el universo ya tenía una inercia para seguir creciendo, expandiéndose, ampliándose, de forma lenta pero imparable. Comenzó la mayor historia jamás contada, la historia del universo.

Ya estaban todos los ingredientes para cocinar nuestro mundo. Al expandirse el universo, la energía que contiene ha de distribuirse en más espacio, lo que disminuye su densidad de energía y con ello se enfría. Al bajar la energía poco a poco, el universo se transforma. Primero, el campo de Higgs se activa, las partículas adquieren masa y se diferencian. El campo de Higgs se ha instalado en su valor de mínima energía, los bosones W y Z ganan masa mientras que el fotón se mantiene sin ella, dando lugar a dos fuerzas muy diferentes, la primera de corto alcance, una fuerza nuclear; la otra de alcance infinito, la fuerza electromagnética. Comienzan las interacciones. Las partículas chocan entre ellas, se aniquilan y dan lugar a luz, una luz que es tan energética que en cualquier momento vuelve a crear materia de la nada, que vuelve a chocar y a aniquilarse y así sucesivamente. Pero según el universo crece, las colisiones son menos frecuentes y la luz menos energética. A medida que cae la energía, hay partículas que ya no puede crear de la nada, por lo que van desapareciendo, extinguiéndose para siempre de esta sopa primordial. Primero sucumben las más masivas, pero ninguna escapa a este proceso. La energía cae y cae, cada vez hay menos supervivientes. Unos pocos segundos después de que todo se iniciara, solo quedan las partículas más estables del cosmos: protones, neutrones y electrones, junto con las partículas de luz y los neutrinos.

Electrones y protones intentarían unirse siguiendo la fuerza de atracción entre ellos, pero los fotones, muy energéticos, lo estarían evitando. Y así estarían durante unos 300.000 años. Hasta que precisamente a esa edad, el universo se había expandido tanto que los fotones ya no tenían la energía suficiente para destruir la unión atómica; en ese momento, se formaron los primeros átomos, el universo se hizo transparente a la luz, comienza una nueva era. Esos fotones, que desde entonces comenzaron a vagar, hoy nos llegan como una radiación tenue que conocemos como el fondo cósmico de microondas.

El resto es historia, los átomos se fueron agrupando por gravedad creando grumos cada vez mayores que darían lugar a galaxias enteras. Dentro de ellas, algunas de estas nubes empezaron a arremolinarse, aumentando más y más su densidad, más y más su temperatura hasta que, de repente, comenzaron a brillar. Eran las primeras estrellas. Unas nacían, otras morían. Hace unos 10.000 millones de años comenzó a brillar una muy especial, no por sus propiedades de brillo, tamaño o temperatura, sino porque alrededor de ella comenzaría a girar una roca que tenía las condiciones propicias para que en ella se diera una reacción química única en el universo. Había nacido la vida. 13.800 millones de años después, aquí estoy yo escribiendo esto y tú, querido lector, leyéndolo. Estamos conectados en esta historia cósmica por nuestros átomos, por la materia primigenia del universo que un día permanecieron juntos, estamos conectados por la energía primordial que puso en marcha el reloj cósmico, estamos conectados por la química de la vida, una reacción única que nos une e identifica como seres vivos, estamos conectados por la biología, como especie, como civilización, como colectivo humano, y estamos conectados por historias, historias como esta, que demuestran que somos parte de algo mucho mayor; somos hijos del cosmos y como tal, amigo, somos hermanos.

«Somos la forma que tiene el universo de conocerse a sí mismo».

NOTA FINAL

Esta historia del bosón de Higgs y el viaje en el tiempo es pura ficción narrativa y no tiene ningún tipo de sustento con la realidad, simplemente es una historia inventada y nada hace prever que el bosón de Higgs pueda tener ningún tipo de relación con los viajes en el tiempo. Pero no es tan ficticia, para nada, la caída del interés en ciencia, las vocaciones científicas y las materias de ciencia, que siguen considerándose como algo aburrido, difícil, ajeno a nuestra realidad y poco interesante.

La historia que he narrado es inventada, sí, en nuestro mundo no está prohibida la ciencia, y ojalá nunca ocurra algo así. Pero es incluso más triste que se pierda por desinterés o por desprecio, que simplemente vaya saliendo de nuestras vidas hasta que desaparezca. Ese mundo ficticio narrado igual no es tan ajeno a nosotros.

Creo que está en nuestras manos cuidarlo, protegerlo y transmitirlo, contagiar a las nuevas generaciones para que no caiga, no se pierda, no se olvide. Este es mi pequeño granito de arena para que estas historias no se desvanezcan con el tiempo y ese fuego que yo sentí siga vivo. Y así, juntos levantamos ese muro. Un día yo abrí un libro, mis ojos brillaron y se encendió una llama de pasión por la ciencia. Ojalá algún día este libro consiga algo parecido, ojalá sea un medio de contagio, un punto de partida de una nueva historia. Ojalá hoy unos nuevos ojos comiencen a brillar. ¿Serán los tuyos?

Esta ha sido mi historia, ahora te toca a ti soñar.

Y como digo al final de los vídeos, dale mucho al coco y estudia, quizá tú seas el próximo Albert Einstein o la próxima Marie Curie.

Hasta pronto.

LECTURAS RECOMENDADAS

CASAS, Alberto y RODRIGO, Teresa, *El bosón de Higgs*, la Catarata, Madrid, 2012.

FERGUSON, Kitty, *La medida del universo*, Ma Non Troppo, Barcelona, 2000.

FERREIRA, Pedro G., *La teoría perfecta*, Anagrama, Barcelona, 2015.

GREENE, Brian, *El tejido del cosmos*, Crítica, Barcelona, 2016.

—, *La realidad oculta*, Crítica, Barcelona, 2016.

HAWKING, Stephen, *Historia del tiempo*, Alianza Editorial, Madrid, 2011.

KAKU, Michio, *Universos paralelos*, Atalanta, Girona, 2008.

LIVIO, Mario, *Errores geniales que cambiaron el mundo*, Planeta, Barcelona, 2015.

LUMINET, Jean Pierre, *La invención del Big Bang*, RBA, Barcelona, 2012.

WEINBERG, Steven, *Los tres primeros minutos del universo*, Alianza Editorial, Madrid, 2016.